Friedrich Pahlke

Training in Genetischer Epidemiologie

Friedrich Pahlke

Training in Genetischer Epidemiologie

Entwicklung einer technologiegestützten
Lehrveranstaltung

Südwestdeutscher Verlag für Hochschulschriften

Impressum / Imprint
Bibliografische Information der Deutschen Nationalbibliothek: Die Deutsche Nationalbibliothek verzeichnet diese Publikation in der Deutschen Nationalbibliografie; detaillierte bibliografische Daten sind im Internet über http://dnb.d-nb.de abrufbar.
Alle in diesem Buch genannten Marken und Produktnamen unterliegen warenzeichen-, marken- oder patentrechtlichem Schutz bzw. sind Warenzeichen oder eingetragene Warenzeichen der jeweiligen Inhaber. Die Wiedergabe von Marken, Produktnamen, Gebrauchsnamen, Handelsnamen, Warenbezeichnungen u.s.w. in diesem Werk berechtigt auch ohne besondere Kennzeichnung nicht zu der Annahme, dass solche Namen im Sinne der Warenzeichen- und Markenschutzgesetzgebung als frei zu betrachten wären und daher von jedermann benutzt werden dürften.

Bibliographic information published by the Deutsche Nationalbibliothek: The Deutsche Nationalbibliothek lists this publication in the Deutsche Nationalbibliografie; detailed bibliographic data are available in the Internet at http://dnb.d-nb.de.
Any brand names and product names mentioned in this book are subject to trademark, brand or patent protection and are trademarks or registered trademarks of their respective holders. The use of brand names, product names, common names, trade names, product descriptions etc. even without a particular marking in this work is in no way to be construed to mean that such names may be regarded as unrestricted in respect of trademark and brand protection legislation and could thus be used by anyone.

Verlag / Publisher:
Südwestdeutscher Verlag für Hochschulschriften
ist ein Imprint der / is a trademark of
OmniScriptum GmbH & Co. KG
Heinrich-Böcking-Str. 6-8, 66121 Saarbrücken, Deutschland / Germany
Email: info@svh-verlag.de

Herstellung: siehe letzte Seite /
Printed at: see last page
ISBN: 978-3-8381-1187-2

Zugl. / Approved by: Lübeck, Universität zu Lübeck, Diss., 2009

Copyright © 2009 OmniScriptum GmbH & Co. KG
Alle Rechte vorbehalten. / All rights reserved. Saarbrücken 2009

Inhaltsverzeichnis

1. **Einleitung**   **1**
   - 1.1. Übersicht über verfügbare E-Learning-Angebote 2
     - 1.1.1. E-Learning-Angebote zur Statistik 4
     - 1.1.2. E-Learning-Angebote zur Epidemiologie 17
     - 1.1.3. E-Learning-Angebote zur Genetischen Epidemiologie 17
     - 1.1.4. Zusammenfassung der Rechercheergebnisse 19
   - 1.2. Motivation und Zielsetzung 23

2. **Methoden**   **27**
   - 2.1. Lehr- und Lerntheorie 28
     - 2.1.1. Instruktionsdesign 28
     - 2.1.2. Konstruktivismus 30
     - 2.1.3. Das didaktische Konzept des Kurses 33
   - 2.2. Lernaufgaben 41
     - 2.2.1. Aufgabentypen 42
     - 2.2.2. Spezifikation eines neuen Lernaufgaben-Softwaremoduls . 44
     - 2.2.3. Grundlagen der algorithmenbasierten Aufgabenauswertung . 46
     - 2.2.4. Ein neuer Auswertungsalgorithmus für Freitext-Lernaufgaben . 48
     - 2.2.5. Lernaufgaben mit adaptiven Feedbacks 57
   - 2.3. Erweiterte Darstellung von Familienstammbäumen 61
     - 2.3.1. Das Linkage-Format zur Kodierung von Stammbäumen 62
     - 2.3.2. Anforderungen an ein neues Stammbaumformat 63
   - 2.4. Projekt-Vorgehensmodell 65
     - 2.4.1. Inkrementelles Vorgehensmodell für E-Learning-Projekte . 66
     - 2.4.2. Erweiterung: Strukturierung der lokalen Daten 68
   - 2.5. Zeitplanung für E-Learning-Kurse 71

3. **Entwicklungsmaterial**   **73**
   - 3.1. Datei- und Medienformate 73

Inhaltsverzeichnis

    3.2. Autorenwerkzeuge 76
        3.2.1. Die LATEX-basierte Drehbuchumgebung 76
        3.2.2. Autorenwerkzeug zur Inhaltserstellung 80
        3.2.3. oncampus Factory 86
        3.2.4. Softwarewerkzeuge zur Medienerstellung 89

4. Konzeption des E-Learning-Kurses   **91**
    4.1. Grobkonzept 93
    4.2. Feinkonzept 98
    4.3. Drehbuch 101

5. Umsetzung   **103**
    5.1. Produzierte Lernseiten 106
    5.2. Multimedia-Elemente 110
        5.2.1. Interaktionen 110
        5.2.2. Kodierung und Darstellung von Stammbäumen 121
        5.2.3. Das Lernaufgabenmodul *ReT3* 124
    5.3. Kommunikationsplattform 132

6. Evaluation des Kurses   **135**
    6.1. Technische Organisation 137
    6.2. Zeitplanung 141
    6.3. Qualitätssicherung 143
    6.4. Evaluation der Medien 144
    6.5. Lehr- und Lernkonzept 148
    6.6. Klassisches Vorlesungskonzept versus Präsentationskonzept 154

7. Diskussion   **155**

8. Zusammenfassung   **161**

A. Literaturrecherche   **173**
    A.1. E-Learning-Angebote zur Statistik 173
    A.2. E-Learning-Angebote zur Epidemiologie 189
    A.3. E-Learning-Angebote zur Genetischen Epidemiologie 191
    A.4. Webseiten mit Lernmaterialien 193

B. Auswertungsalgorithmus   **195**
    B.1. Entwicklung von Auswertungsalgorithmus I 195

B.2. Entwicklung von Auswertungsalgorithmus II 203

C. ReT3 Dokumentation   209
C.1. Entwurf der ActionScript Klasse *Examination* 209
C.2. XML-basierte Kodierung von Lernaufgaben 210

D. XGAP Dokumentation   217

E. Evaluation der Präsenzveranstaltung   227

Glossar

ActionScript ActionScript (AS) ist eine in Adobe Flash integrierte, objektorientierte Programmiersprache.

Adobe Flash siehe *Flash*.

Blended Learning Blended Learning bedeutet soviel wie *vermischtes Lernen* und kombiniert die Vorteile von Präsenzveranstaltungen und E-Learning.

Browser siehe *Webbrowser*.

Community siehe *Online-Community*.

CSS *Cascading Style Sheets* (CSS) ist eine Stilvorlagesprache, mit der beispielsweise die Darstellung von HTML- oder XML-Dateien an zentraler Stelle definiert werden kann.

dpi dpi ist ein Maß für die relative Auflösung einer Rastergrafik; es wird die Punktdichte in dots per inch (dpi) angegeben.

ECTS Das *European Credit Transfer and Accumulation System* (ECTS) ist ein Leistungspunktesystem, das mit dem Bologna-Prozess an europäischen Hochschulen eingeführt wurde. Das Punktesystem verbessert die Vergleichbarkeit von Leistungen und erleichtert die Anrechnung von Leistungen bei einem Hochschulwechsel.

Firefox siehe *Webbrowser*.

Flash Adobe Flash (ehemals Macromedia Flash) ist eine integrierte Entwicklungsumgebung zur Erstellung multimedialer Inhalte. Die mit Adobe Flash erstellten Multime-

Glossar

diainhalte liegen als SWF-Dateien (SWF steht für *ShockWave Flash*) vor und werden häufig als Flash-Animationen, -Filme oder -Interaktionen bezeichnet.

Hyperlink Ein Hyperlink, kurz: Link (engl. für Verknüpfung, Verbindung, Verweis), ist ein Verweis auf ein anderes Dokument (z.B. eine Webseite) oder ein Objekt (z.B. eine Datei, die heruntergeladen werden kann), der durch einen Mausklick verfolgt werden kann. Das Konzept von Hyperlinks ist mit Querverweisen oder Fußnoten aus der nichtelektronischen Literatur vergleichbar, bei denen die Ziele der Verweise allerdings manuell aufgesucht werden müssen. Hyperlinks können auch einfach nur eine Aktion auslösen (z.B. das Wechseln eines Bildes oder eine farbliche Veränderung).

Internet Explorer siehe *Webbrowser*.

JavaScript JavaScript ist eine ojektbasierte Skriptsprache, die unter dem Namen ECMAScript durch die *Ecma International* standardisiert wurde.

Link siehe *Hyperlink*

Mozilla Firefox siehe *Webbrowser*.

Online-Community Eine Online-Community (Netzgemeinschaft) ist eine Gruppe von Personen, die über eine Online-Plattform kommuniziert, gemeinsames Wissen entwickelt und Erfahrungen teilt. Bei der Plattform handelt es sich in der Regel um eine Webseite, die mit geeigneten Kommunikationswerkzeugen ausgestattet ist.

PNG PNG steht für Portable Network Graphics und ist ein Grafikformat für Rastergrafiken, die verlustfrei komprimiert abgespeichert werden. Das Format wird von allen modernen Webbrowsern unterstützt.

Rastergrafik Eine Rastergrafik, auch Pixelgrafik (engl. Bitmap), ist eine Computergrafik, bei der jedem Bildpunkt (engl. Pixel) ein Farbwert zugeordnet ist, der in einer rasterförmigen Anordnung abgespeichert wird. Gängige Speicherformate für Rastergrafiken sind z.B. JPEG, PNG, BMP und TIFF.

Screenshot Als Screenshot (dtsch. Bildschirmfoto) wird der als Rastergrafik abgespeicherte aktuelle graphische Bildschirminhalt bezeichnet.

SOP Eine Standardarbeitsanweisung (engl. Standard Operating Procedure, kurz: SOP) beschreibt das Vorgehen innerhalb eines Arbeitsprozesses. Mit Hilfe einer SOP kann z.b. bei häufig wiederkehrenden Arbeitsabläufen eine gleichbleibende Qualität gewährleistet werden.

Soziale Software Eine sogenannte Soziale Software (engl. Social Software) ist eine Software, die der menschlichen Kommunikation und Zusammenarbeit dient und den Aufbau von Communities unterstützt.

SWF siehe *Flash*.

Vektorgrafik Eine Vektorgrafik ist eine Computergrafik, die aus einer Bildbeschreibung besteht, die die Objekte (z.b. Linien, Kreise, Polygone oder Kurven), aus denen das Bild aufgebaut ist, exakt definiert. Beispielsweise werden für die Darstellung eines Kreises nicht wie bei einer Rastergrafik die einzelnen Bildpunkte gespeichert, sondern nur die Parameter Mittelpunktposition, Radius, Linienstärke und Farbe. Vektorgrafiken benötigen in der Regel deutlich weniger Speicherplatz als Rastergrafiken und können ggf. mit einem passenden Vektorgrafikprogramm verlustfrei bearbeitet und verändert werden. Z.B. ist eine beliebige Skalierung der Größe ohne Qualitätsverlust möglich.

Virtuelle Community siehe *Online-Community*.

Webbrowser Webbrowser (auch Browser genannt; to browse, engl., bedeutet durchsuchen/blättern, dtsch.) sind spezielle Computerprogramme zum Betrachten von Webseiten im World Wide Web (WWW). Die Webseiten werden dabei durch das eingeben einer URL (Internetadresse) oder Verfolgen von Hyperlinks aufgerufen. Webbrowser stellen die Benutzeroberfläche für Webanwendungen dar und können neben HTML-Seiten verschiedene andere Arten von Dokumenten anzeigen. Die bekanntesten und verbreitetsten Vertreter von Webbrowsern sind der *Windows Internet Explorer* (auch *Internet Explorer* oder kurz *IE*) und der *Mozilla Firefox* (kurz *Firefox*).

XHTML *Extensible HyperText Markup Language* (XHTML) ist eine W3C-standardisierte, textbasierte Auszeichnungssprache zur Darstellung von Inhalten.

XML *Extensible Markup Language* (XML) ist ein W3C-standardisiertes Regelwerk für den Aufbau von Dokumenten.

Abbildungsverzeichnis

1.1. Zeitliche Entwicklung der Genetischen Epidemiologie 1
2.1. Schematische Darstellung eines Instruktionsdesign-Modells 29
2.2. Darstellung einer konstruktivistischen Lernumgebung 32
2.3. Illustration des didaktischen Konzepts des Kurses 36
2.4. Schematische Darstellung des Lernraums 37
2.5. Auftrittshäufigkeiten der Aufgabentypklassen im Buch 45
2.6. Inkrementelles Vorgehensmodell für E-Learning-Projekte 66
2.7. Illustration der lokalen Projekt-Datenstruktur 70

3.1. Beispiel für eine Drehbuchseite mit Lernzielen 77
3.2. Beispiel für eine Drehbuchseite mit Marginalien 78
3.3. Beispiel für ein Interaktions-Drehbuch 79
3.4. Änderung der Bildschirmauflösung in den Jahren 2002 – 2008 82
3.5. Das Autorenwerkzeug im Kontext 84
3.6. Entwicklungsoberfläche des Autorenwerkzeugs 85
3.7. Grundlegender Aufbau einer Lernseite 87
3.8. Identifikationsfiguren in der ONCAMPUS FACTORY 88
3.9. Die Softwarewerkzeuge zur Medienerstellung im Kontext 89

4.1. Vorgehensweise bei der Konzeption des E-Learning-Kurses 92
4.2. Diversität innerhalb der Zielgruppe des Projekts 94
4.3. Grobkonzept: Einteilung in Kernaussagen 97
4.4. Feinkonzept: Einteilung in Drehbuchseiten 99

5.1. Schematische Darstellung der Umsetzung von Inhaltsseiten 104
5.2. Screenshot des Kursüberblicks 107
5.3. Screenshot einer Textseite 108
5.4. Screenshot einer Inhaltsseite mit Beispiel 108
5.5. Screenshot einer Inhaltsseite mit Abbildung 109
5.6. Illustration der Idee zum bidirektionalen Mouse-Over-Konzept 111

Abbildungsverzeichnis

5.7. Illustration des bidirektionalen Mouse-Over-Konzepts 111
5.8. Flash-Interaktion zur Illustration der Transkription 113
5.9. Flash-Interaktion zur Illustration des Hardy-Weinberg-Gesetzes 114
5.10. Flash-Interaktion zur Illustration des Codons 115
5.11. Interaktion: Schematische Darstellung der DNA 117
5.12. Interaktion: Erster Strang der DNA 117
5.13. Beispiel für den Lerntext neben einer Interaktion 117
5.14. Interaktion: DNA – Illustration der Desoxyribose 118
5.15. Interaktion: DNA – Illustration der Kohlenstoffatome 118
5.16. Interaktion: DNA – Illustration eines Nukleotids 118
5.17. Interaktion: DNA – Illustration der Nukleinbase Guanin 118
5.18. Interaktion: DNA – Illustration der Linearsequenz 118
5.19. Interaktion: DNA – Komplementäre Nukleinbasen 118
5.20. Screenshot der Inhaltsseite mit der Interaktion *Meiose* 119
5.21. Flash-Interaktion zur Illustration der Meiose 120
5.22. Beispiel für einen XGAP-kodierten Stammbaum 121
5.23. PEDCHART: Stammbaum mit Info-Fenster und Generationennamen 123
5.24. PEDCHART: Stammbaum mit eingeblendeten Markern 123
5.25. Exemplarische Darstellung des Lernaufgabenmoduls *ReT3* 127
5.26. Beispiel für die Musterlösung einer *ReT3* Lernaufgabe 128
5.27. Online-Formular für das Editieren von *ReT3* Lernaufgaben 130
5.28. Online-Formular für das Editieren von *ReT3* Musterlösungen 131
5.29. Screenshot der *ReT3CMS* Schaltfläche. 131
5.30. Screenshot der Kommunikationsplattform www.genepi.de 133
5.31. Screenshot des Übungsraums 134

6.1. Übersicht: Ausbildung der Kursteilnehmer 137
6.2. Übersicht: Ausbildungsstand der Kursteilnehmer 137
6.3. Übersicht: Alter der Kursteilnehmer 138
6.4. Übersicht: Geschlecht der Kursteilnehmer 138
6.5. Evaluation: Kursbetreuer 139
6.6. Evaluation: Kursbetreuung über ein Forum 139
6.7. Evaluation: Technische Betreuung 139
6.8. Evaluation: Rückmeldungen des Betreuers 139
6.9. Evaluation: Technische Funktionalität 140
6.10. Übersicht: Computervorkenntnisse der Kursteilnehmer 140
6.11. Evaluation: Zeitaufwand 141

Abbildungsverzeichnis

6.12. Übersicht: Zeitaufwand für Kapitel 1 141
6.13. Übersicht: Zeitaufwand für Kapitel 2 142
6.14. Übersicht: Zeitaufwand für Kapitel 3 142
6.15. Evaluation: Qualität der Textinhalte 143
6.16. Evaluation: Erscheinungsbild des Kurses 143
6.17. Evaluation: Qualität der Medien 144
6.18. Evaluation: Bidirektionales Mouse-Over-Konzept 144
6.19. Evaluation: Echtzeitauswertung der Übungsaufgaben 145
6.20. Evaluation: Motivation durch Übungsaufgaben-Feedbacks 145
6.21. Evalutaion: Zufriedenheit der Benutzer 146
6.22. Evalutaion: Korrektheit der eigenen Lösungen 146
6.23. Evalutaion: Zufriedenheit mit der Bewertung 147
6.24. Übersicht: Statistikvorkenntnisse der Kursteilnehmer 148
6.25. Übersicht: Genetikvorkenntnisse der Kursteilnehmer 148
6.26. Übersicht: Interesse am Kurs 149
6.27. Evaluation: Lernerfolg 149
6.28. Evaluation: Gliederung und Zeitplan des Kurses 150
6.29. Evaluation: Gestaltung des Kurses 150
6.30. Evaluation: Abstimmung von Theorie und Praxis 150
6.31. Evaluation: Praktischer Nutzen des Kurses 150
6.32. Evaluation: Förderung des eigenständigen Arbeitens 151
6.33. Evaluation: Praktischer Nutzen des Lernstoffs 151
6.34. Evaluation: Förderung des Interesses am Thema durch den Kurs 152
6.35. Evaluation: Spaßfaktor des Kurses 152
6.36. Evaluation: Vermittlung des Lernstoffs 152
6.37. Evaluation: Schwierigkeitsgrad des Kurses 152
6.38. Evaluation: Stoffumfang des Kurses 153
6.39. Evaluation: Zufriedenheit mit der Textlänge im Kurs 153

A.1. Screenshot der Startseite des Lernmoduls MM*STAT 175
A.2. Screenshot einer Inhaltsseite des Lernmoduls MM*STAT 176
A.3. Screenshot der Startseite von *EMILeA-stat* 177
A.4. Screenshot der Lernumgebung von *EMILeA-stat* 178
A.5. Screenshot der Benutzeroberfläche von *HyperStat* 180
A.6. Screenshot der Benutzeroberfläche von *Statistik* 183
A.7. Screenshot der Benutzeroberfläche von *Neue Statistik* 184
A.8. Screenshot der Benutzeroberfläche von *LernStats* 185

Abbildungsverzeichnis

A.9. Screenshot der Benutzeroberfläche von *Visual Bayes* 185
A.10. Screenshot der Benutzeroberfläche von *JUMBO* 186
A.11. Screenshot einer Inhaltsseite von *JUMBO* 186
A.12. Screenshot der Benutzeroberfläche von *ROBISYS Biomedos* 187
A.13. Screenshot der Benutzeroberfläche von *ROBISYS Random* 187
A.14. Screenshot der Benutzeroberfläche von *NUMAS* 188

C.1. ReT3 Klassenabhängigkeiten 209
C.2. Diagramm der *ReT3* XML-Knoten 211

D.1. Diagramm der *XGAP* XML-Knoten 218

E.1. Evaluation: Gliederung und Zeitplan der Veranstaltung 227
E.2. Evaluation: Gestaltung der Veranstaltung durch den Dozenten 228
E.3. Evaluation: Umgang des Dozenten mit den Kursteilnehmern 228
E.4. Evaluation: Praxisrelevanz der Veranstaltung 229
E.5. Evaluation: Verständlichkeit des Dozenten 229
E.6. Evaluation: Berücksichtigung von Fragen und Anregungen 230
E.7. Evaluation: Inhaltliche Qualität der Veranstaltung 230
E.8. Evaluation: Motivation durch den Dozenten 231
E.9. Evaluation: Gestaltung der Veranstaltung 231
E.10. Evaluation: Qualität der Lernhilfsmittel 232
E.11. Übersicht: Interesse an der Veranstaltung 232
E.12. Evaluation: Lernerfolg 233
E.13. Evaluation: Motivation des Dozenten 233
E.14. Evaluation: Abschweifen vom Thema durch den Dozenten 234
E.15. Evaluation: Verdeutlichung der Zusammenhänge 234
E.16. Evaluation: Vermittlung der Praxisrelevanz des Kurses 235
E.17. Evaluation: Bewertung der Veranstaltung 235
E.18. Evaluation: Bewertung des Dozenten 236
E.19. Evaluation: Schwierigkeitsgrad der Veranstaltung 236
E.20. Evaluation: Stoffumfang der Veranstaltung 237
E.21. Evaluation: Tempo der Veranstaltung 237

Tabellenverzeichnis

2.1. Kombination von Online- und Offline-Veranstaltungen 39
2.2. Beispiele für N-Gramme verschiedener Länge 48
2.3. Bewertung eines Lösungstextes durch Wort-Schlüsselwort-Vegleiche 52
2.4. Auswertungsalgorithmus: Aufbau der Ähnlichkeitsmatrix 53
2.5. Beispiel für eine Linkage-Datei 63
2.6. Umrechnung ECTS-Punkte in Lernstunden 71

4.1. Konzeption des E-Learning-Kurses: Inhaltsplanung 91

7.1. Vergleich verschiedener E-Learning-Angebote 156

A.1. Literaturrecherche: Statistik – Web of Science 173
A.2. Literaturrecherche: Statistik – The WWW Virtual Library 179
A.3. Literaturrecherche: Statistik – Google Scholar 181
A.4. Literaturrecherche: Epidemiologie – Web of Science 189
A.5. Literaturrecherche: Epidemiologie – Google Scholar 190
A.6. Literaturrecherche: Genetische Epidemiologie – Web of Science 191
A.7. Literaturrecherche: Genetische Epidemiologie – Google Scholar 192
A.8. Literaturrecherche: Genetische Epidemiologie – M. Tevfik Dorak 192
A.9. Linksammlung: Webseiten mit Lernmaterialien 194

B.1. Beispiel für eine perfekte Wort-Schlüsselwort-Übereinstimmung 203
B.2. Beispiel für einen Wort-Schlüsselwort-Vergleich 204
B.3. Beispiel für eine 5×5 Approximationsmatrix. 205
B.4. Beispiel für eine vorab erzeugte Approximationsmatrix 206
B.5. Beispiel für eine 3×5 Approximationsmatrix 206

C.1. *ReT3* Dokumentation: XML Knoten *problem* 212
C.2. *ReT3* Dokumentation: XML Knoten *content* 212
C.3. *ReT3* Dokumentation: XML Knoten *subproblem* 213
C.4. *ReT3* Dokumentation: XML Knoten *external* 214

Tabellenverzeichnis

C.5. *ReT3* Dokumentation: XML Knoten *choice* 214
C.6. *ReT3* Dokumentation: XML Knoten *solution* 215
C.7. *ReT3* Dokumentation: XML Knoten *keywords* 215
C.8. *ReT3* Dokumentation: XML Knoten *group* 216
C.9. *ReT3* Dokumentation: XML Knoten *keyword* 216

D.1. XGAP Dokumentation: XML Knoten *pedigree* 219
D.2. XGAP Dokumentation: XML Knoten *generation* 220
D.3. XGAP Dokumentation: XML Knoten *couple* 220
D.4. XGAP Dokumentation: XML Knoten *person* 221
D.5. XGAP Dokumentation: XML Knoten *marker* 222

1. Einleitung

1982 wurde das junge Forschungsgebiet der Genetischen Epidemiologie – der Begriff wurde erst in den 1970er Jahren geprägt – von Newton E. Morton wie folgt definiert: „Genetic epidemiology deals with etiology, distribution, and control of disease in groups of relatives and with inherited causes of disease in populations." (Morton, 1982). Diese Definition ist bis heute gleich geblieben (Morton, 2006, S. 269), das Forschungsgebiet und seine Schwerpunkte dagegen haben sich in den letzten Jahrzehnten mit rasantem Tempo weiterentwickelt (siehe Abbildung 1.1).

Die beiden Forschungsgebiete der *Genetik* und der *Epidemiologie* haben sich über die Jahre langsam angenähert und sind schließlich zu einem eigenständigen Fachgebiet verschmolzen (vgl. Morton, 2006). Spätestens nach der Entschlüsselung der menschlichen DNA-Sequenz (The International Human Genome Mapping Consortium, 2001; Venter et al., 2001) wurde die Bedeutsamkeit der Genetischen Epidemiologie allgemein erkannt. Der Erfolg der genetischen Forschung in der Medizin beruht im Wesentlichen auf der interdisziplinären Zusammenarbeit von Molekularbiologen, Bioinformatikern, Statistikern, Mathematikern und Humanmedizinern. Interessierte Studierende und Wissenschaftler stehen daher vor einer großen Herausforderung: Sie müssen sich komplexes Fachwissen aus sehr un-

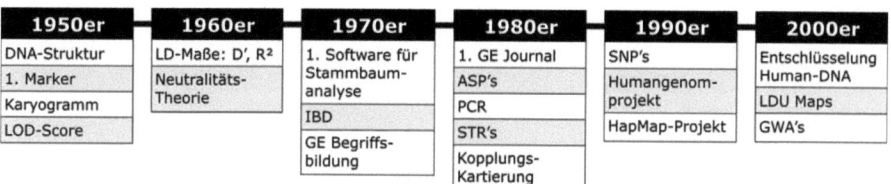

Abbildung 1.1: Die zeitliche Entwicklung der Genetischen Epidemiologie (GE) ist hier in stark verkürzter Weise dargestellt. Es soll lediglich deutlich gemacht werden, dass es sich um ein junges Forschungsgebiet handelt, das sich in den letzten 50 Jahren vergleichsweise rasch entwickelt hat. Für detaillierte Informationen zur Entwicklung der GE siehe z.B. Morton (2006) oder Elston und Spence (2006).

Einleitung

terschiedlichen Fachgebieten aneignen. Dafür stehen ihnen einige wenige Lehrbücher zur Verfügung (z.B. Ziegler und König, 2006; Thomas, 2004; Mao, 2007) – aber kein technologiegestützter Trainingskurs, der das Themengebiet umfassend bedient und speziell auf die Genetische Epidemiologie zugeschnitten ist. Es sind lediglich einige multimedial angereicherte Webseiten verfügbar, die bestenfalls Teilbereiche dieses Wissenschaftsgebiets abdecken (siehe z.B. CSHL, 2002a,b, 2003), sowie wenige Online-Angebote, die nur sehr bedingt zum Selbststudium geeignet sind. Die didaktischen Potentiale der digitalen Medien werden bei den bisher verfügbaren Lernmaterialien nicht in adäquater Weise genutzt. Mit dieser Aussage wird an dieser Stelle bereits das Ergebnis einer ausführlichen Untersuchung der wichtigsten derzeit verfügbaren E-Learning-Angebote aus den Gebieten Statistik, Biometrie und Genetische Epidemiologie vorweggenommen. Ausgehend von einer systematischen Literaturrecherche (siehe Anhang A) wurden insgesamt 17 E-Learning-Angebote untersucht, die in Abschnitt 1.1 genauer betrachtet werden sollen.

Die Ergebnisse der Literaturrecherche bilden den Ausgangspunkt für die Entwicklung des technologiegestützten Trainingskurses *Training in Genetischer Epidemiologie*. Die vorliegende Arbeit wird einen umfassenden Überblick über den gesamten Entwicklungsprozess des Kurses geben. Im Anschluss an die Übersicht über die bisher verfügbaren E-Learning-Angebote soll dafür zunächst die Motivation und Zielsetzung des Projekts beschrieben werden, bevor der weitere Aufbau der Arbeit erläutert wird.

1.1. Übersicht über verfügbare E-Learning-Angebote

Im folgenden soll eine Übersicht über die wichtigsten derzeit verfügbaren E-Learning-Angebote aus den Gebieten Statistik, Biometrie und Genetische Epidemiologie erfolgen. Dafür ist hier zunächst die Frage zu klären, was in dieser Arbeit unter einem E-Learning-Angebot verstanden wird, da die Definitionen von E-Learning in der Literatur durchaus unterschiedlich ausfallen. Beispielsweise fordern einige Autoren, dass unter E-Learning ausschließlich Web-basierte Systeme zu verstehen sind (Rosenberg, 2000, S. 28), wohingegen andere unter E-Learning computergestütztes Lehren und Lernen verstehen, also eine Kombination aus Präsenzlehre, d.h. klassischem Frontalunterricht und selbstständigem Lernen mit Hilfe einer Lernsoftware (Hiemstra et al., 2002, S. 1). Diese Form der Lernorganisation wird häufig als *Blended Learning* bezeichnet, was so viel bedeutet wie „vermischtes Lernen" (Reinmann-Rothmeier, 2003, S. 19) zur Kombination der Vorteile von Präsenzveranstaltungen und E-Learning. Bei der hier durchgeführten Recherche waren beide Definitionen erlaubt, das heißt, bei der Suche wurden sowohl E-Learning-Angebote berücksichtigt, die vornehmlich für ein reines Selbststudium gedacht sind, als auch Angebote, die ein kombiniertes Konzept aus Online- und Präsenzphase vorsehen.

Der Kurs *Training in Genetischer Epidemiologie*, dessen Entwicklung Gegenstand dieser Arbeit ist, soll sich unter anderem auch für die universitäre Ausbildung eignen, das heißt, er muss das Thema frei von kommerziellen Absichten näher bringen und neben praktischen Inhalten auch fundiertes theoretisches Wissen vermitteln. Wenn E-Learning-Angebote diese Kriterien nicht erfüllten oder nur gegen eine hohe Lizenzgebühr zugänglich waren, wurden sie in dieser Untersuchung nicht näher betrachtet. Beispielsweise wenn die Zielgruppe offensichtlich aus kommerziellen Einrichtungen bestand oder das E-Learning-Angebot für die Schulung spezieller Statistikprogramme entwickelt wurde. Desweiteren wurde die Untersuchung auf Projekte begrenzt, die in englischer und/oder deutscher Sprache verfügbar waren.

Thematisch werden zunächst E-Learning-Angebote betrachtet, die den Fokus auf Lernthemen aus dem Gebiet der Statistik und Biometrie legen. Hintergrund dafür war, dass die Inhalte des Kurses *Training in Genetischer Epidemiologie* stark durch die Statistik geprägt sind, was sich zum Beispiel auch im Titel „A *Statistical* Approach to Genetic Epidemiology" des dem Kurs inhaltlich zugrunde liegenden Buches von Ziegler und König (2006) widerspiegelt. Im Anschluss folgt eine Betrachtung von speziellen E-Learning-Angeboten zum Thema *Genetische Epidemiologie*.

Für jedes E-Learning-Angebot folgt zunächst eine kurze Beschreibung des Produkts und gegebenenfalls des dahinter stehenden Projekts. Die Beschreibung enthält jeweils eine Auflistung der im E-Learning-Angebot enthaltenen Themen. Daran lässt sich zum Beispiel erkennen, ob es sich um einen ganzheitlichen Kurs oder ein Einzelprojekt zu einem speziellen Thema handelt. Im Anschluss folgt eine kurze Diskussion, in der das jeweilige E-Learning-Angebot unter didaktischen Gesichtspunkten kritisch betrachtet wird. Die Kriterien des didaktischen Konzepts, das hier zugrunde gelegt werden soll, werden in Kapitel 2.1.3 ausführlich beschrieben. Zum besseren Verständnis soll an dieser Stelle aber vorweggenommen werden, dass die Qualität der verfügbaren E-Learning-Angebote unter anderem daran bemessen wurde, inwieweit sie wichtige Hygiene- und Motivationsfaktoren einhalten. Zu den wichtigsten Hygienefaktoren beim E-Learning zählen beispielsweise die uneingeschränkte technische Funktionsfähigkeit des Lernmoduls, eine einheitliche und intuitive Navigation sowie eine klare und übersichtliche Inhalts- und Seitenstruktur. Zu den wichtigsten Motivationsfaktoren gehören zum Beispiel ein hoher Interaktivitätsgrad sowie anspruchsvolle und zugleich motivierende Lernaufgaben.

Einleitung

Um den Rahmen der Einleitung nicht zu sprengen, soll der nun folgende Teil so kurz wie möglich gehalten werden. Damit muss leider in Kauf genommen werden, dass die Betrachtungen und Diskussionen dem Aufwand, der mit der Entwicklung derartiger Lernsoftware-Angebote verbunden ist, sicher nicht gerecht werden können. Für umfangreichere Informationen zu den einzelnen E-Learning-Angeboten sei daher auf Anhang A sowie die jeweils vermerkten Literaturhinweise verwiesen.

1.1.1. E-Learning-Angebote zum Thema *Statistik*

Durch die Literaturrecherche konnten 14 verschiedene E-Learning-Angebote zum Thema *Statistik* ermittelt werden (siehe Anhang A.1):

- MM*STAT / Statistik – Wissenschaftliche Datenanalyse leicht gemacht
- EMILeA-stat
- HyperStat / Rice Virtual Lab in Statistics
- Statistik: Beschreibende Statistik und explorative Datenanalyse
- Neue Statistik II
- PC-Statistik-Trainer 1.0
- LernSTATS / Methodenlehre-Baukasten
- AktiveStats
- Grundbegriffe der Biostatistik
- JUMBO
- Visual Bayes
- VisualStat
- ROBISYS
- NUMAS

Die einzelnen E-Learning-Angebote werden nun der Reihe nach, in der Weise wie oben beschrieben, kurz betrachtet und diskutiert.

MM*STAT / Statistik – Wissenschaftliche Datenanalyse leicht gemacht

Bei *MM*STAT* (Müller et al., 2000) handelt es sich um ein E-Learning-Modul, das unter dem Titel „Statistik – Wissenschaftliche Datenanalyse leicht gemacht" im Buchhandel erhältlich ist (Härdle und Rönz, 2003) und auf CD-ROM ausgeliefert wird. Technisch handelt es sich bei dem Kurs um statische HTML-Seiten, d.h. eine Nutzung ist prinzipiell sowohl online als auch offline möglich. Das Lernmodul steht in den Sprachen Deutsch, Englisch, Französisch und Spanisch zur Verfügung und behandelt folgende Themen: *Grundbegriffe der Statistik, Eindimensionale Häufigkeitsverteilung, Wahrscheinlichkeitsrechnung, Kombinatorik, Zufallsvariable, Verteilungsmodelle, Stichprobentheorie, Schätzverfahren, Statistische Tests, Zweidimensionale Häufigkeitsverteilung, Regression* sowie *Zeitreihenanalyse*.

Diskussion

Bei *MM*STAT* handelt es sich im wesentlichen um ein Textbuch in elektronischer Form, das heißt, es werden die Textinhalte zu den oben genannten Themen in digitaler Form bereit gestellt. Die Interaktivität ist in dem Modul auf die Navigation zwischen den einzelnen Inhaltsabschnitten beschränkt, d.h. die didaktischen Möglichkeiten der technologiegestützten Lehre werden nicht annähernd ausgenutzt. Echte Interaktionen zur Veranschaulichung komplexer statistischer Inhalte fehlen ebenso wie Lernaufgaben. Hinzu kommt, dass das Modul kleinere technische Probleme aufweist (z.B. verdeckte Scrollbalken, siehe Abbildung A.2, S. 176) und im Test mit dem Firefox Browser[1] nicht lief.

EMILeA-stat

Bei *EMILeA-stat* handelt es sich um eine internetbasierte Lehr- und Lernumgebung für die angewandte Statistik (Moebus et al., 2002). *EMILeA-stat* ging aus dem Projekt *e-stat* hervor, das vom Bundesministerium für Bildung und Forschung (BMBF) im Programm „Neue Medien in der Bildung" von April 2001 bis Dezember 2004 mit einem finanziellen Gesamtvolumen von 2,9 Mio. Euro gefördert wurde. An dem Projekt waren 13 Antragsteller und 70 Mitarbeiter und Mitarbeiterinnen beteiligt.

Das Lernsystem ist online über die Projektseite http://www.emilea.de erreichbar. Auf der Startseite kann der Benutzer zwischen verschiedenen Möglichkeiten wählen, um auf die Lerninhalte und -module zuzugreifen. Beispielsweise ist ein direkter Zugriff auf Module zu spezifischen Themen möglich (für ein Beispiel siehe Abbildung A.4, S. 178) oder es können Kurse ausgewählt werden, in denen Inhalte und Module nach fachlichen Gesichtspunkten zusammengestellt wurden. Folgende Lernmodule stehen in *EMILeA-stat* zur Ver-

---

[1] *Mozilla Firefox* ist ein kostenfreier Webbrowser, also ein spezielles Computerprogramm zum Betrachten von Webseiten im World Wide Web. Firefox steht in Konkurrenz zum *Internet Explorer*, der zusammen mit dem Windows Betriebssystem ausgeliefert wird. Zur Verbreitung unterschiedlicher Webbrowser siehe Kapitel 3.1

Einleitung

fügung: *Amtliche Statistik, Assoziation, Deskriptive Statistik, Entropie, Explorative Datenanalyse, Finanzmathematik, Lineare Strukturgleichungen, Machine Learning, Mathematische Grundlagen, Methodenkritische Begleitung zu PISA 2000, Numerische Methoden, Qualitätsoptimierung, Robuste Statistik, Schließende Statistik, Sequenzielle Methoden, Statistik der Finanzmärkte, Stochastik in der Schule, Stochastische Prozesse, Verallgemeinerte lineare Modelle, Versicherungsmathematik, Wahrscheinlichkeitsrechnung, Wirtschafts- und Bevölkerungsstatistik* sowie *Zeitreihenanalysen*.

Diskussion

Bei *EMILeA-stat* handelt es sich um eine sehr umfangreiche Sammlung von Lerninhalten zur Statistik. Obwohl die Inhalte von vielen verschiedenen Autoren erstellt wurden, ist die Präsentation der Inhalte und Module weitestgehend homogen und konsistent. Das durch das datenbankgestützte Content-Management-System vorgegebene Design der Lernumgebung ist ansprechend und modern gestaltet und verfolgt konsequent ein didaktisches Konzept (für Details dazu sei auf die Projekt-Webseite und Moebus et al. (2002) verwiesen). Beim Durchblättern der Inhaltsseiten fällt allerdings auf, dass die Aufbereitung, ähnlich wie das oben beschriebene Lernmodul *MM*STAT*, den Charakter eines elektronischen Textbuchs hat. Beispielsweise wurden bei keinem der gesichteten Inhalte direkt eingebundene Interaktionen verwendet, um komplexe Inhalte zu illustrieren. Nach Lern- und Übungsaufgaben sucht man in den Modulen – abgesehen von wenigen Ausnahmen – vergeblich. In den Kursen finden sich einige Textaufgaben mit Musterlösungen. Die direkte Bearbeitung der Aufgaben am Computer ist allerdings nicht möglich. Der Lernende erhält folglich keinerlei Feedbacks vom Lernsystem.

Der didaktische Mehrwert gegenüber einem Textbuch oder Skript liegt hier also – zumindest zum jetzigen Zeitpunkt – in erster Linie in der klaren Strukturierung, in der Verlinkung von Inhalten und in der einfachen Navigation durch die Themengebiete. Die Inhalte selbst bestehen überwiegend aus Text, Formeln und Tabellen. Zu einigen Themen existieren darüber hinaus Abbildungen sowie sehr wenige interaktive Java Applets. Letztere sind allerdings nicht direkt in die Inhaltsseiten eingebunden, sondern müssen aus einem Untermenü „Applets" heraus aufgerufen werden.

HyperStat / Rice Virtual Lab in Statistics

Beim „HyperStat Online Statistics Textbook" (für einen Screenshot der Benutzeroberfläche siehe Abbildung A.5, S. 180) handelt es sich um eine englischsprachige Internet-Plattform, die umfangreiche Informationen und Links zum Thema Statistik beinhaltet. Zentraler Be-

1.1 Übersicht über verfügbare E-Learning-Angebote

standteil der Seite ist das einführende Statistik-Textbuch und Online-Tutorial von Professor David Lane, Rice Universität, Houston, USA. Auf der Webseite sind Inhalte zu folgenden Themen verlinkt (vgl. http://davidmlane.com/hyperstat): *Univariate and bivariate Daten, Wahrscheinlichkeit, Verteilungen, Punktschätzer, Konfidenzintervalle, Testen von Hypothesen, Power, Varianzanalyse, Regression, Verteilungsfreie Tests, Messung von Effektgrößen.*

HyperStat ist auch über die Webseite „Rice Virtual Lab in Statistics" (http://onlinestatbook.com/rvls.html) erreichbar, auf der sich weitere Unterrichtsmaterialien zum Thema Statistik befinden.

Diskussion

HyperStat ließe sich prinzipiell als E-Learning-Kurs einsetzen, hat aber einen klaren Textbuch-Charakter (wie auch dem Titel der Webseite zu entnehmen ist). Es handelt sich also mehr um eine Sammlung von Inhalten, als um einen ganzheitlichen E-Learning-Kurs mit erkennbarem didaktischen Konzept. Die HyperStat-Internetseite wird seit 1993 betrieben und man sieht den Seiten an, dass keine Anpassungen an neuere Ergonomie- und Design-Standards vorgenommen wurden. Beispielsweise enthalten viele Seiten einen *Next-Button*, der, wenn er mit der Maus angeklickt wird, zum Ende eines Kapitels durch einen *Prev-Button* ersetzt wird. Es ist also nicht möglich, kapitelübergreifend von einer Seite zur nächsten zu navigieren, sondern es muss jedesmal umständlich in das Inhaltsverzeichnis gewechselt werden. Die Lerninhalte selber bestehen überwiegend aus Text und wenigen Abbildungen. Übungsaufgaben sind keine vorhanden. Es werden also viele der eingangs erwähnten Motivations- und Hygienefaktoren nicht berücksichtigt. Der didaktische Mehrwert gegenüber einem reinen Textbuch liegt also nur in der schnelleren Navigation durch die Inhalte und in der schnelleren Verfolgung von Querverweisen mittels Hyperlinks.

Statistik: Beschreibende Statistik und explorative Datenanalyse

Bei „Statistik: Beschreibende Statistik und explorative Datenanalyse" handelt es sich um einen E-Learning-Kurs, der im Buchhandel erhältlich ist (CD-ROM, Mittag und Stemann, 2004). Technisch handelt es sich bei dem Kurs um statische HTML-Seiten, die mit Microsoft FrontPage 2.0[2] erzeugt wurden, einem HTML-Editor, der nach dem WYSIWYG-Prinzip („What You See Is What You Get") arbeitet. Eine Nutzung des Kurses ist prinzipiell online

---

[2]Die Entwicklungsumgebung Frontpage 2.0 wurde durch Sichtung des Quelltextes der Demoversion (online erreichabr unter http://www.fernuni-hagen.de/STATISTIK/Neu/Demo/Stkurs/Statistik.htm) am 5. Juni 2008 ermittelt. Frontpage erschien nach der Version 2.0 noch in den Versionen 3.0, 4.0, 5.0 und 2003 und wurde 2007 durch *Microsoft Expression Web* abgelöst.

und offline möglich. Das Lernmodul behandelt folgende Themen: *Ein- und mehrdimensionale Verteilungen, Lage-, Streuungs- und Disparitätsmaße, Zusammenhänge, Regression, Indextheorie* sowie *Zeitreihen*. Eine ausführlichere Beschreibung dieser Lernsoftware findet sich in Kladroba (2006, S. 327–329).

Diskussion

Der Kurs verfolgt ein klar erkennbares didaktisches Konzept: Jedes Kapitel enthält einen kurzen Textabschnitt, in dem der Lernende in das Thema eingeführt wird. Über die Hyperlinks *Theorie, Beispiel* und *Übung* gelangt der Benutzer dann jeweils zu einer multimedialen Aufbereitung der Lerninhalte. Theorie und Übung bestehen jeweils aus einem kleinen Videofilm, für den ein Browser-Plugin erforderlich ist, das das RealVideo-Format abspielen kann. Bei den Übungen handelt es sich um kleine interaktive Demonstrationen von inhaltlichen Zusammenhängen, also nicht – wie der Name suggeriert – um Beispiele zum Selberrechnen.

Der E-Learning-Kurs wurde für eine Bildschirmauflösung von 800 × 600 dpi entwickelt (für einen Screenshot der Benutzeroberfläche siehe Abbildung A.6, S. 183), die nicht mehr zeitgemäß ist (vgl. Abbildung 3.4, S. 82). Der Umstand, dass die Entwicklung mit FrontPage 2.0^2 erfolgte, das im Jahre 1996 zusammen mit dem Office Paket ausgeliefert wurde, lässt vermuten, dass der Kurs schon über einen längeren Zeitraum nicht aktualisiert und an neue technische Standards angepasst wurde. Hierin liegt möglicherweise auch der Grund, weshalb sowohl der Firefox Browser als auch der Internet Explorer beim Testen des Kurses an bestimmten Stellen, an denen Multimediainhalte eingebunden waren, abstürzten.

Zusammenfassend lässt sich festhalten, dass das Lernprogramm zwar konsequent ein didaktisches Konzept verfolgt, leider aber wichtige Hygiene- und Motivationsfaktoren nicht erfüllen kann. Insbesondere muss das Fehlen von Lernaufgaben bemängelt werden, da es den Lernenden dadurch nicht möglich ist, bestimmte Inhalte zu trainieren und den eigenen Lernfortschritt zu kontrollieren.

Neue Statistik II

Bei dem Projekt „Neue Statistik II" handelt es sich um eine Weiterentwicklung des Projekts „Neue Statistik" (2001 – 2004, BMBF-gefördert im Programm „Neue Medien in der Bildung", vgl. *EMILeA-stat* oben), das seinen Ursprung in der Entwicklung der Lernsoftware *Statistik interaktiv* (1998 – 2000) sieht (im Buchhandel auf CD-ROM erhältlich: Apostolopoulos et al., 2002).

1.1 Übersicht über verfügbare E-Learning-Angebote

„Neue Statistik II" verspricht einen Online-Gesamtlehrplan zur interaktiven Vermittlung von Statistiklehrinhalten (siehe http://www.neuestatistik.de). Das Projekt wurde in Zusammenarbeit von Statistik-Lehrstühlen an zehn deutschen Hochschulen entwickelt. Die Lehreinheiten sind als Lernmodule aufbereitet, in denen folgende Themen behandelt werden: *Deskriptive Statistik, Wahrscheinlichkeitstheorie, Schätzen, Testen von Hypothesen, Regression, Erhebungsverfahren* und *Survivalanalyse.* Laut Anbieter beinhalten die über 80 Lernmodule klassische Lehrbuchtexte, animierte Kurzvorlesungen (Adobe Flash Format), interaktive Java Applets, Formelsammlungen, Fallstudien sowie Aufgaben mit Lösungen für das Statistiklabor (http://www.statistiklabor.de; Schlittgen, 2004).

Der Onlinezugang ist nur für Mitglieder und Partner des Konsortiums und deren Lernende verfügbar. Das schließt auch die Dienstleistungen für Lehrende und Lernende von CeDiS (Center für Digitale Systeme, Kompetenzzentrum e-Learning/Multimedia, Freie Universität Berlin) ein. Beispielsweise besteht das Angebot für Lehrende aus der Unterstützung durch CeDiS-Mitarbeiter bei der Nutzung des Statistiklabors, der individuellen Anpassung des Gesamtcurriculums sowie der Unterstützung bei der Duchführung von digitalen Prüfungen. Nichtmitglieder haben nur Zugriff auf das Statistiklabor sowie einige Beispiele und Demonstrationen zu der Lernumgebung *Neue Statistik.* Für eine detailliertere Beschreibung von *Statistik interaktiv* und *Neue Statistik* sei auf Kladroba (2006, S. 329–332) verwiesen.

Diskussion

Die graphische Benutzeroberfläche der Lernumgebung *Neue Statistik* ist recht ansprechend gestaltet, die Navigation ist einheitlich und intuitiv (siehe Abbildung A.7, S. 184). Die Lerninhalte selber bestehen überwiegend aus klassischen Lehrbuchtexten, die sich häufig über mehrere Seiten nach unten erstrecken. Daraus resultiert, dass der Lernende beim Durcharbeiten der Inhalte sehr viel Scrollen, also die Seite immer wieder verschieben muss. Die in der Lernumgebung vorhandenen Flash-Animationen und Java-Applets wirken etwas losgelöst vom Lerninhalt, da sie nur über die separate Mediengalerie aufgerufen werden können. Zum Teil befinden sich am Ende der Inhaltsseiten Übungsaufgaben mit Musterlösungen. Allerdings handelt es sich dabei um reine Textaufgaben, die gänzlich auf Interaktivität verzichten und keine Online-Auswertung mit Feedback bieten.

PC-Statistik-Trainer 1.0

Beim *PC-Statistik-Trainer 1.0* handelt es sich um ein eigenständiges Programm für das Betriebsystem Windows, das im Buchhandel erhältlich ist (Bourier, 2002). Das Programm beinhaltet Übungsaufgaben aus den Bereichen deskriptive und schließende Statistik für Studierende der Wirtschaftswissenschaften im Grundstudium. Es handelt sich um keine komplette Lernumgebung, sondern um ein Softwareprogramm zum Trainieren von Statistikaufgaben. Die Aufgaben beschränken sich in der Regel auf das reine Ausrechnen, ohne die Methodik in einem konkreten Sachverhalt zu betrachten oder theoretische Hintergründe zu erläutern. Aus diesen Gründen wird an dieser Stelle auf eine nähere Betrachtung und Diskussion des Programms verzichtet. Diese Entscheidung wird durch folgende Aussage in der hier untersuchten Literatur gestützt: „Der PC-Statistik-Trainer 1.0 ist nicht zum eigenständigen Lernen der Statistik geeignet [...]." (Kladroba, 2006, S 333).

LernSTATS / Methodenlehre-Baukasten

LernSTATS ist eine HTML-basierte Lernumgebung (http://www.lernstats.de), die sich inhaltlich auf Studierende der Psychologie fokussiert. In insgesamt 11 Kapiteln werden folgende Themen behandelt: *Skalen, Häufigkeitsverteilungen, Lagemaße, Streuungsmaße, Standardisierung, Korrelation, Regression* und *Faktorenanalyse*. In die Lernseiten sind regelmäßig kleine Interaktionen (Adobe Flash Format) eingebunden, die versuchen, das theoretische Wissen anschaulich darzustellen (für ein Beispiel siehe Abbildung A.8, S. 185).

LernSTATS ist in den 90er Jahren als Innovationsprojekt an der Universität Hamburg entwickelt worden. Von 2000–2004 wurde die Weiterentwicklung als Entwicklungsprojekt vom Bundesministerium für Bildung und Forschung (BMBF) im Programm „Neue Medien in der Bildung" gefördert. Das Ergebnis der Weiterentwicklung trägt den Namen Methodenlehre-Baukasten (MLBK, http://www.methodenlehre-baukasten.de) und wurde an die Fächer Psychologie, Erziehungswissenschaft, Soziologie, Wirtschaftswissenschaft und Medizin angepasst. Darüber hinaus wurde das Modul *Statistik II* entwickelt, das die Themen *Stichprobe und Grundgesamtheit, Testen von Hypothesen* sowie *Varianzanalyse* behandelt. Im Modul *Statistik II* kommen neben Flash-Interaktionen auch Java Applets zum Einsatz. Neben den Modulen *Statistik I* und *Statistik II* werden die Module *Von der Realität zu den Daten, Datenerhebungsverfahren, Spezielle Methoden*, und *Experimentalmethoden* angeboten. Für den Zugang zum Methodenlehre-Baukasten wird pro Person eine Lizenzgebühr von 12,00 Euro pro Jahr erhoben.

Diskussion

In bezug auf *LernSTATS* heisst es in der untersuchten Literatur, „Es ist ein wenig zweifelhaft, ob das Programm wirklich für das eigenständige Lernen der Statistik-Grundbegriffe geeignet ist [..., da] die doch sehr knappen theoretischen Ausführungen, [...] meistens kaum über das Niveau einer Formelsammlung hinausgehen." (Kladroba, 2006, S 337). Diese Aussage gilt zumindest teilweise auch für die MLBK-Lernumgebung, da alle Lernseiten zwar komplett überarbeitet und teilweise erweitert wurden – in der Regel ging es dabei aber um eine Anpassung an das neue Design und um die Einbindung neuer Multimedia-Elemente. Die graphische Benutzerschnittstelle des MLBK wirkt aufgeräumt und modern, die Navigation durch die Inhalte ist einfach und intuitiv. In den Modulen gibt es eine breite Palette an Übungsaufgaben, die sich aber lediglich zum Training eignen. Zur individuellen Lernerfolgskontrolle sind sie leider weniger gut geeignet, da die Aufgaben einen geringen Komplexitätsgrad aufweisen (es gibt z.b. die Aufgabentypen Multiple-Choice und Drag&Drop; für eine Übersicht über mögliche Aufgabentypen siehe Kapitel 2.2.1, S. 42) und die Lösungen der Lernenden nicht direkt korrigiert und bewertet werden (per Mausklick können lediglich die Musterlösungen eingeblendet werden). Der Lernende erhält also keinerlei Feedbacks zu seinem persönlichen Wissensstand, was für den Lernerfolg aber von großer Bedeutung ist (siehe Kapitel 2.2). Aufgrunddessen muss hier festgehalten werden, dass sowohl *LernSTATS* als auch die Weiterentwicklung mit dem Titel *Methodenlehre-Baukasten* nur bedingt zum eigenständigen Lernen geeignet sind.

AktivStats

Bei *AktivStats* handelt es sich um eine E-Learning-Software für PC und MAC, die als Studentenversion im Buchhandel erhältlich ist (Velleman, 2008). *AktivStats* existiert seit 1999 und ist Anfang 2008 in der siebten Ausgabe erschienen. Es werden die Themen *Deskriptive Statistik, Zufallsexperimente, Testen von Hypothesen, Regression* und *Varianzanalyse* behandelt. Neben der Software existiert der umfangreiche *ActivStats Teachers Guide*, der Lehrverantwortliche bei einem didaktisch sinnvollen Einsatz des Produkts unterstützen soll (online verfügbar unter http://www.datadesk.com/support/guide).

Diskussion

Spätestens bei Betrachtung des Produktkartons wird klar, dass sich *AktivStats* in erster Linie an Anwender bestimmter Softwareprodukte richtet; auf der Frontseite findet sich folgende Aufschrift: „Learn how to use Data Desk, JMP, Excel, MINITAB and SPSS". Neben der Studentenversion ist eine deutlich teurere Version von *AktivStats* beim Hersteller von Data Desk erhältlich. Dort heißt es, „ActivStats is an innovative multimedia education product that teaches introductory college-level statistics and the use of our Data Desk data exploration package." (http://www.datadesk.com/products/mediadx/activstats). Es geht hier

Einleitung

also klar darum, neben statistischen Grundlagen den Umgang mit der Software Data Desk zu lernen. Aus diesem Grund soll das E-Learning-Angebot hier nicht weiter betrachtet werden.

Grundbegriffe der Biostatistik

Bei „Grundbegriffe der Biostatistik" handelt es sich um ein interaktives PDF-Dokument[3] (http://www.biostat.uzh.ch/teaching/lecturenotes/online/olscriptku.pdf), das die Studierenden der Universität Zürich bei der Erarbeitung der Grundlagen der Biostatistik unterstützen soll. Die Lernumgebung ist mit einem elektronischen Textbuch vergleichbar, das auf der rechten Seite des Dokuments mit grundlegenden Navigationsschaltflächen (*Vor*, *Zurück*, *Springe zu Seite* usw.) versehen wurde. In dem Dokument sind am Ende einige Ja/Nein-Übungsaufgaben (für eine Übersicht über mögliche Aufgabentypen siehe Kapitel 2.2.1, S. 42) enthalten. Die Korrektheit der angekreuzten Antworten kann der Lernende separat für jede Aufgabe per Mausklick überprüfen. Inhaltlich werden die Themen *Deskriptive Statistik*, *Wahrscheinlichkeit*, *Testen von Hypothesen* und *Regression* behandelt.

Diskussion
Auf den Inhaltsseiten sind teilweise Animationen und Interaktionen (Java-Applets) verlinkt. Die Intention des Autors war es, dass sich diese nach einem Klick mit der Maus auf den entsprechenden Hyperlink im Webbrowser öffnen, also in einem separaten Fenster. Die letzte Version von „Grundbegriffe der Biostatistik" stammt aus dem Jahre 2004 und wurde nicht mehr an eine Umstellung des Content Management Systems der Universitätswebseite angepasst. Das hat zur Folge, dass die Links zu den Animationen nicht mehr funktionieren und selbige nur noch direkt aus dem „Funpark mit statistischen Simulationen", einer losen Sammlung von Animationen (siehe http://www.biostat.uzh.ch/teaching/lecturenotes/online.html), aufgerufen werden können. Die Übungsaufgaben haben mit dem Ja/Nein-Aufgabentyp einen sehr niedrigen Komplexitätslevel und können daher nur bedingt zum Lernerfolg beitragen (vgl. dazu Kapitel 2.2). Abgesehen von der Anzeige der erreichten Punkte erhält der Lernende nach der Aufgabenauswertung kein Feedback.

---

[3]Das Portable Document Format (PDF) ist ein Dateiformat für Dokumente, das aufgrund seiner Offenlegung und Plattformunabhängigkeit im Internet sehr verbreitet ist.

JUMBO

Bei der „Java-unterstützte Münsteraner Biometrie-Oberfläche" (JUMBO) handelt es sich um eine HTML-basierte Lernumgebung für die Grundlagen der Biometrie. Die Lernumgebung ist online nutzbar (http://imib.uni-muenster.de/fileadmin/template/conf/imib/lehre/skripte/biomathe/jumbo.html), kann aber auch bei den Autoren auf CD-ROM bestellt werden. Die Nutzung von JUMBO ist kostenfrei. In dem E-Learning-Angebot werden die Themen *Deskriptive Statistik, Wahrscheinlichkeitsrechnung, Zufallsvariable, Testen von Hypothesen, Verteilungen* und *Versuchsplanung* behandelt.

Ein Vorläufer von JUMBO wurde 1997 das erste Mal vorgestellt (Köpcke und Heinecke, 1997), die fertige Version wurde vier Jahre später veröffentlicht (Köpcke und Heinecke, 2001). Die aktuellste Version von JUMBO (Version 6.8) stammt aus dem Jahre 2002.

Diskussion

Die Benutzeroberfläche von JUMBO, deren Entwicklung vor über 10 Jahren begann, wurde nicht an neuere Design-Standards angepasst. Beispielsweise stechen sofort die grellen Farben der Navigationsleiste ins Auge, wie sie in den 90er Jahren häufig bei privaten Homepages anzutreffen waren. Auf jeder Inhaltsseite sind blinkende Buttons und Cliparts im GIF-Format anzutreffen (für ein Beispiel siehe Abbildung A.11, S. 186). Dazu muss gesagt werden: „[...] blinkende Elemente stören den Benutzer beim Lesen, ohne dass dieser die Möglichkeit hat, sich deren Wirkung zu entziehen. Die Folge dieser Ablenkung ist die Verringerung der Aufnahmefähigkeit für die Verarbeitung erstgradiger Informationen bzw. die schnellere Auslastung des Gehirns." (Bongulielmi, 2001, S. 5). Hinzu kommt, dass „[...] die blinkenden Grafiken einem sehbehinderten Besucher den Fokus auf die Textfelder verhindern" (Hafen et al., 2004, S. 24). Jedes Kapitel wurde auf einer einzigen HTML-Seite untergebracht. Das führt dazu, dass beispielsweise das Kapitel „Deskriptive Statistik I" mit einer Höhe von 22 Bildschirmseiten (Bildschirmauflösung 1280×1024) beim Lesen mit der Maus oder Tastatur sehr häufig weiter nach oben verschoben (engl. gescrollt) werden muss.

Erfreulich ist die große Anzahl an Interaktionen (Java Applets) in der Lernumgebung, die allerdings jeweils in einem neuen Fenster geöffnet werden und daher etwas aus dem Zusammenhang gerissen wirken. Am Ende jedes Kapitels ist ein Java Applet mit Multiple-Choice Fragen verlinkt. Die Übungsaufgaben ließen sich im Test aber weder mit dem Firefox Browser noch mit dem Internet Explorer starten.

Einleitung

Visual Bayes

„Visual Bayes ist ein interaktives Lernprogramm, das grundlegende Methoden zur Interpretation und Bewertung diagnostischer Tests in anschaulicher Form vermittelt." (http://www.imbi.uni-freiburg.de/medinf/projekte/vbayes.htm). Es handelt sich dabei um ein eigenständiges Programm, das ursprünglich für das Betriebssystem MS-DOS entwickelt wurde und im Jahre 2003 für das Betriebssystem Windows angepasst und neukompiliert wurde. In 10 kurzen Kapiteln werden die Themen *Vierfeldertafel, Testkenngrößen, Formel von Bayes, Vorhersagewerte, Kombinierte Tests, Verteilungen, Stichprobe, Trennpunkt, ROC-Kurve* und *Kostenfunktion* behandelt.

Diskussion

Das Lernprogramm ist klar strukturiert und leicht zu bedienen. Es enthält kleine Lernaufgaben, die direkt ausgewertet und kommentiert werden. Jede Aufgabe kann beliebig oft wiederholt werden, da die Ergebnisse nicht abgespeichert werden. Der Benutzeroberfläche von *Visual Bayes* sieht man sofort an, dass sie ursprünglich für MS-DOS entwickelt wurde – sie wirkt veraltet. Würde man diesen Hygienefaktor unbeachtet lassen, so müsste man dennoch bemängeln, dass die Oberfläche auf heutigen Bildschirmen gerade mal ein Viertel der Fläche bedeckt, da sich die Bildschirmauflösung von 640×480 dpi nicht ändern lässt.

VisualStat

Bei „VisualStat – dynamisch-interaktive Visualisierungen zu ausgewählten Bereichen der Statistik" handelt es sich um eine kleine Internetplattform der Universität Freiburg (http://www.psychologie.uni-freiburg.de/visualstat), die neben einigen weiterführenden Links zur Statistik im wesentlichen vier Java-Appletts bereitstellt, die das Verständnis folgender Themen erleichtern sollen: *Das arithmetische Mittel im allgemeinen linearen Modell, einfaktorielle Varianzanalyse mit zwei oder drei Gruppen* und *t-Test*. Thematisch wird in *Visual-Stat* also nur ein sehr kleiner Bereich der Statistik abgedeckt. Demnach handelt es sich um keinen kompletten E-Learning-Kurs, weshalb an dieser Stelle auf eine nähere Betrachtung und Diskussion des Lernangebots verzichtet werden soll.

ROBISYS

Das „Rostocker Biometriesystem" (ROBISYS) ist ein E-Learning-Angebot der Universität Rostock (online verfügbar unter http://www.imib.med.uni-rostock.de/elearning/elearning_start.html), bestehend aus den Modulen *Deskriptive Statistik*, *Validierung diagnostischer Verfahren* und *Randomisierungsverfahren für kontrollierte klinische Studien*. Die beiden letzteren Module wurden im Rahmen des Projekts „Methodenlehre-Baukasten" (siehe oben) entwickelt, wurden also ebenfalls durch das BMBF-Programm „Neue Medien in der Bildung" gefördert.

Diskussion

Beim ersten Modul handelt es sich um statische HTML-Seiten, die ausschließlich mit dem Internet Explorer funktionieren. Die Benutzeroberfläche wirkt veraltet und lässt didaktisch wichtige Funktionen vermissen (z.B. existiert keine Fortschrittsanzeige; siehe Abbildung A.12, S. 187). Das Modul enthält eine Seite mit Multiple-Choice-Textaufgaben. Jede Aufgabe kann der Lernende per Mausklick auswerten lassen und erhält dann ein Feedback von der Art „C ist falsch, A ist korrekt!".

Beim zweiten und dritten Modul handelt es sich jeweils um ein kleines Programm, das komplett im Adobe Flash Format bereitgestellt wird. Das bringt einen gravierenden Nachteil mit sich: Alle Inhaltstexte werden in den beiden Modulen von Flash automatisch geglättet. Bei kurzen Texten, wie sie normalerweise in Flash-Animationen üblich sind, ist das unproblematisch. In den beiden Flash-Modulen wird von den Benutzern aber das Lesen längerer Texte erwartet, was zu einer unnötigen Strapazierung und Ermüdung der Augen führen kann. Desweiteren ist die Navigation durch die Kapitel aus didaktischer Sicht unvorteilhaft gestaltet. Beispielsweise wird der Benutzer gezwungen, sich Schritt für Schritt durch die verschiedenen Inhaltsseiten zu bewegen, er kann also nicht frei entscheiden, ob er bereits bekannte Inhalte direkt überspringen möchte (siehe Abbildung A.13, S. 187). Nachfolgende Seiten sind zudem direkt im Text verlinkt, können also nicht wie üblich mit einem Vorwärts-Button angesteuert werden.

NUMAS

NUMAS ist ein webbasiertes Lehr- und Lernsystem zur Numerischen Mathematik und Statistik. Das Projekt wurde von 2001 bis 2004 durch das BMBF-Programm „Neue Medien in der Bildung" gefördert. Die Nutzung ist online nach vorheriger Anmeldung un-

Einleitung

ter `http://www.numas.de` möglich. Neben einigen Modulen zur Numerischen Mathematik existieren die Module Statistik und Medizinische Statistik, die die Themen *Verteilungen, Deskriptive Statistik, Analytische Statistik, Überlebensanalysen, Diagnostische Tests* und *Studiendesign* beinhalten.

Diskussion

Die Bedienung der Lernumgebung ist nicht immer intuitiv. Beispielsweise ist die Navigation für die verschiedenen Lernmodule so gestaltet, dass die Themen zwar beim Überfahren mit der Maus – wie allgemein üblich – farblich hervorgehoben werden, das Thema aber nicht direkt mit einem Mausklick ausgewählt werden kann. Stattdessen muss erst umständlich mit der Maus ein jeweils neu erscheinender Unterpunkt „zu den Lernobjekten" angeklickt werden. Das unzureichende Beachten von softwareergonomischen Richtlinien gilt auch für die Navigation und die meisten Hyperlinks: Das Anklicken eines Links führt überwiegend nicht zu einem Seiten- oder Zustandswechsel, sondern es wird ein neues Fenster geöffnet. Bei intensiver Nutzung der Lernumgebung kann das schnell dazu führen, dass man den Überblick über die vielen geöffneten Fenster verliert.

Das Erscheinungsbild der Oberfläche ist sehr heterogen, beispielsweise wurde kein einheitliches Schriftbild und kein einheitliches Farbschema gewählt. So präsentiert sich die Startseite von NUMAS in einem dunklen Blau; die Inhaltsseiten sind dagegen in zarten Lila- und Rosatönen gehalten; die Sitemap[4] wiederum erscheint in den Farben Grün und Gelb; das Suchfenster ist Hellblau.

Laut der Startseite von NUMAS befindet sich das System noch in der Entwicklungsphase. Es kann dort auch der letzte Stand der Aktualisierung des Systems entnommen werden: 21.05.2004. Die Arbeit an der Lernumgebung wurde demnach vor über vier Jahren eingestellt.

Die Wirksamkeit des didaktischen Konzepts darf bezweifelt werden. Beispielsweise wird die Beschreibung des Histogramms auf einer Lernseite ohne jegliches Anschauungsmaterial präsentiert (siehe Abbildung A.14, S. 188). Erst dann, wenn der Benutzer auf „Beispiel" klickt, öffnet sich ein Fenster, in dem auch Histogramme abgebildet sind. Beim Durcharbeiten der Inhalte ist häufiges Scrollen nötig, das heißt, die Seite muss immer wieder mit der Maus oder Tastatur nach oben geschoben werden, um am unteren Teil weiterlesen zu können. Das Lernmodul Statistik enthält nur sehr wenige interaktive Beispiele. Die Lernseiten selber beinhalten – bis auf wenige Ausnahmen – nur Text und Formeln. Die wenigen Abbildungen und Interaktionen werden in der Regel in einem neuen Fenster geöffnet, nachdem

---

[4] Eine sogenannte Sitemap ermöglicht einen hierarchisch strukturierten Überblick über alle Einzeldokumente, d.h. sie stellt die Inhaltsstruktur des Lernobjekts dar.

der Benutzer mit der Maus den zugehörigen Hyperlink angeklickt hat. Bei den vorhandenen Lernaufgaben handelt es sich um reine Textaufgaben ohne jegliche Interaktivität. Die Aufgaben sind häufig so konzipiert, dass der Lernende Zettel und Stift zur Hand nehmen muss, um die Aufgabe zu lösen (Beispiel: Aufgabe 1b in Kapitel 6.3 lautet „Zeichnen Sie ein Säulen- und ein Kreisdiagramm."). Musterlösungen sind zwar vorhanden, der Lernende erhält aber keinerlei Feedbacks zu seinen Lösungen.

1.1.2. E-Learning-Angebote zum Thema *Epidemiologie*

Durch die Literaturrecherche konnten keine E-Learning-Angebote zum Thema *Epidemiologie* ermittelt werden (siehe Anhang A.2).

1.1.3. E-Learning-Angebote zum Thema *Genetische Epidemiologie*

Durch die Literaturrecherche konnten drei verschiedene E-Learning-Angebote zum Thema *Genetische Epidemiologie* ermittelt werden (siehe Anhang A.3), die im Folgenden kurz betrachtet und diskutiert werden sollen.

Henry Stewart Talks E-Seminare

In der Rubrik „Biomedical & Life Sciences" bietet die *Henry Stewart Group of Companies* derzeit drei E-Seminare zum Thema Genetische Epidemiologie an (http://www.hstalks.com/main/browse_series.php?father_id=4; Stand 26. August 2008): „Genetic Epidemiology I", „Genetic Epidemiology II" und „Statistical Methods for the Analysis of Genome-Wide Association Studies".

Das recht umfangreiche E-Seminar „Genetic Epidemiology I" (Henry Stewart Talks, 2004) ist eine kommerzielle Lernsoftware, die bis vor kurzem ausschließlich auf CD-ROM angeboten wurde. Seit geraumer Zeit können die E-Seminare auch direkt über das Internet genutzt werden. Voraussetzung dafür ist allerdings der Erwerb einer zeitlich begrenzten Nutzungslizenz. Bei allen E-Seminaren handelt es sich um digitale Präsentationen, also eine Kombination aus Videoprojektor-Folien und gesprochenem Text, die zu verschiedenen Themengebieten abgespielt werden können. Der Hersteller selber schreibt, „Henry Stewart Talks is dedicated to providing CD-ROM based talks of the highest standard [...]" (*About*

Einleitung

Henry Stewart, HST CD-ROM). In „Genetic Epidemiology I" werden folgende Themen behandelt: *Genetische Grundlagen für Statistiker, Einführung in die Populationsgenetik, Segregationsanalyse, Kopplungsanalyse, Studiendesign, Genomweite Scans* und *Assoziationsanalyse*. Darüber hinaus sind einige vertiefende Präsentationen enthalten. Lernaufgaben sind dagegen nicht enthalten. Im E-Seminar „Genetic Epidemiology II" (Henry Stewart Talks, 2007) wird auf neuere Entwicklungen des Fachgebiets eingegangen: *Spezielle Designs, Spezielle Populationen, Genomweite Studien: Datentypen* und *Genomweite Studien 2: Methoden*. In „Statistical Methods for the Analysis of Genome-Wide Association Studies" (Henry Stewart Talks, 2008) geht es um die praktische Durchführung von genomweiten Assoziationsanalysen (GWAs).

Diskussion

Ob die Henry Stewart Talks E-Seminare dazu geeignet sind, die selbstgesteckten, ehrgeizigen Lehr- und Lernziele zu erreichen, ist fraglich. Der Umstand, dass die einzelnen Teilgebiete von unterschiedlichen Dozenten ohne ein gemeinsames didaktisches Konzept aufbereitet wurden, führt dazu, dass die Folien ein sehr heterogenes und inkonsistentes Erscheinungsbild mit teilweise mäßiger Qualität aufweisen. Beispielsweise sind einige Folien-Texte nur schwer lesbar, weil die Schrift unscharf oder zu klein ist. Die E-Seminare auf CD-Rom laufen zudem nur auf Systemen mit bestimmten Konfigurationen. So wird beispielsweise der *Internet Explorer* benötigt, mit *Mozilla Firefox* dagegen laufen sie nicht. Es werden also mehrere wichtige Hygienefaktoren nicht erfüllt. Darüber muss bemängelt werden, dass die beiden wichtigsten Motivationsfaktoren nicht berücksichtigt werden: Die Interaktivität des Kurses beschränkt sich auf die Navigation durch die Inhalte; anspruchsvolle und zugleich motivierende Lernaufgaben fehlen gänzlich.

Video-Aufzeichnungen des „Short course on Statistical Genetics"

Beim „Third annual short course on Statistical Genetics for Obesity & Nutrition Researchers" der *University of Alabama at Birmingham* (Allison et al., 2003) handelt es sich um eine Reihe von Video-Aufzeichnungen, die auf der Universitätswebseite im RealMedia-Format zur Verfügung gestellt werden. Die Filme enthalten die Präsentationen verschiedener Experten aus dem Gebiet der Statistischen Genetik (z.B. Robert Elston). Die Filme selber sind so aufgebaut, dass sie auf der linken Seite den Vortragenden zeigen und auf der rechten Seite die Vortragsfolien. Es werden folgende Themen behandelt: *Einführung in die Biostatistik, Einführung in die Genetik, Einführung in die Genetische Epidemiologie, Kopplungsanalyse, Familienbasierte Studien, Fall-Kontroll-Studien, Transmission Disequilibrium Test, Assoziationsanalyse,*

Haplotypanalyse und *Analyse von Microarrays*.

Diskussion

Der Kurs hat die gleichen Probleme wie das E-Seminar „Henry Stewart Talks: Genetic Epidemiology I": Die einzelnen Teilgebiete wurden von unterschiedlichen Personen ohne ein gemeinsames didaktisches Konzept aufbereitet, was zu sehr heterogenen Inhalten und Medien mit teilweise mäßiger Qualität führt. Es sind keine Lernaufgaben enthalten. Es bleibt also festzuhalten, dass wichtige Hygiene- und Motivationsfaktoren, die für ein erfolgreiches E-Learning-Angebot essentiell sind, nicht erfüllt werden.

Webcast „Genomics and Genetic Epidemiology"

Bei „Genomics and Genetic Epidemiology: General Principles and Application to Disease Studies" (Lander et al., 2003) handelt es sich um einen archivierten Webcast[5], der im Jahre 2003 gelaufen ist. Der Webcast enthält die Vorträge samt Folien verschiedener Referenten. Es werden unter anderem Aufzeichnungen zu folgenden Themen angeboten: *Bioinformatik, Analyse von Microarrays, Genetische Epidemiologie, Assoziationsanalyse* und *Studiendesign*. Über die Aufzeichnungen hinaus werden keine weiteren Materialien angeboten.

Diskussion

Der Webcast reiht sich in die Beispiele für digitale Lernmaterialien zum Thema *Genetische Epidemiologie* ein, ohne sich positiv von den anderen abzuheben. Problematisch ist wieder die Beteiligung vieler verschiedener Autoren ohne Einbeziehung eines gemeinsamen didaktischen Konzepts. Der Nutzer hat nur dürftige Interaktionsmöglichkeiten (*Start, Vor, Zurück, Pause, Stopp*), die die didaktischen Möglichkeiten der technologiegestüzten Lehre nicht annähernd ausnutzen. Lernaufgaben sind keine enthalten. Wie oben müssen hier die nicht erfüllten Hygiene- und Motivationsfaktoren bemängelt werden.

1.1.4. Zusammenfassung der Rechercheergebnisse

Durch die Literaturrecherche konnten 14 verschiedene E-Learning-Angebote zum Thema *Statistik* ermittelt werden, die insgesamt einen beachtlichen Teil des Fachgebiets Statistik abdecken. Es fällt auf, dass durch die Recherche überwiegend deutsche Projekte ermittelt

---

[5]Ein Webcast ähnelt einer Fernsehsendung, die im Internet präsentiert wird und rudimentäre Interkationsmöglichkeiten bietet.

wurden, die international publiziert wurden. Die Ursache für die vielen deutschen Projekte beziehungsweise vergleichsweise wenigen englischsprachigen Projekte liegt möglicherweise in der bereits oben erwähnten, intensiven Förderung derartiger Projekte durch das Bundesministerium für Bildung und Forschung (BMBF) im Programm „Neue Medien in der Bildung" von April 2001 bis Dezember 2004 (fünf von den 14 E-Learning-Angeboten wurden direkt in diesem Programm gefördert; finanzielles Gesamtvolumen: 2,9 Mio. Euro). An dem Projekt waren derart viele Personen (13 Antragsteller und 70 Mitarbeiter und Mitarbeiterinnen) beteiligt, dass es unweigerlich zu vielen wissenschaftlichen Veröffentlichungen gekommen ist.

Die einzelnen E-Learning-Angebote unterscheiden sich stark in ihrem Inhaltsumfang. Die Spannweite reicht von sehr wenigen interaktiven Inhalten (*VisualStat*) bis hin zu sehr umfangreichen Lernsystemen, die alle wichtigen Grundlagen der Statistik beinhalten (*EMILeAstat, Neue Statistik II*). Die Lernmodule, die sich auf wenige Inhalte konzentrieren haben in der Regel einen höheren Interaktivitätsgrad (*Statistik: Beschreibende Statistik und explorative Datenanalyse*, ROBISYS); die Lernangebote, die sehr viele Bereiche der Statistik abdecken wollen, schaffen es leider nicht, den Interaktivitätslevel konsequent hoch zu halten. Sie wirken daher häufig wie ein elektronisches Textbuch mit keinem oder nur geringem didaktischen Mehrwert gegenüber dem Medium *Buch*.

E-Learning-Angebote, die grundlegende Hygienefaktoren nicht einhalten, können nicht erfolgreich sein. Beispielsweise, wenn das System nicht einwandfrei funktioniert (*Statistik: Beschreibende Statistik und explorative Datenanalyse*, MM*STAT, JUMBO), kann die Demotivation beim Lernenden unter Umständen soweit reichen, dass er das Lernangebot schon nach kurzer Zeit nicht mehr benutzt. Hygienefaktoren, wie zum Beispiel ein angenehmes Erscheinungsbild und Design der Lernumgebung oder eine einfache, einheitliche und intuitive Navigation, sind wichtig, um beim Lernenden eine positive Grundeinstellung zu erzeugen. Obwohl es eigentlich eine Selbstverständlichkeit sein müsste, werden wichtige Hygienefaktoren häufig nicht eingehalten (JUMBO, Visual Bayes, ROBISYS, NUMAS).

Zu den wichtigsten Motivationsfaktoren von E-Learning-Angeboten gehören anspruchsvolle und zugleich motivierende Lernaufgaben. Trotzdem wird in den hier untersuchten Lernangeboten zum Teil komplett auf Lernaufgaben verzichtet (MM*STAT, *HyperStat, Statistik: Beschreibende Statistik und explorative Datenanalyse, VisualStat*). Leider kann keines der übrigen E-Learning-Angebote mit seinen Lernaufgaben überzeugen. Überwiegend handelt es sich um Aufgaben in Textform, zu denen eine Musterlösung verlinkt ist – nicht anders, als habe der Benutzer ein Textbuch vor sich liegen. Keine der Aufgaben generiert zur Motivation der Lernenden individuelle Feedbacks. Die wenigen Lernaufgaben, die eine sofortige Aus- und Bewertung der Lösung vornehmen, haben einen sehr niedrigen Komplexitätslevel, das heißt, sie sind nicht anspruchsvoll genug, um den Lernenden zu motivieren. Erreichte Punkte gehen nach Verlassen der jeweiligen Aufgabe verloren, das heißt, der Lernende wird nicht über seinen Lernfortschritt insgesamt informiert. Damit ist es dem Lernenden nicht möglich, die Ergebnisse für eine längerfristige, kontinuierliche Lernerfolgskontrolle zu benutzen, sondern er erhält immer nur eine Momentaufnahme seines Lernerfolgs.

Zum Thema *Genetische Epidemiologie* wurden drei E-Learning-Angebote ermittelt. Bei allen drei handelt es sich im wesentlichen um Aufzeichnungen von Vorträgen, die mit den zugehörigen Vortragsfolien verknüpft wurden. Hier stellt sich die Frage, ob diese einfache und kostengünstig zu produzierende Form eines elektronischen Lernangebots grundsätzlich als vollwertiges E-Learning-Angebot gelten kann, das zum Selbststudium geeignet ist. Kurz: Ist es sinnvoll, Videoaufzeichnungen von Vorlesungen oder Vorlesungsfolien oder beides zusammen im Internet der Allgemeinheit kostenfrei oder gegen Entgelt zur Verfügung zu stellen? Diese Idee ist nicht neu, wie man auch an den oben vorgestellten Lernangeboten sieht: Die *Henry Stewart* Firmengruppe zum Beispiel produziert und verkauft seit über 25 Jahren Lernmaterial in dieser Form.

Darüber hinaus gibt es verschiedenste Bildungseinrichtungen, die Lernmaterialien von dieser Art im Internet bereitstellen (siehe Anhang A.4).

Die Diskussionen der drei Beispiele zum Thema *Genetische Epidemiologie* machen bereits deutlich, dass Vorlesungsaufzeichnungen nicht für ein ernsthaftes Selbststudium geeignet sind, da sie die meisten Anforderungen an ein didaktisch fundiertes E-Learning-Angebot nicht erfüllen können. Wichtige Hygiene- und Motivationsfaktoren werden nicht berücksichtigt, der Grad der Komplexität und die Anzahl der Freiheitsgrade sind zu niedrig (keine Lernaufgaben; rudimentäre Navgation; grobe Auswahl von Inhalten; fest vorgegebenes Tempo). Kurz: Die didaktischen Möglichkeiten der technologiegestützten Lehre werden nicht annähernd ausgenutzt. Es soll an dieser Stelle angemerkt werden, dass es trotzdem sinnvoll sein kann, Studierenden oder anderen interessierten Personen digitale Aufzeichnungen von Vorlesungen bereitzustellen. Das könnte zum Beispiel der Fall sein, wenn ein Studierender an einer deutschen Universität großes Interesse an der Vorlesung eines bestimmten Experten an einer amerikanischen Universität hat. Der Studierende könnte die Vorlesung gegebenenfalls zeitnah über das Internet verfolgen, was ihm ansonsten womöglich aus Zeit- und Kostengründen verwehrt bleiben würde. Derartige Videoaufzeichnungen sollten dann aber aus oben genannten Gründen nicht als E-Learning-Kurse bezeichnet werden.

Einleitung

Nach obigen Ausführungen kann festgehalten werden, dass die Qualität der betrachteten E-Learning-Angebote nicht für ein reines Selbststudium ausreicht. Es wäre daher naheliegend, eine didaktisch sinnvolle Kombination mit einer Präsenzveranstaltung aufzuzeigen, um den Erfolg der Lernangebote dennoch zu sichern. Leider spiegelt sich die mangelhafte didaktische Reife der untersuchten E-Learning-Angebote auch im Lehr- und Lernkonzept wider. Für keines der untersuchten E-Learning-Angebote wird ein Curriculum bereitgestellt, das den Einsatz der Lernmodule speziell im Rahmen eines Blended-Learning-Angebots definiert. Es wird zwar teilweise die Möglichkeit eines Einsatzes in Kombination mit einer Präsenzveranstaltung erwähnt (siehe z.B. *ActivStats Teachers Guide*), konkrete Konzepte dafür fehlen aber.

1.2. Motivation und Zielsetzung

Durch die Literaturrecherche konnte gezeigt werden, dass es bisher keinen technologiegestützten Trainingskurs gab, der das Themengebiet der Genetischen Epidemiologie umfassend bedient und speziell darauf zugeschnitten ist. Der Bedarf bei Studierenden und Wissenschaftlern für einen E-Learning-Kurs zu diesem Thema wurde bereits im Jahre 2004 festgestellt. Ende 2004 wurde das Projekt *Training in Genetischer Epidemiologie* initialisiert. Die Projektziele wurden wie nachfolgend beschrieben definiert.

Ziel dieses Projektes ist es, einen E-Learning-Kurs zu entwickeln, der dazu geeignet ist, die Grundlagen und Methoden der Genetischen Epidemiologie zu lernen und zu lehren. Der fertige Kurs soll so gestaltet sein, dass

- Lernende sich mit Hilfe des Kurses das Themengebiet im Selbsstudium aneignen können,
- Lehrende den Kurs in Kombination mit einer Präsenzveranstaltung (zum Beispiel einer klassischen Vorlesung) einsetzen können.

Inhaltlich soll der Kurs auf dem Buch „A Statistical Approach to Genetic Epidemiology" von Ziegler und König (2006) basieren. Vom Umfang her soll der Kurs etwa einer zehntägigen Präsenzveranstaltung mit insgesamt 80 – 110 Stunden Arbeitsaufwand entsprechen (äquivalent mit 3 – 4 ECTS-Punkten, siehe Kapitel 2.5). Es geht also nicht darum, den Inhalt des gesamten Buchs in den E-Learning-Kurs aufzunehmen, sondern die wichtigsten Kapitel und Inhalte für einen Kurs des besagten Umfangs auszuwählen. Das tragende Fundament des Kurses soll ein didaktisches Konzept sein, das einen nachhaltig erfolgreichen Einsatz des fertigen E-Learning-Kurses ermöglicht. Da das nur mit einem ausgereiften und auf langjähriger Erfahrung basierenden Konzept möglich ist, soll auf ein fertiges didaktisches Konzept zurückgegriffen werden. Dieses soll dann an die speziellen Anforderungen des Fachgebiets angepasst und unter Berücksichtigung neuster lerntheoretischer Erkenntnisse erweitert werden. Um die sprachlichen Barrieren global betrachtet so gering wie möglich zu halten, soll der Kurs komplett in englischer Sprache verfasst werden.

Um den Erfolg des komplexen Projektes nicht zu gefährden soll es, wie zum Beispiel in der Softwaretechnik üblich, gemäß einem geeigneten Vorgehensmodell bearbeitet werden. Das ist von fundamentaler Bedeutung, da dass das Projekt von einer einzelnen Person umgesetzt wird – im direkten Widerspruch zu dem Satz „Die Produktion von E-Learning ist eine Teamarbeit mit vielen Beteiligten, die sehr unterschiedliche Berufsbilder aufweisen"

Einleitung

(Mair, 2005, S 3). Die Einzelperson muss also über sehr unterschiedliches, interdisziplinäres Fachwissen verfügen, beispielsweise aus den Bereichen Lernpsychologie, Didaktik und Urheberrecht. Für die Planung und Umsetzung sind außerdem fundierte Kenntnisse eines Programmierers, Grafikers, Medienautors und Projektleiters gefragt.

Bei der Erstellung der Inhalte und Medien soll die uneingeschränkte technische Funktionalität und die Nachhaltigkeit im Vordergrund stehen. Der Kurs soll sowohl offline (auf CD-Rom) als auch online (über das Internet) eingesetzt werden können. Für den Online-Betrieb soll zudem eine geeignete Kommunikationsplattform entwickelt werden, die während des Kursbetriebs die Vernetzung und Kommunikation zwischen Lehrenden und Lernenden vereinfacht.

Zum Abschluss soll durch eine Evaluation des Kurses überprüft werden, ob die Ziele erreicht wurden.

Aufbau der Arbeit

Für die vorliegende Arbeit wurde ein klassischer Aufbau gewählt: Der erste Teil beschäftigt sich mit *Material und Methoden*, im zweiten Teil werden die *Ergebnisse* präsentiert. Was den Leser in den einzelnen Abschnitten erwartet, soll im Folgenden noch etwas genauer beschrieben werden.

Im Methoden-Teil (Kapitel 2) wird, ausgehend von den wichtigsten lerntheoretischen Grundlagen, das didaktische Konzept des Kurses beschrieben. Dieses Konzept sieht unter anderem den Einsatz von komplexen Lernaufgaben vor. Die Beschreibung der theoretischen Grundlagen für ein neuartiges Lernaufgabenmodul mit algorithmenbasierter Freitextauswertung und adaptiven Feedbacks wird daher ebenfalls Gegenstand dieses Kapitels sein. Darüber hinaus werden dort die Darstellung und Kodierung von Familienstammbäumen in der technologiegestützten Lehre, das Projekt-Vorgehensmodell sowie die Zeitplanung für E-Learning-Projekte diskutiert.

In Kapitel 3 wird das Entwicklungsmaterial beschrieben. Dazu gehören in erster Linie die verwendeten Autorenwerkzeuge zur Inhalts- und Medienerstellung. Zwei Werkzeuge sind von grundlegender Bedeutung für das Projekt und sollen hier bereits Erwähnung finden: Die für dieses Projekt entwickelte LaTeX-basierte Drehbuchumgebung zur Erstellung des E-Learning-Drehbuchs und das Autorenwerkzeug ONCAMPUS FACTORY, das auf dem aus-

1.2 Motivation und Zielsetzung

gereiften didaktischen Konzept der Fachhochschule Lübeck basiert.

In Kapitel 4 wird die Konzeption des E-Learning-Kurses beschrieben. Bei der Konzeption geht es darum, den Lerninhalt, der hier als Manuskript zum Buch von Ziegler und König (2006) vorlag, systematisch in ein Drehbuch für den E-Learning-Kurs zu überführen. Das Drehbuch bildet die Grundlage für die Umsetzung des Kurses. Es enthält zum Beispiel für jede Lernseite genaue textuelle Beschreibungen der Lernziele und des Inhalts sowie für jede Interaktion zusätzlich eine Ideenskizze – vergleichbar mit einem Film-Drehbuch, das genaue Angaben für jede Szene enthält.

Im Umsetzungsteil (Kapitel 5) werden die fertigen Lerneinheiten, die Multimedia-Elemente des Kurses (z.B. das neu entwickelte Lernaufgabenmodul *ReT3*) sowie die Kommunikationsplattform, mit deren Hilfe der Kurs online absolviert werden kann, beschrieben.

Die Evaluation des Kurses folgt in Kapitel 6. Anhand einer empirischen Untersuchung wird dort gezeigt, dass der fertige Kurs erfolgreich in der Lehre eingesetzt werden kann. An letzter Stelle folgen die Diskussion (Kapitel 7) und die Zusammenfassung der Arbeit (Kapitel 8).

2. Methoden

Dieser Teil der Arbeit befasst sich im ersten Teil mit den wichtigsten Lehr- und Lerntheorien, anhand derer im Anschluss Richtlinien und Empfehlungen für die didaktische Konzeption des E-Learning-Kurses formuliert werden. In Kapitel 2.2 wird das didaktische Konzept um ein Lernaufgaben-Konzept erweitert.

Ein elementarer Bestandteil der Ausbildung in Genetischer Epidemiologie ist die Benutzung von Familienstammbäumen zur Illustration von Lerninhalten. Daher wird in Kapitel 2.3 beschrieben, wie der Einsatz von Stammbaum-Illustrationen in der technologiegestützten Lehre praktisch bewerkstelligt werden kann.

In Kapitel 2.4 wird das Vorgehensmodell beschrieben, das den Rahmen für die Planung, Bearbeitung und Validierung der einzelnen Projektphasen vorgibt und dabei unter besonderer Berücksichtigung der lerntheoretischen Überlegungen aus Abschnitt 2.1.1 – 2.1.3 immer das didaktische Konzept in den Vordergrund stellt.

Da es für den Erfolg eines E-Learning-Kurses von großer Bedeutung ist, folgt danach ein kurzer Abschnitt zur Planung des Arbeits- und Zeitaufwands für die Lehrenden und Lernenden.

Zum Abschluss werden die Materialien für die Entwicklung und den Betrieb des Lernsystems beschrieben. Das schließt zum Beispiel die Systemanforderungen, Formate und Standards sowie Softwarewerkzeuge ein.

Methoden

2.1. Lehr- und Lerntheorie

Mit der technologiegestützten Lehre hält man verschiedene Instrumente in der Hand, um die kognitiven Möglichkeiten des Lernenden gezielt zu nutzen. Die Nutzung dieser Instrumente – in der Regel gewährleistet durch das Zugrundelegen eines geeigneten didaktischen Konzepts – ist essentiell für den Erfolg von Projekten dieser Art. „Zum Lernen gehört viel mehr als nur Text auf einer Seite." (Freeman und Sierra, 2005, S. XXVI). Es ist wichtig, gezielt mehrere Sinne anzusprechen, um die Lernfähigkeit zu erhöhen. Persuasive Kommunikationstechniken, die sich unter dem Begriff der *Visuellen Rhetorik* zusammenfassen lassen, können dabei hilfreich sein (auf die Visuelle Rhetorik wird in Abschnitt 2.1.3 noch näher eingegangen). Das didaktische Konzept sollte dabei aber immer in den Vordergrund gestellt werden – und nicht die technische Umsetzung, denn: „Oft bleiben Projekte technikverliebt und sind nicht konsequent auf die Lösung von Bildungsproblemen ausgerichtet. [...] Es kann also keineswegs davon ausgegangen werden, dass eine möglichst attraktive, aufmerksamkeitserregende, z.B. multimediale Präsentation die erwarteten Lerneffekte *erzeugt.*" (Kerres, 2005, S. 156–158).

„[...] die Konzeption solcher Angebote stellt ein komplexes, mehrdimensionales Gestaltungsproblem dar, das sich mit Hilfe von Analysen didaktischer Parameter eingrenzen lässt." (Kerres, 2005, S. 175). Die kritische Auseinandersetzung mit den wichtigsten lerntheoretischen Grundlagen soll daher Gegenstand der nachfolgenden Abschnitte sein. In den Abschnitten 2.1.1 und 2.1.2 werden zunächst die beiden bekanntesten Lerntheorien, die auch bei der technologiegestützten Lehre zum Einsatz kommen, vorgestellt und kurz diskutiert. In Abschnitt 2.1.3 wird eine Kombination der beiden Lerntheorien als Grundlage für das didaktische Konzept des Kurses *Training in Genetischer Epidemiologie* präferiert.

2.1.1. Instruktionsdesign

Instruktionsdesign (engl. *Instructional Design*) bezeichnet die systematische Planung und Entwicklung von Lernumgebungen und -materialien verschiedenster Anwendungsfelder auf der Basis lehr- und lernpsychologischer Theorien und schließt den gesamten Prozess von der Analyse der Lernbedürfnisse und -ziele bis hin zur Entwicklung und Evaluation des Lernsystems ein.
Damit ist es für die Gestaltung von E-Learning-Lernumgebungen von besonderer Bedeutung, da es insbesondere auch auf eine Integration moderner Informations- und Kommuni-

2.1 Lehr- und Lerntheorie

kationstechnologien abzielt. Im Buch *Principles of Instructional Design* von Gagné et al. (1988) werden die Ziele wie folgt formuliert: „The purpose of designed instruction is to activate and support the learning of the individual student ... [and] to help each person develop as fully as possible, in his or her own individual direction." (Gagné et al., 1988, S. 4)

Instruktionsdesign-Modelle spiegeln in der Regel eine Sichtweise des Lernens wider, die dem Instruktionsparadigma folgt, demzufolge Lernen im wesentlichen als Funktion von Lehren verstanden wird (siehe Abbildung 2.1). In Übereinstimmung mit behaviouristischen

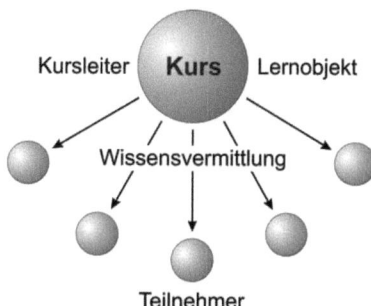

Abbildung 2.1: Schematische Darstellung eines Instruktionsdesign-Modells (vgl. Siebert, 1998, S. 73). Das extern vom Lernenden vorhandene Wissen wird vom Kursleiter bzw. Lernobjekt zum Kursteilnehmer „transportiert". Die Wissensvermittlung erfolgt dabei nur in der mit den Pfeilen dargestellten Richtung.

und kognitivistischen Lerntheorien wird davon ausgegangen, dass Wissen extern vom Lernenden existiert. Aus einer genauen Definition der Lernziele durch den Lehrenden werden Strategien zur adäquaten Vermittlung dieser Lerninhalte abgeleitet. Dazu können beispielsweise die Festlegung einer bestimmten Interaktionsform für jedes Lernziel und die Sequentialisierung der Inhalte gehören.

Kritik am Instruktionsdesign

Kritik am Instruktionsdesign wird überwiegend von den Verfechtern des Konstruktivismus (siehe Abschnitt 2.1.2) geübt. Die Kernpunkte der Kritik sind Reduktionismus und Determinismus.

Unter Reduktionismus wird aus konstruktivistischer Sicht die starke Orientierung auf Lernziele und Sublernziele verstanden, welche die Komplexität von Wissensbereichen und

Querverbindungen zwischen den Einzelinformationen vernachlässigt. Unter dem Aspekt, dass das Verständnis eines Fachgebiets mehr als die Beherrschung und Wiedergabe der Summe aller relevanten Fakten beinhaltet, wird in diesem Zusammenhang bemängelt, dass kontextuelle Faktoren unzureichend berücksichtigt werden.

Mit Determinismus wird die Annahme bezeichnet, dass das Ergebnis von Instruktion für alle Lernenden im wesentlichen gleich ist. Dagegen werden im Konstruktivismus die Heterogenität der Lernenden und ihre individuellen und nicht vorhersagbaren Wissenskonstruktionen betont.

2.1.2. Konstruktivismus

Konstruktivismus repräsentiert eine erkenntnistheoretische Position, eine Lerntheorie, eine Philosophie des Lehrens und Lernens, ein allgemeines pädagogisches Konzept oder auch eine Kombination dieser Bedeutungen (Molebash, 2002, S. 434). Aus konstruktivistischer Sicht wird das Wissen vom Lernenden selber im Zuge folgender Prozesse generiert (vgl. Reich, 2006):

- Rekonstruktion (Entdecken der Welt),
- Konstruktion (Erfinden der Welt) und
- Dekonstruktion (Kritisieren der Welt).

Um das Verständnis des Konstruktivismus als Lerntheorie zu erleichtern, sollen an dieser Stelle die wichtigsten Annahmen über das Wissen, den Wissenserwerb sowie die Rolle des Lehrenden und des Lernenden noch etwas genauer betrachtet werden (vgl. dazu Meixner und Müller, 2004):

- Lernen ist ein aktiver und konstruktiver Prozess.
- Es wird ein ganzheitliches Konzept angestrebt, nach dem die Lernenden aus einer Fülle an multidimensional ausgerichteten Wissenselementen auswählen und ihre subjektiv passenden Lernwirklichkeiten konstruieren können.
- Übungsaufgaben sollten möglichst realistisch sein, um die Problemlösekompetenz in den sogenannten „ill-structured domains" (Honebein et al., 1993) zu fördern.

- Die individuellen Lernergebnisse sind heterogen und prinzipiell unvorhersagbar, da jeder Lernende sein eigenes Vorwissen mit einbringt, was sich wiederum auf die Struktur der neu zu erwerbenden Wissenselemente individuell auswirkt.

- Es werden multisensorische Unterrichtsverfahren favorisiert, um die neuen Informationen möglichst mit allen Sinnen begreifbar und in die vorhandenen Wissenskontingente „einbaubar" zu machen.

- Vom Lernenden wird erwartet, dass er Lernstrategien und metakognitive Fähigkeiten entwickelt. Er sollte möglichst ohne explizite Anleitung durch den Lehrer imstande sein, komplexe Aufgaben zu lösen.

- Der Lehrende sollte im Hintergrund bleiben und eher begleitend und beratend tätig sein.

- Die Lernumgebungen sollten Wahlmöglichkeiten für die Lernenden bereitstellen, damit diese zu Eigeninitiativen ermutigt werden.

- Eine intrinsische Lernmotivation steht im Vordergrund, welche es den Lernenden ermöglicht, die Bedeutung des Gelernten für ihr Leben zu entdecken und welche deutlich transparente Bezüge zur Welt außerhalb des Klassenraums erkennen lässt. Auf diese Weise soll das Problem des „trägen Wissens" vermieden und der Transfer von anwendbarem Wissen erleichtert und gefördert werden (Renkl, 1996).

- Fehler werden als positive Anzeichen dafür gesehen, dass das Gleichgewicht im Wissen der Lernenden soweit durcheinander gebracht worden ist, dass die notwendigen Prozesse der Selbstreflexion und der (Re-)Strukturierung in Gang gesetzt werden konnten (Brown et al., 1989). Das steht zum Beispiel im Gegensatz zu objektivistisch orientierten Lehrverfahren, die die Fehler der Lernenden sanktionieren, um den jeweiligen Grad des normierten Wissensstandes zu ermitteln, der vom Lehrplan vorgegebenen wurde.

Aus den oben aufgeführten Punkten ergeben sich aus konstruktivistischer Sicht folgende Anforderungen für die Gestaltung von Lernsystemen:

- Anstelle abstrakter Inhalte sollte die komplexe Realität dargestellt werden.

- Das Lernsystem sollte die Lernenden zu authentischer Aktivität animieren und damit das selbstgesteuerte Lernen fördern.

Methoden

- Probleme sollten aus multiplen Perspektiven dargestellt werden.

- Eine Leistungsbewertung sollte gegebenenfalls mehrdimensional sein. Ruf und Goetz (2002) schlagen beispielsweise vor, nicht nur die fachliche Korrektheit zu beurteilen, sondern auch den möglichen Praxis-Kontext zu berücksichtigen, in welchem die Aussagen der Lernenden erfolgversprechend sein könnten.

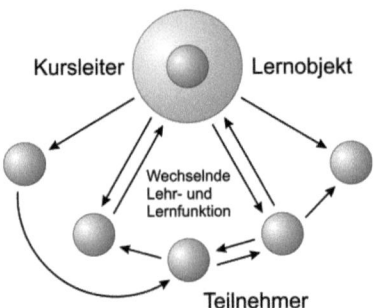

Abbildung 2.2: Schematische Darstellung einer konstruktivistischen Lernumgebung (vgl. Siebert, 1998, S. 73). Alle beteiligten Personen sind miteinander vernetzt und kommunizieren miteinander; die Lehr- und Lernfunktion wechselt zwischen den beteiligten Personen; das in der Gruppe vorhandene Wissen wird durch gegenseitiges Anregen aktiviert.

Konstruktivistische Lernumgebungen haben den Vorteil, dass sie die individuellen Unterschiede der Lernenden stärker berücksichtigen. Die Konzepte sind zudem besser geeignet, um komplexe Fähigkeiten (z.B. Problemlösungskompetenz) zu vermitteln. Es wird vor allem kritisches, vernetztes und ganzheitliches Denken gefördert (siehe Abbildung 2.2). Fazit: Das Hauptziel des Lernprozesses ist Kompetenz, nicht Wissen.

Kritik am Konstruktivismus

Konstruktivistische Lernumgebungen stellen vergleichsweise hohe Anforderungen an den Lernenden, da sie in der Regel einen hohen Grad an Komplexität aufweisen. Die Verantwortung wird zudem vom Lehrenden auf den Lernenden übertragen, was Kompetenz und Motivation zum selbstgesteuerten Lernen voraussetzt. Wenn der Lernende dafür noch nicht reif genug ist, kann es passieren, dass er sich inhaltlich ausschließlich an seinem momentanen Interesse ausrichtet.

Ein weiterer Kritikpunkt ist der hohe Entwicklungsaufwand für konstruktivistische Lernumgebungen. Im Vergleich zu traditionellen computerunterstützten Lernsystemen besitzen konstruktivistische Lernsysteme hohe Freiheitsgrade, die in der Entwicklung um ein Vielfaches teurer sind. Das kann gerade im Hochschulbereich ein entscheidender Faktor sein.

2.1.3. Das didaktische Konzept des Kurses: Erweitertes kombiniertes Design

Bei der Entwicklung von technologiegestützten Bildungsangeboten empfielt es sich, ein didaktisches Konzept zu wählen, das Elemente aus Instruktionsdesign und Konstruktivismus unter Berücksichtigung der Anforderungen und Gegebenheiten kombiniert. Eine Entscheidung zwischen radikalem Instruktionsdesign und radikalem Konstruktivismus ist nicht nötig: „Es geht nicht darum, die eine, *beste* didaktische Methode zu finden und anzuwenden. Die Lösung eines Bildungsanliegens macht es vielmehr erforderlich, den Prozess der Konzeption und Entwicklung als Gestaltungsaufgabe zu erkennen. Die Herausforderung besteht also darin, die Anforderungen in diesem Prozess zu verstehen und die Konzeption und Entwicklung von Bildungsmedien als vielschichtiges Entscheidungsproblem zu verstehen." (Kerres, 2005, S. 5).

Hinzu kommt, dass die Entscheidung für eine bestimmte Lerntheorie unter Umständen für die praktische Umsetzung von Nachteil sein kann, wie folgendes Beispiel zeigt: Die Vertreter des radikalen Konstruktivismus haben dem Instruktionsdesign kein eigenes Entwicklungsmodell entgegengesetzt. Eine Umsetzung ohne Entwicklungsmodell ist in der Praxis aber kaum möglich, da ein vollständig freier und nur durch kreative Einfälle gelenkter Gestaltungsprozess unrealistisch ist. Das ist beispielsweise darauf zurückzuführen, dass die meisten technologiegestützten Bildungsangebote im Rahmen bestehender Bildungssysteme mit begrenzten Budgets und mit relativ fest vorgegebenen Zielsetzungen erstellt werden, an denen sie auch gemessen werden.

Bis hierhin soll festgehalten werden: Für die Konzeption und Entwicklung eines Bildungsangebots sollten Lerntheorien nicht einseitig herangezogen werden. Vielmehr macht es Sinn, beispielsweise das systematische Vorgehen des Instruktionsdesign und konstruktivistische Ansätze miteinander soweit wie möglich zu kombinieren.

Um die didaktischen Potentiale der technologiegestützten Lehre richtig auszunutzen, sollten neben einer an die speziellen Bedürfnisse zugeschnittenen Kombination aus geeigneten Lerntheorie-Elementen noch weitere Aspekte in das didaktische Konzept mit einfließen. Dazu gehört beispielsweise, dass sich der Kursentwickler zu jedem Zeitpunkt der Bedeutung von *Motivation* für das Lernen bewusst sein sollte: „Motivation is one of the most important ingredients of effective instruction. Students who want to learn can learn just about anything." (Slavin, 2000, S. 327). In seiner Rede auf der *North of England Education Conference* im Jahre 1995 hat es Sir Christopher Ball wie folgt ausgedrückt: „There are only three things of importance to successful learning: motivation, motivation and motivation [...] any fool can teach students who want to learn." (vgl. Chambers, 1999, S. 139). Die gerade in der technologiegestützten Lehre mannigfaltig vorhandenen Möglichkeiten zur Steigerung der Motivation sollten also unbedingt genutzt werden.

Aus bildungspsychologischer Sicht wird Motivation als „the influence of needs and desires on the intensity and direction of behavior" beziehungsweise als „an internal process that activates, guides, and maintains behavior over time" definiert (Slavin, 2000, S. 327). In einem E-Learning-Modul kann die Motivation der Lernenden zum Beispiel durch einen hohen Interaktivitätsgrad sowie anspruchsvolle und zugleich motivierende Lernaufgaben (siehe Kapitel 2.2) positiv beeinflusst werden.

Bei der Auswahl von Motivationselementen und -faktoren ist darauf zu achten, dass Motivation nicht fälschlicherweise mit Hygienefaktoren verwechselt wird, die in der technologiegestützten Lehre ebenfalls eine bedeutende Rolle spielen. Nach der Zwei-Faktoren-Theorie (Motivator-Hygiene-Theorie zur Arbeitszufriedenheit und -motivation) von Frederick Herzberg (Herzberg et al., 1959) gibt es auf der einen Seite Faktoren, die zur Motivation beitragen und auf der anderen Seite Faktoren, sogenannte Hygienefaktoren, die die Entstehung von Unzufriedenheit verhindern, aber nicht zur Zufriedenheit beitragen. Häufig werden diese Faktoren gar nicht bemerkt beziehungsweise als selbstverständlich betrachtet. Erst dann, wenn sie nicht vorhanden sind, werden sie als Mangel empfunden. Zu den wichtigsten Hygienefaktoren beim E-Learning zählen

- die uneingeschränkte technische Funktionsfähigkeit des Lernmoduls,
- eine einfache, einheitliche und intuitive Navigation,
- eine klare und übersichtliche Inhalts- und Seitenstruktur,
- ein angenehmes Erscheinungsbild und Design der Lernumgebung (u.a. unaufdringliche Farbwahl),
- ein sichtbarer Qualitätsanspruch an die Inhalte und Medien,
- inhaltliche Konsistenz,
- die Berücksichtigung der Diversität der Zielgruppe (Schulmeister, 2004).

Das Vorhandensein dieser Hygienefaktoren sorgt für eine wichtige Grundzufriedenheit

2.1 Lehr- und Lerntheorie

beim Lernenden, die letztlich erst die Wirksamkeit von Motivationsfaktoren ermöglicht. Auch die schönste Interaktion kann nicht oder nur bedingt zur Motivation beitragen, wenn sie aus technischen Gründen nicht funktioniert oder vor einem unangenehm schrillen Hintergrund präsentiert wird.

Neben Motivations- und Hygienefaktoren ist für die Erhöhung der Lernfähigkeit das gezielte Ansprechen von mehreren Sinnen wichtig. Dafür kann man sich zum Beispiel den Mitteln der *Visuellen Rhetorik* bedienen, einer Ansammlung von Heuristiken, die dazu eingesetzt werden, um Gefühle, Stimmungen und Einstellungen beim Benutzer des Lernmoduls zu beeinflussen. Bei der Entwicklung eines Lernmoduls erfordert das den gezielten Einsatz visueller Hervorhebungen (z.B. Farben, Kontraste, Formen, Texturen, Bewegung, etc.). „In dem Augenblick, da er [der Designer] die Information gestaltet, also sinnlich erfahrbar macht, beginnt bereits der Prozess der rhetorischen Infiltration. [...] bei der Gestaltung der Informationen [...] treten die verbalen und visuellen Komponenten in Wechselwirkung." (Bonsiepe, 1996, S. 90). Auf diese Weise werden gezielt mehrere Sinne angesprochen, was zur Erhöhung der Lernfähigkeit beiträgt. Die Möglichkeiten der Visuellen Rhetorik können darüber hinaus durch den Einsatz der *Dynamischen Rhetorik* im Bereich der Computergrafik erweitert werden. Damit sind beispielsweise Animation und Bildsequenzen gemeint (vgl. Bonsiepe, 1996).

Die Richtlinien und Empfehlungen dieses Abschnitts, die die Grundlagen für das didaktische Konzept des Kurses *Training in Genetischer Epidemiologie* bilden, werden in Abbildung 2.3 mit einer schematischen Darstellung zusammengefasst.

Bis hierhin wurde nur das didaktische Konzept des Lernmoduls selber betrachtet. Wenn das Modul schließlich fertiggestellt ist, stellt sich die Frage, in welchem Kontext es den Lernenden präsentiert werden muss, damit das didaktische Konzept überhaupt greifen kann. Es wird immer wieder darauf hingewiesen, dass die Kommunikation und Vernetzung mit anderen Lernenden für den Lernerfolg unabdingbar ist (siehe z.B. Kerres, 2005). „Ein Wundermittel ist das Onlinelernen allerdings auch nicht. Wer alleine vor dem Computerbildschirm sitzt, das haben Pädagogen inzwischen nachgewiesen, kann nur begrenzt neues Wissen aufnehmen, weil ihm niemand hilft, die Informationen richtig einzuordnen. Erst wenn es gelinge, die Nutzer miteinander zu verbinden, eine Diskussion über den Lernstoff in Gang zu bringen, brächten die neuen technischen Möglichkeiten auch wirklich einen Gewinn für die bildungshungrige Kundschaft." (Kirchgessner, 2008, S. 22). Das didaktische Konzept des Kurses soll hier deshalb noch um ein Konzept für die Nutzung der fertigen Lernsoftware erweitert werden. Dieses Konzept sieht vor, dass der Kurs in einem für den Lernerfolg sinnvollen Kontext angeboten wird, der im Folgenden *Lernraum* genannt wer-

Methoden

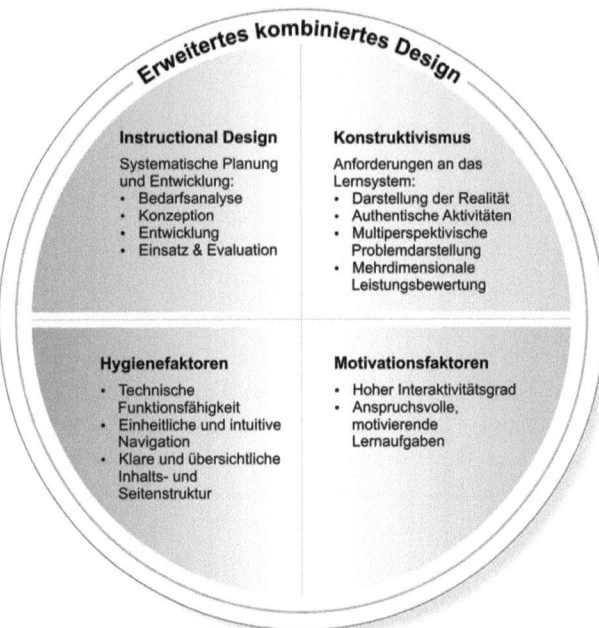

Abbildung 2.3: Illustration der Bestandteile des didaktischen Konzepts des Kurses. Es werden zum einen Elemente aus dem Instruktionsdesign und dem Konstruktivismus kombiniert und zum anderen wichtige Hygiene- und Motivationsfaktoren berücksichtigt.

den soll. Abbildung 2.4 zeigt eine schematische Darstellung des Lernraums, der für den Kurs verwendet werden soll.

Er beinhaltet vier wesentliche Elemente für den erfolgreichen Einsatz des Kurses in der Praxis:

- Eine Kommunikationsplattform,
- technische Betreuung,
- inhaltliche Betreuung und
- eine Präsenzphase.

Wie die einzelnen Bestandteile des Lernraums konkret aussehen, soll im folgenden Teil dieser Arbeit näher beschrieben werden.

2.1 Lehr- und Lerntheorie

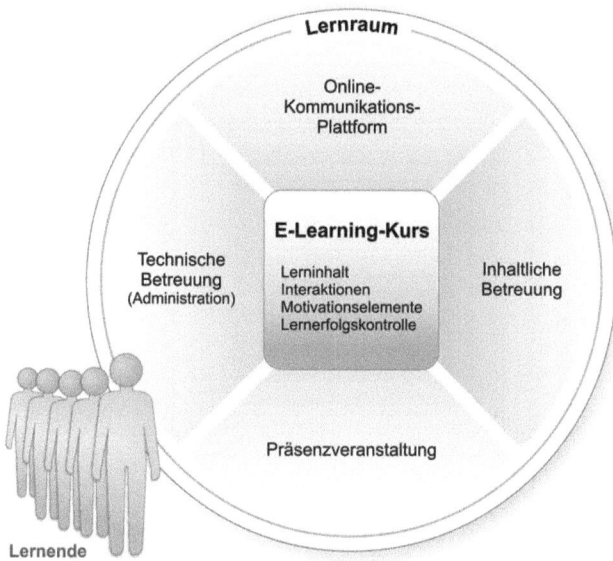

Abbildung 2.4: Schematische Darstellung des Lernraums. Um die Kommunikation und Vernetzung zwischen den Lernenden sowie den Lernenden und Kursbetreuern zu fördern, wird der Kurs eingebettet in einen Lernraum angeboten. Der Lernraum stattet den Kurs mit wichtigen Kommunikationswerkzeugen aus; zum Lernraum zählt aber auch eine den Kurs begleitende Präsenzveranstaltung sowie die technische und inhaltliche Betreuung.

Kommunikationsplattform

Die Kommunikationsplattform dient in erster Linie dazu, die Kursteilnehmer und Betreuer miteinander zu vernetzen und ihnen für das technologiegestützte Lernen nützliche Kommunikationswerkzeuge zur Verfügung zu stellen. Darüber hinaus dient die Kommunikationsplattform aber auch als Informations- und Diskussionsplattform.

Für den Aufbau der Kommunikationsplattform sollte nach Möglichkeit eine Software ausgewählt werden, die Elemente und Werkzeuge einer sogenannten Sozialen Software (engl. Social Software) beinhaltet. Das heißt, es sollte eine Software sein, die der menschlichen Kommunikation und Zusammenarbeit dient und den Aufbau von Communities unterstützt. „Virtual Communities sind Plätze im Internet, wo Menschen, die die gleichen Interessen teilen, zusammenkommen. [...] Mitglieder sind in der Regel Experten bzw. Interessierte an einem Thema. Über Services der Community wie Schwarze Bretter, Diskussionsforen und Chats steuern sie Erfahrungen, Wissen und Anregungen bei, die zu einer

Methoden

ständig steigenden Attraktivität der Community führen." (Beinhauer et al., 1999, S. 406). Auch bei technolgiegestützten Lehrveranstaltungen kommen Experten und Personen zusammen, die die gleichen Interessen teilen. Es liegt also auf der Hand, den Lernenden auch die Mitgliedschaft in einer virtuellen Community durch die Einrichtung einer geeigneten Online-Plattform zu ermöglichen. Denn wie bereits oben erwähnt, ist die Vernetzung, Diskussion und Kommunikation mit anderen Mitgliedern der Lerngemeinschaft wichtig, um beispielsweise Lernprozesse anzuregen und die Motivation zu steigern.

Betreuung des Kurses

Zur erfolgreichen Durchführung des Kurses bedarf es sowohl einer technischen als auch einer inhaltlichen Betreuung. Wie diese Betreuung in der Praxis gewährleistet werden kann, soll nachfolgend erläutert werden.

Wie bereits oben in diesem Abschnitt erwähnt, gehört die uneingeschränkte technische Funktionsfähigkeit des E-Learning-Kurses zu den wichtigsten Hygienefaktoren. Es kann von den Kursbenutzern nicht erwartet werden, dass sie mögliche technische Probleme alleine lösen. Die Benutzer müssen vielmehr von vornherein dazu ermuntert werden, sich bei technischen Problemen zeitnah Hilfe zu holen, damit die Probleme zu keiner Demotivation führen. Bei inhaltlichen Fragen und Problemen ist der zeitliche Aspekt häufig nicht ganz so wichtig, da der Lernende mit dem Kurs weiter machen kann – auch wenn er an bestimmten Stellen noch ungeklärte Fragen hat.

Für die technische und die inhaltliche Betreuung gilt: Wenn das Betreuungskonzept vorab gut ausgearbeitet wurde, kann der Aufwand für die betreuenden Personen von vornherein begrenzt werden. Zu einem guten Betreuungskonzept gehört zunächst, dass den Lernenden alle gängigen Möglichkeiten der Kommunikation angeboten werden, damit sie ein Medium wählen können, das ihnen vertraut ist. Dazu gehören beispielsweise Telefon, E-Mail, Online-Kontaktformular und Instant Messenger[1] beziehungsweise Chat (eine Übersicht über mediengestützte Kommunikationsformen findet sich z.B. in Kerres (2005). Darüber hinaus sollte die Kommunikationsplattform die Lernenden zum Beispiel durch geeignete Hinweise dazu ermutigen, immer zuerst in den dort zur Verfügung stehenden Foren nachzuschauen, ob bereits andere Teilnehmer ein ähnliches Problem hatten. Den Lernenden sollte vorab vermittelt werden, dass es Sinn macht, auftauchende Probleme und Fragen im

---

[1] Instant Messaging (kurz IM) oder Nachrichtensofortversand ist eine Kommunikationsmethode, bei der zwei oder mehr Personen mittels elektronischen Textnachrichten kommunizieren. Dieser Austausch von Textnachrichten in Echtzeit wird auch *chatten* genannt. Bekannte IM-Programme sind z.B. ICQ und Skype.

Forum, also innerhalb der Lerngemeinschaft zur Diskussion zu stellen.

Präsenzphase

Idealerweise sollte der Kurs in Kombination mit einer Präsenzveranstaltung angeboten werden, da dadurch zum Beispiel die für erfolgreiches Lernen wichtige Kommunikation und Diskussion zwischen den Teilnehmern, Betreuern und Dozenten gefördert wird. „Der eigentliche Grund, warum Menschen an einem Ort und Raum zusammenkommen, erscheint uns die zwischenmenschliche, wechselseitige Kommunikation, die aber gerade bei der Vortragsform ja in vielen Fällen äußerst rudimentär ist. [...] Die Präsenz von Menschen an einem Ort, auch mit Dozenten, verfolgt hier [daher] andere Ziele: in Themen einführen, zum Lernen motivieren, sich Kennen lernen, Gruppen bilden etc. – die interpersonelle (bidirektionale) Kommunikation muss in diesem Setting im Vordergrund stehen." (Kerres, 2005, S. 162–163).

Die Kombination der Onlinephase (Selbstlernen mit dem E-Learning-Kurs) mit der Präsenzphase kann dabei auf vielfältige Weise geschehen. Einige dieser Möglichkeiten sollen hier kurz skizziert werden, wobei die Präsenzphase hier einer echten Lehrveranstaltung entsprechen soll (im Gegensatz z.B. zu einer Veranstaltung, die lediglich dem „sich Kennen lernen" dient); eine kompakte Darstellung der Online-Offline-Kombinationsmöglichkeiten findet sich in Tabelle 2.1:

	Blockveranstaltung		Semester-Veranstaltung
	Sequenziell	Parallel	
Online-Vorbereitung	1.	3.	5.
Online-Nachbereitung	2.	4.	6.

Tabelle 2.1: Darstellung einiger Möglichkeiten, Online- und Präsenzveranstaltungen bezüglich ihrer zeitlichen Einteilung sinnvoll zu kombinieren.

1. Sequenzielle Blockveranstaltung mit Online-Vorbereitung. Die Teilnehmer nutzen den Online-Kurs über einen definierten Zeitraum (z.B. drei Wochen); danach nehmen sie an einer geblockten Präsenzveranstaltung teil (das kann z.B. ein dreitägiges Seminar sein).

2. Sequenzielle Blockveranstaltung mit Online-Nachbereitung. Die Teilnehmer nehmen erst an einer geblockten Präsenzveranstaltung teil; danach lernen sie über einen definierten Zeitraum eigenständig mit dem Online-Kurs.

Methoden

3. Parallele Blockveranstaltung mit Online-Vorbereitung. Jeder Veranstaltungstag wird in einen Online-Vorbereitungsteil und einen Präsenzteil aufgeteilt. Beispielsweise wäre eine einwöchige Veranstaltung denkbar, bei der die Teilnehmer vormittags eigenständig mit dem Online-Kurs lernen und nachmittags eine Präsenzveranstaltung besuchen, die den Inhalt des Onlineteils vom Vormittag voraussetzt.

4. Parallele Blockveranstaltung mit Online-Nachbereitung. Jeder Veranstaltungstag wird in einen Präsenzteil und einen Online-Nachbereitungsteil aufgeteilt. Zum Beispiel vormittags Besuch der Präsenzveranstaltung und nachmittags eigenständiges Lernen mit dem Online-Kurs.

5. Semester-Veranstaltung mit Online-Vorbereitung. Die Teilnehmer nutzen die Zeit zwischen zwei Vorlesungsveranstaltungen, um sich mit dem Online-Kurs eigenständig auf die nächste Vorlesung vorzubereiten.

6. Semester-Veranstaltung mit Online-Nachbereitung. Die Teilnehmer nutzen die Zeit zwischen zwei Vorlesungsveranstaltungen, um die letzte Vorlesung eigenständig mit dem Online-Kurs nachzubereiten.

2.2. Lernaufgaben

Zu den wichtigsten Erfolgsfaktoren eines technolgiegestützen Lernsystems gehören didaktisch ausgereifte Lern- und Übungsaufgaben: „Es geht um die Frage, wie Lernaktivitäten sichergestellt werden können. Hierbei erweisen sich (a) Lernaufgaben und (b) tutorielle Betreuung als kritische Erfolgsfaktoren für E-Learning. [...] Bestimmte kognitive und/oder emotionale Prozesse sind notwendig, damit Lernerfolge tatsächlich eintreten. Dabei kann das Medium diese Lernprozesse anregen, sie aber sicherzustellen ist die Forderung an eine Lernaufgabe." (Kerres, 2005, S. 169–170).

Lernaufgaben sollen den eigentlichen Lernprozess durch eine geeignete Aufgabenstellung anregen. Anders als beispielsweise Hausaufgaben dienen diese also nicht dazu, einen Lernprozess, der bereits stattgefunden hat, zu sichern, sondern sie sollen den Lernprozess als solches aktivieren (vgl. Seel, 1981). Es geht bei den Lernaufgaben also zum einen darum, Informationen durch Übung in Wissen zu transformieren, zum anderen aber auch darum, den Lernfortschritt messbar, das heißt, für den Lernenden und Lehrenden sichtbar zu machen: „Die Prüfung und Zertifizierung des Lernerfolges ist für das lernende Individuum nicht nur aus Sicht eines möglichen beruflichen Fortkommens wichtig, sondern auch für das Gefühl, ein definiertes Pensum bewältigt zu haben. [...] Für den Bildungsanbieter werden solche Informationen über Lernfortschritte noch wichtiger als bei konventionellen Maßnahmen, da der mehr oder weniger valide, unmittelbare Eindruck des Dozenten aus dem Unterrichtsgespräch fehlt. [...] Nur durch Lernaktivitäten und die Bearbeitung von Lernaufgaben ist es möglich, die Performanz des Lernenden zu erfassen, d.h. der Lernfortschritt ist nur aus dem Verhalten des Lernenden im Umgang mit dem Lerninhalt zu erkennen" (Kerres, 2005, S. 165–166).

Damit die Lernaufgaben die Erwartungen an sie auch erfüllen können, ist es wichtig, dass sie einen hinreichend hohen Komplexitätslevel aufweisen: „Bei automatisierten Lernaufgaben (z.B. MultipleChoice Aufgaben) kann eine Aktivierung mit einer guten Framekonstruktion und hinreichender Komplexität der Fragen erzielt werden. Eine stärkere Aktivierung wird jedoch beim Einsatz von komplexeren Lernaufgaben erreicht." (Kerres, 2005, S. 170). Der Komplexitätslevel der Lernaufgaben hängt aus technischer Sicht vom Aufgabentyp ab. Daher soll an dieser Stelle eine theoretische Betrachtung der verschiedenen möglichen Aufgabentypen folgen. Im Anschluss werden die Anforderungen an eine didaktisch fundierte Software für technologiegestützte Lernaufgaben spezifiziert.

Methoden

2.2.1. Aufgabentypen

Ziel der Betrachtung der verschiedenen möglichen Aufgabentypen ist es, die wichtigsten Typklassen zu identifizieren und so weit wie möglich zusammenzufassen und zu abstrahieren. Dabei sollen sowohl die didaktischen als auch die technischen Anforderungen berücksichtigt werden. Es folgt daher zunächst eine Klassifizierung aus inhaltlicher Sicht. Im Anschluss werden die Aufgabentypen aus technischer Sicht untersucht.

Aufgabentypklassen aus inhaltlicher Sicht

Jede Lernaufgabe lässt sich, abhängig davon, auf welche Art und Weise sie bearbeitet oder beantwortet werden muss, einer der nachfolgenden Typklassen zuordnen. Die inhaltliche Beschaffenheit, also der Typ der Antwort, wird durch diese Klassifizierung näher charakterisiert.

Berechnung   Der Lernende muss ein Ergebnis berechnen und dieses in einer vorgegebenen Liste von möglichen Ergebnissen selektieren oder frei in ein Eingabefeld eingeben.

Freitext-Beschreibung   Der Lernende muss einen Sachverhalt mit eigenen Worten beschreiben, erklären oder begründen.

Beweis   Der Lernende muss eine Gleichung, einen Satz oder ein Theorem schriftlich beweisen beziehungsweise die Gültigkeit zeigen.

Begriffsdefinition   Der Lernende muss einen Begriff definieren.

Daten & Fakten   Der Lernende muss Daten oder Fakten wiedergeben.

Aufgabentypklassen aus technischer Sicht

Neben der Beschaffenheit lassen sich für jede Antwort auch die technischen und formalen Anforderungen bestimmen. Die Medien müssen für das Selbstlernen geeignet sein, das heißt, sie müssen ein spezielles didaktisches Konzept verfolgen. Wichtig ist dabei unter anderem die Autonomie und Konsistenz der Medien (vgl. Hohenstein und Wilbers, 2001). Folgende technischen Typklassen stehen zur Auswahl (vgl. z.B. Mair, 2005; Slavin, 2000):

2.2 Lernaufgaben

Text-Eingabefeld   Der Lernende muss seine Lösung in ein Textfeld eintippen. Auf Basis von Schlagworten, die in der Lösung enthalten sein müssen, wird die Ähnlichkeit zur Musterlösung berechnet.

Lückentext-Eingabefelder   Im Aufgabentext werden bestimmte Worte durch Text-Eingabefelder ersetzt. Der Lernende muss diese Lücken dann füllen, indem er die fehlenden Worte in die Textfelder eintippt. Es handelt sich um einen Spezialfall des Text-Eingabefelds (mehrere Text-Eingabefelder, jeweils mit geringerer Auswertungskomplexität).

Multiple-Choice Auswahlliste   Es werden verschiedene Antwortmöglichkeiten vorgegeben und der Lernende muss sich für eine oder mehrere davon entscheiden und diese entsprechend selektieren. Multiple-Choice wird von einigen Pädagogen als benutzerfreundlichste und flexibelste Testform angesehen (Ebel und Frisbie, 1991; Gronlund, 1991; Haladyna, 1996).

Single-Choice Auswahlliste   Der Lernende muss aus einer Liste von möglichen Antworten eine einzelne Antwort auswählen. Die Single-Choice Auswahlliste ist ein Spezialfall von der Multiple-Choice Auswahlliste.

Cross-Choice Tabelle   Der Lernende muss mehrere vorgegebene Antworten in einer Tabelle zueinander in Beziehung setzen. Dabei geben die Zeilen- und Spaltenbeschriftungen die Kombinationsmöglichkeiten an. Beispiel: Gegeben seien die vier möglichen Antworten A, B, C und D. Um auszudrücken, dass A mit C und B mit D in Beziehung stehen, wäre die Cross-Choice Tabelle wie folgt auszufüllen:

	Antwort A	Antwort B
Antwort C	×	
Antwort D		×

Wahr-Falsch-Auswahl   Der Lernende muss die Frage mit Wahr oder Falsch beziehungsweise Ja oder Nein beantworten. Dieser Typ kann als ein Spezialfall von der Single-Choice Auswahlliste angesehen werden.

Multiple-Choice, Wahr-Falsch, Lückentext und Zuordnung sind die am meisten verbreiteten Aufgabentypen (Slavin, 2000, S. 476). Unabhängig von der Fachrichtung lassen sich die meisten Übungsaufgaben einer dieser Aufgabentypen zuordnen. Nimmt man zu diesen Aufgabentypen die Freitextaufgabe hinzu und betrachtet die Wahr-Falsch-Aufgabe als

Methoden

Spezialfall der Single-Choice Aufgabe und die Single-Choice Aufgabe als Spezialfall der Multiple-Choice Aufgabe, dann bleiben vier echt verschiedene Aufgabentypen übrig, von denen die Freitextaufgabe die größten Herausforderungen an die computergestützte Aus- und Bewertung der Aufgabe stellt. Es sei hier noch angemerkt, dass sich der Komplexitätsgrad der einzelnen Aufgabentypen abhängig von der Fachrichtung stark unterscheiden kann. Insbesondere visuelle Darstellungen und komplexe mathematische Probleme stellen eine besondere Herausforderung an den Aufgabenentwickler dar.

2.2.2. Anforderungen an ein Softwaremodul zur Bereitstellung von Lernaufgaben

Wie bereits in der Einleitung dieser Arbeit festgestellt wurde, werden Lernaufgaben in den vorhandenen Online-Lernangeboten zum Thema *Genetische Epidemiologie* und *Statistik* gar nicht oder nur didaktisch verwendet. Das mag zum Teil auch an den verwendeten Autorenwerkzeugen liegen, bei denen sich die Erstellung von Lernaufgaben in der Praxis auf Aufgabentypen mit einem geringen Komplexitätsgrad (z.B. Multiple-Choice) beschränkt.

Für das Projekt *Training in Genetischer Epidemiologie* soll hier deshalb ein Softwaremodul zur Bereitstellung von Lernaufgaben entworfen und spezifiziert werden, das den oben genannten Anforderungen genügt und die für diesen Kurs wichtigen Aufgabentypen in flexibler Weise unterstützt. Es sei an dieser Stelle bereits vorweggenommen, dass auch das für dieses Projekt verwendete Autorenwerkzeug keine befriedigende Lösung bereitgestellt hat (siehe Kapitel 3.2.3) und daher eine Eigenentwicklung nötig war.

Das Aufgabenmodul soll über eine externe XML-Datei alle für den Kurs relevanten Aufgabentypen (siehe Abschnitt 2.2.1) darstellen können. In der XML-Datei sollen beliebig viele Teilaufgaben definiert werden können. In jeder Teilaufgabe sollen jeweils das Problem und die Musterlösung genau spezifiziert werden können. Das Modul soll des Weiteren die direkte Eingabe der Lösung durch den Benutzer ermöglichen. Die Lösung soll auf Basis geeigneter Schlüsselworte, die in der XML-Datei definiert werden, vom Modul ausgewertet, bewertet und mit adaptiven Feedbacks versehen werden (siehe Abschnitt 2.2.5). Es soll im Modul eine Übersicht angezeigt werden können, die einen Überblick über alle bisher gelösten Aufgaben und die erreichten Punktzahlen gibt. Das Modul soll technisch und visuell so gestaltet werden, dass sich jede Aufgabe perfekt mit dem Autorenwerkzeug (siehe Kapitel 3.2.2) in den E-Learning-Kurs einbinden lässt. Dafür müssen zum Beispiel die äußeren Maße und die Farbgebung entsprechend gewählt werden. Alle Aufgaben sollen zudem samt

2.2 Lernaufgaben

Ergebnissen und Musterlösungen ausdruckbar sein.

Die Aufgabetypen aus Abschnitt 2.2.1 wurden zunächst noch genauer für das Projekt *Training in Genetischer Epidemiologie* spezifiziert. Um die Schwerpunkte der Übungsaufgaben vorab zu lokalisieren, wurden die Aufgaben im Buch von Ziegler und König (2006) untersucht. Folgende empirisch gewonnenen Erkenntnisse waren von besondere Bedeutung für die Entwicklung des Aufgabemoduls:

- Es handelt sich bei etwa 40% der Aufgaben um mathematische Probleme (siehe Abbildung 2.5).

- Bei 86% der Abbildungen, die zu Aufgabenstellungen gehören, handelt es sich um Familienstammbäume. Insgesamt beziehen sich die Aufgaben auf 43 verschiedene Familienstammbäume.

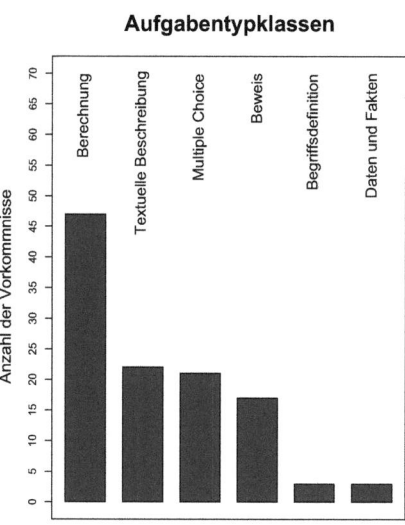

Abbildung 2.5: Empirisch ermittelte Auftrittshäufigkeiten der verschiedenen didaktischen Aufgabentypklassen im Buch von Ziegler und König (2006).

Methoden

2.2.3. Grundlagen der algorithmenbasierten Auswertung von Freitext-Lernaufgaben

Für das Verständnis der algorithmenbasierten Auswertung von Freitext-Lernaufgaben bedarf es einiger theoretischer Grundlagen, die in diesem Teil der Arbeit kurz dargestellt werden sollen. Einen von einem Lernenden frei eingegebenen Text allein mit einem mathematischen Algorithmus auszuwerten ist eine äußerst schwierige Aufgabe, da die Bewertung oder gar das Verständnis menschlicher Worte und Sätze ein Problem mit hoher Komplexität ist. Eine zuverlässige computergestützte semantische Analyse, also die Erschließung von Sinn und Bedeutung eines Textes durch einen Algorithmus, ist derzeit noch nicht möglich. Die Forschung auf diesem Gebiet befindet sich nach wie vor im Anfangsstadium. Im Internet beispielsweise wird seit wenigen Jahren das sogenannte *Semantic Web* entwickelt (siehe z.B. Berners-Lee et al., 2001; Koivunen und Miller, 2002). Das *Semantic Web* basiert auf dem Vorschlag des WWW-Begründers Tim Berners-Lee, das WWW um maschinenlesbare Daten zu erweitern, die die Semantik der Inhalte formal festlegen. Von einem echten Textverständnis ist dieses Konzept, für das es bereits erste praktische Anwendungen gibt (z.B. die semantische Suchmaschine *swoogle*, `http://swoogle.umbc.edu`), weit entfernt. Im Personalcomputer-Bereich sind moderne Textverarbeitungsprgramme beispielsweise auf die Korrektur von Rechtschreibfehlern und einfachen Grammatikfehlern beschränkt. Die algorithmenbasierte Aus- und Bewertung von Freitextaufgaben kann daher auf heutigen Computern nur Näherungslösungen anbieten, mit denen aber trotzdem gute Trainingseffekte beim Lernenden erzielt werden können, da das Gehirn ganz anders gefordert wird, als bei den derzeit üblichen Lernaufgaben mit einem viel niedrigeren Komplexitätslevel.

Um zu messen, wie korrekt der eingegebene Lösungstext zu einer Lernaufgabe ist, bietet es sich an, den Text mit einer gegebenen Musterlösung zu vergleichen und den Grad der Übereinstimmung zu bestimmen. Bei voller Übereinstimmung erhielte der Lernende 100% der maximal erreichbaren Punkte, bei gar keiner Übereinstimmung 0%, also null Punkte. Die Frage lautet also, wie läßt sich der Grad der Übereinstimmung von geschriebenen Worten und Sätzen mathematisch berechnen? Diese Frage ist natürlich nicht neu, was sich zum Beispiel anhand der oben erwähnten Rechtschreibkorrektur in gängigen Textverarbeitungsprogrammen praktisch überprüfen lässt. Es existieren verschiedene Abstandsmaße für den Vergleich von Zeichenketten, deren Ideen teilweise auf der 1913 entwickelten Markov-Kette basieren. Die wichtigsten Abstandsmaße, die auch häufig in den Algorithmen zur automatischen Rechtschreibkorrektur zum Einsatz kommen, sollen im folgenden kurz vorgestellt werden.

2.2 Lernaufgaben

Hamming-Distanz

Der Hamming-Distanz (Hamming, 1950), auch Hamming-Abstand genannt, bezeichnet in der Informationstheorie ein Maß für den Unterschied zwischen zwei Zeichenketten. Die Distanz ergibt sich aus der minimalen Anzahl der Operation *Ersetzen*, um die erste Zeichenkette in die zweite mit ihr zu vergleichende Zeichenkette zu überführen. Um beispielsweise das Wort *Töne* in das Wort *Gene* zu überführen, sind zwei Operationen notwendig; der Hamming-Abstand (HAM) beträgt also 2:

$$Töne \xrightarrow{\text{1: Ersetze } T \text{ durch } G} Göne \xrightarrow{\text{2: Ersetze } ö \text{ durch } e} Gene \Rightarrow HAM = 2$$

Da die Berechnung auf die Operation *Ersetzen* beschränkt ist, können nur Zeichenketten gleicher Länge verglichen werden.

Levenshtein-Distanz

Die Levenshtein-Distanz (Levenshtein, 1965, 1966), auch Editierabstand genannt, bezeichnet ebenfalls ein Maß für den Unterschied zwischen zwei Zeichenketten. Die Distanz ergibt sich aus der minimalen Anzahl der Operationen *Einfügen*, *Löschen* und *Ersetzen*, um die erste Zeichenkette in die zweite mit ihr zu vergleichende Zeichenkette zu überführen. Um beispielsweise das Wort *Zehn* in das Wort *Gen* zu überführen, sind zwei Operationen notwendig; die Levenshtein-Distanz (LEV) beträgt also 2:

$$Zehn \xrightarrow{\text{1: Ersetze } Z \text{ durch } G} Gehn \xrightarrow{\text{2: Lösche } h} Gen \Rightarrow LEV = 2$$

Im Gegensatz zum Hamming-Abstand können also auch Zeichenketten unterschiedlicher Länge miteinander verglichen werden.

N-Gramm-basierte Berechnung von Übereinstimmungen

Ein N-Gramm[2] ist eine Folge von N benachbarten Zeichen. Die verschieden langen N-Gramme tragen als Vorsilbe den Namen des entsprechenden griechischen Zahlwortes (siehe Tabelle 2.2).

---

[2] Den N-Grammen liegen mathematische Gedanken zugrunde, die Andrei A. Markov im Jahre 1913 entwickelte und die als Markov-Kette bekannt wurden (vgl. Jurafsky und Martin, 2000).

Methoden

Zeichenkette	N	Name
A	1	Monogramm
ab	2	Bigramm
Gen	3	Trigramm
Gene	4	Tetragramm
GENOM	5	Pentagramm

Tabelle 2.2: Beispiele für N-Gramme verschiedener Länge

Eine einfache Möglichkeit, mit Hilfe von N-Grammen die Ähnlichkeit von zwei Zeichenketten zu bestimmen, besteht darin, für beide Zeichenketten die enthaltenen N-Gramme zu bestimmen. Die Größe der Schnittmenge der beiden N-Gramm-Mengen liefert dann den Ähnlichkeits-Wert.

Auf dieser Idee beruht auch die Berechnung des *Dice-Koeffizienten*: Der Dice-Koeffizient D zweier Zeichenketten s_1 und s_2 ist definiert durch:

$$D(s_1, s_2) = \frac{2 \cdot |Z(s_1) \cap Z(s_2)|}{|Z(s_1)| + |Z(s_2)|} \in [0,1]$$

wobei $Z(s)$ die Menge der N-Gramme der Zeichenkette s darstellt.

Beispiel: Gegeben seien die beiden Zeichenketten $s_1 = gene$ und $s_2 = gone$. Die Trigramm-Zerlegungen und deren Schnittmenge sehen dann wie folgt aus:

- $Z(s_1) = \{\_\_g, \_ge, gen, ene, ne\_, e\_\_\} \Rightarrow |Z(s_1)| = 6$

- $Z(s_2) = \{\_\_g, \_go, gon, one, ne\_, e\_\_\} \Rightarrow |Z(s_2)| = 6$

- $Z(s_1) \cap Z(s_2) = \{\_\_g, ne\_, e\_\_\} \Rightarrow |Z(s_1) \cap Z(s_2)| = 3$

$\Rightarrow D(gene, gone) = \frac{2 \cdot 3}{6+6} = \frac{1}{2} = 0.5$

Der Dice-Koeffizient, beziehungsweise die Ähnlichkeit der Zeichenketten *gene* und *gone*, beträgt also 50%.

2.2.4. Ein neuer Auswertungsalgorithmus für Freitext-Lernaufgaben

Um die Lernprozesse beim Benutzer des Kurses *Training in Genetischer Epidemiologie* bestmöglich zu aktivieren, wurde für das Übungsaufgabenmodul ein Algorithmus für die Frei-

2.2 Lernaufgaben

textauswertung entwickelt, der den Einsatz von komplexen Lernaufgaben, wie am Anfang von Kapitel 2.2 gefordert, ermöglicht.

Ziel des Algorithmus ist es, den Grad der Ähnlichkeit zwischen einem vom Benutzer frei eingegebenen Lösungstext und einer vorab definierten Musterlösung zu berechnen. Der Grad der Ähnlichkeit s kann dabei von *überhaupt keine Übereinstimmung* (0%) bis *vollständige Übereinstimmung* (100%) reichen, d.h. $s \in [0,1]$. Ein naiver Ansatz für die Berechnung der erreichten Punktzahl, nachfolgend Credits genannt, ergibt sich dann wie folgt: Für Benutzer k und Aufgabe i ergeben sich die Credits p_{ki} durch Multiplikation von s_{ki} mit den maximal erreichbaren Credits p_i^{max}:

$$p_{ki} = s_{ki} \cdot p_i^{max}$$

Eine unter didaktischen Gesichtspunkten wichtige Anforderung an den Algorithmus war, neben der Berechnung der Credits die visuelle Korrektur des Benutzertextes zu ermöglichen. Folgende Anforderungen wurden in diesem Zusammenhang als wichtig erachtet:

- Korrekte Kernpunkte- und aussagen sollen visuell hervorgehoben werden.
- Die fehlerhaften Stellen im Text sollen farbig markiert werden (siehe Beispiel 2.1).
- Die Bewertung des Lösungstextes soll für den Lernenden nachvollziehbar sein.

Diese Anforderungen gehen weit über die reine Berechnung des Grads der Übereinstimmung von Texten hinaus und vergrößern die ohnehin schon hohen Anforderungen an den Algorithmus weiter. Um die Anforderungen trotzdem erfüllen zu können, wurde entschieden, auf ein möglichst einfaches Konzept zurückzugreifen, wie es auch in der automatischen Rechtschreibkorrektur eingesetzt wird: Die Auswertung anhand von vorab definierten Schlüsselwörtern. Dadurch ist auch ohne ein echtes Textverständnis eine visuelle Korrektur des Benutzertextes möglich.

Methoden

Beispiel 2.1 Beispiel für die Korrektur einer Lernaufgabe, die es dem Lernenden ermöglicht, die gemachten Fehler und die Bewertung nachzuvollziehen. Im Lösungstext wird das Wort beziehungsweise Zeichen, welches falsch ist und daher zum Punkteabzug führt, entsprechend gekennzeichnet.

Aufgabenstellung:
Gegeben ist folgende Basensequenz eines DNA-Abschnitts:
TACAATGATCTGACGATT
Wie lautet die Sequenz des komplementären DNA-Strangs?

Lösung des Lernenden:

ATGTTACTAGACTTCTAA

Visuelle Korrektur:

ATGTTACTAGACT/̵CTAA

Auswertungsalgorithmus: Definitionen

Für den Auswertungsalgorithmus wurden folgende Anforderungen definiert:

- Es sollen frei eingegebene Lösungstexte bezüglich einer Aufgabenstellung ausgewertet und bewertet werden.

- Die Bewertung soll anhand von Schlüsselwörtern durchgeführt werden.

- Um bei der Auswertung die Berücksichtigung inhaltlicher Zusammenhänge zu ermöglichen, soll der Lösungstext im ersten Schritt der Analyse anhand von Trennzeichen (z.B. *Punkt* und *Zeilenumbruch*) in Sätze unterteilt werden.

- Inhaltlich zusammengehörige Schlüsselwörter sollen gruppiert werden können, um auf diese Weise Sätze abzubilden.

Bevor auf den Algorithmus näher eingegangen wird, sollen im Folgenden grundlegende Begriffe und Notationen definiert werden.

2.2 Lernaufgaben

Definition 2.1 *Eine* Zeichenkette *(auch* Wort *oder* String *genannt) ist eine endliche Folge von* ASCII[3]*-Symbolen, die ohne Zwischenraum hintereinander geschrieben werden. So sind z.B.* a, b *und* c *Symbole, und* abac *ist eine Zeichenkette. Die Länge einer Zeichenkette* w*, die hier mit* |w| *bezeichnet wird, ist die Anzahl der Symbole, aus denen sich die Zeichenkette zusammensetzt (vgl. z.B. Hopcroft und Ullman, 2000, S. 1).*

Definition 2.2 *Ein* Satz *ist eine endliche Menge (Reihenfolge unwichtig) oder Folge (Reihenfolge wichtig) von* Zeichenketten*, die durch ein oder mehrere Worttrennzeichen getrennt hintereinander geschrieben werden. Folgende Worttrennzeichen sind zugelassen:*

Leerzeichen ␣ *Komma* ,

Definition 2.3 *Ein* Lösungstext *ist eine endliche Menge von* Sätzen*, die durch ein oder mehrere Satztrennzeichen getrennt hintereinander geschrieben werden. Folgende Satztrennzeichen sind zugelassen:*

Semikolon ; *Punkt* . *Zeilenumbruch* ↵

Bei der Erstellung einer Lernaufgabe muss anhand der Musterlösung eine Schlüsselwort-Menge K definiert werden, für die gilt:

$$K = \{k_j \mid k_j \in \Theta, \, j = 1, \ldots, m\}$$

wobei Θ die Menge aller Zeichenketten nach Definition 2.1 darstellt und m die Anzahl der in der Menge enthaltenen Schlüsselwörter.

Der durch den Benutzer eingegebene Lösungtext ist definiert als eine endliche Menge von Sätzen (siehe Definition 2.3). Jeder Satz lässt sich, wenn man die Reihenfolge außer Acht lässt (Folgen werden weiter unten in diesem Kapitel berücksichtigt), als die Wortmenge W auffassen, in der $n \in \mathbb{Z}^+$ Wörter enthalten sind:

$$W = \{w_i \mid w_i \in \Theta, \, i = 1, \ldots, n\}$$

Um einen Satz des Lösungstextes, repräsentiert durch W, anhand von K zu bewerten, muss jedes Element aus W mit jedem Element aus K verglichen werden und jeweils der Grad der

---

[3] ASCII (*American Standard Code for Information Interchange*) ist ein seit 1967 existierender Standard für die Kodierung von Zeichen, der insgesamt 128 Zeichen definiert (jedem Zeichen ist ein 7-Bit-Muster zugeordnet).

Methoden

Wort	Schlüsselwort	Ähnlichkeit
w_1	k_1	s_{11}
w_1	k_2	s_{12}
w_1	k_3	s_{13}
w_2	k_1	s_{21}
w_2	k_2	s_{22}
w_2	k_3	s_{23}
w_3	k_1	s_{31}
w_3	k_2	s_{32}
w_3	k_3	s_{33}

Tabelle 2.3: Beispiel für die Bewertung eines Lösungstextes mit den Wörtern w_i anhand der Schlüsselwörter k_j, mit $i, j \in \{1, 2, 3\}$. Jedes Wort w_i wird mit jedem Schlüsselwort k_j verglichen und es wird der Grad der Ähnlichkeit s_{ij} bestimmt.

Ähnlichkeit bestimmt werden (für ein Beispiel siehe Tabelle 2.3). Anschließend können die Wort-Schlüsselwort-Pärchen mit den besten Übereinstimmungswerten bestimmt werden. Dieser Analysemthode liegt folgende Idee zugrunde: Die Werte, die den Grad der Ähnlichkeit darstellen, werden zunächst in einer Ähnlichkeitsmatrix angeordnet. Die Ähnlichkeitswerte, die in der Matrix ein Zeilen- oder Spaltenmaximum darstellen, identifizieren dann – sofern sie einen vorher festgelegten Schwellwert überschreiten – die gefundenen Schlüsselwörter.

Es wird also zunächst die Ähnlichkeitsmatrix S wie in Tabelle 2.4 dargestellt erzeugt. Die Elementen $s_{ij} \in [0, 1] = \{x \in \mathbb{R} \mid 0 \leq x \leq 1\}$ sind dabei wie folgt definiert:

$$s_{ij} = \{d \mid d \in [0, 1] \land d = f(w_i, k_j), \, i = 1, \ldots, n, \, j = 1, \ldots, m\}$$

wobei $f(w_i, k_j)$ die Frequenz der Ähnlichkeit zwischen dem Wort w_i mit der Länge l_{w_i} und dem Schlüsselwort k_j mit der Länge l_{k_j} berechnet:

$$f(w_i, k_j) = 1 - \frac{1}{l_{max}} \cdot D(w_i, k_j), \quad l_{max} = max\{l_{w_i}, l_{k_j}\}$$

$D(w_i, k_j) \in [0, l_{max}]$ berechnet den Abstand von zwei Zeichenketten. Der Abstand ist 0, wenn perfekte Übereinstimmung gegeben ist, das heißt, er bezeichnet ein Distanzmaß, wie es in Kapitel 2.2.3 beschrieben wurde.

2.2 Lernaufgaben

		\multicolumn{4}{c}{Schlüsselwörter k_j}		

		k_1	k_2	k_3	$\cdots$	k_m	
	w_1	s_{11}	s_{12}	s_{13}	$\cdots$	s_{1m}	r_1
	w_2	s_{21}	s_{22}	s_{23}	$\cdots$	s_{2m}	r_2
Wörter w_i	w_3	s_{31}	s_{32}	s_{33}	$\cdots$	s_{3m}	r_3
	$\vdots$	$\vdots$	$\vdots$	$\vdots$	$\ddots$	$\vdots$	$\vdots$
	w_n	s_{n1}	s_{n2}	s_{n3}	$\cdots$	s_{nm}	r_n
		c_1	c_2	c_3	$\cdots$	c_m	

Tabelle 2.4: Ähnlichkeitsmatrix S mit den Elementen $s_{ij} \in [0,1]$, die den Grad der Übereinstimmung zwischen den Wörtern w_i und den Schlüsselwörtern k_j ausdrücken, wobei $i = 1, \ldots, n$ und $j = 1, \ldots, m$. Außerdem enthalten sind die Zeilenmaxima $r_i = max\{s_{i\cdot}\} = max\{s_{i1}, s_{i2}, s_{i3}, \ldots, s_{im}\}$ und die Spaltenmaxima $c_j = max\{s_{\cdot j}\} = max\{s_{1j}, s_{2j}, s_{3j}, \ldots, s_{nj}\}$.

Auswertungsalgorithmus I

Auf Basis obiger Definitionen wurde Algorithmus 2.1 entwickelt. Die ausführliche Herleitung des Algorithmus mit Beispielen findet sich in Anhang B.1.

Häufig ist der Sinn eines Satzes unabhängig davon, in welcher Reihenfolge die Wörter angeordnet sind. Algorithmus 2.1 lässt die Wortreihenfolge daher unberücksichtigt und ist damit für viele einfache Freitextaufgaben geeignet.

Algorithmus 2.1 *Freitextauswertung für beliebige Wortreihenfolgen*

❶ Ähnlichkeitsmatrix S erzeugen:

$$s_{ij} = \{d \mid d \in [0,1] \land d = f(w_i, k_j), i = 1, \ldots, n, j = 1, \ldots, m\}$$

❷ Creditmatrix P erzeugen:

$$P = \vec{e}_n \cdot \vec{p}^T = \begin{pmatrix} 1^{(1)} \\ \vdots \\ 1^{(n)} \end{pmatrix} \cdot \begin{pmatrix} p_{k_1} & p_{k_2} & \cdots & p_{k_m} \end{pmatrix} = \begin{pmatrix} p_{k_1}^{(1)} & p_{k_2}^{(1)} & \cdots & p_{k_m}^{(1)} \\ p_{k_1}^{(2)} & p_{k_2}^{(2)} & \cdots & p_{k_m}^{(2)} \\ \vdots & \vdots & \ddots & \vdots \\ p_{k_1}^{(n)} & p_{k_2}^{(n)} & \cdots & p_{k_m}^{(n)} \end{pmatrix},$$

wobei p_{k_j} die Creditpunkte des j-ten Schlüsselwortes bezeichnen.

Methoden

❸ Ähnlichkeitsmatrix S elementweise mit der Creditmatrix P multiplizieren:

$$S^{(P)} = S \bullet P, \quad \text{mit} \quad P = \vec{e}_n \cdot \vec{p}^T$$

❹ Indexmatrix Φ erzeugen:

$$\varphi_{ij} = \begin{cases} 1, & s_{ij}^{(P)} = r_i^{(P)} \vee s_{ij}^{(P)} = c_j^{(P)} \\ 0, & \text{sonst} \end{cases}, \quad i = 1, \ldots, n, \quad j = 1, \ldots, m$$

❺ Prüfe, ob der Sonderfall II (siehe Definition B.2, S. 201) vorliegt und ändere ggf. die Indexmatrix:

$$\varphi'_{ij} = \begin{cases} \varphi_{ij}, & \varphi_{ij} > \left(\max \left\{ s_{i \cdot}^{(P)} \setminus s_{ij}^{(P)} \right\} + \max \left\{ s_{\cdot j}^{(P)} \setminus s_{ij}^{(P)} \right\} \right) \wedge \\ & \sum_{k=1}^{m} \varphi'_{ik} = \sum_{h=1}^{n} \varphi'_{hj} = 0 \\ 0, & \text{sonst} \end{cases}$$

$$i = 1, \ldots, n, \quad j = 1, \ldots, m$$

❻ Sei $\Phi^{(1)} = \Phi$. $\Phi^{(1)}$ elementweise von links oben nach rechts unten durchgehen und überflüssige 1en eliminieren:

$$\varphi_{ij}^{(1)} = \begin{cases} 0, & \sum_{k=1}^{m} \varphi_{ik}^{(1)} > 1 \wedge \sum_{h=1}^{n} \varphi_{hj}^{(1)} > 1 \\ \varphi_{ij}^{(1)}, & \text{sonst} \end{cases}, \quad i = 1, \ldots, n, \quad j = 1, \ldots, m$$

❼ Sei $\Phi^{(2)} = \Phi$. $\Phi^{(2)}$ elementweise von links unten nach rechts oben durchgehen und überflüssige 1en eliminieren:

$$\varphi_{ij}^{(2)} = \begin{cases} 0, & \sum_{k=1}^{m} \varphi_{ik}^{(2)} > 1 \wedge \sum_{h=1}^{n} \varphi_{hj}^{(2)} > 1 \\ \varphi_{ij}^{(2)}, & \text{sonst} \end{cases}, \quad i = n, n-1, \ldots, 1, \ j = 1, \ldots, m$$

❽ Die gewichtete Ähnlichkeitsmatrix $S^{(P)}$ elementweise mit der Indexmatrix $\Phi^{(1)}$ und $\Phi^{(2)}$ multiplizieren:

$$S^{(k)} = S^{(P)} \bullet \Phi^{(k)}$$

$$\Leftrightarrow s_{ij}^{(k)} = s_{ij}^{(P)} \cdot \varphi_{ij}^{(k)}, \quad k = 1, 2, \quad i = 1, \ldots, n, \quad j = 1, \ldots, m$$

❾ Die bezüglich der Summe über alle Elemente größte Matrix $S^{(k)}$ übernehmen:

$$S' = \begin{cases} S^{(1)}, & \sum_{i,j} s^{(1)}_{i,j} \geq \sum_{i,j} s^{(2)}_{i,j} \\ S^{(2)}, & \sum_{i,j} s^{(1)}_{i,j} < \sum_{i,j} s^{(2)}_{i,j} \end{cases}$$

❿ S' zeilenweise durchgehen und in jeder Zeile nur den größten Wert behalten:

$$s''_{ij} = \begin{cases} s_{ij}, & s_{ij} = max\{s_{i\cdot}\} \land \sum_{k=1}^{j-1} s''_{ik} = 0 \\ 0, & sonst \end{cases}, i = 1,\ldots,n, \quad j = 1,\ldots,m$$

S' spaltenweise durchgehen und in jeder Spalte nur den größten Wert behalten:

$$s''_{ij} = \begin{cases} s_{ij}, & s_{ij} = max\{s_{\cdot j}\} \land \sum_{h=1}^{i-1} s''_{hj} = 0 \\ 0, & sonst \end{cases}, j = 1,\ldots,m, \quad i = 1,\ldots,n$$

⓫ Für jedes Wort des Lösungstextes die erreichten Creditpunkte $\vec{p}_{received}$ berechnen:

$$\vec{p}_{received} = S'' \cdot \vec{e_m} = S'' \cdot \begin{pmatrix} 1^{(1)} \\ \vdots \\ 1^{(m)} \end{pmatrix}$$

Auswertungsalgorithmus II

Neben Algorithmus 2.1 wird noch eine Variante für feste Wortreihenfolgen benötigt. Zum Beispiel handelt es sich bei Beispiel 2.1 (S. 50) um eine Lernaufgabe, bei der die Reihenfolge der durch den Lernenden eingegebenen Wörter mit der Reihenfolge der Schlüsselwörter übereinstimmen muss. Daher wurde Algorithmus 2.2 entwickelt, welcher die Reihenfolge der Wörter berücksichtigt. Die ausführliche Herleitung des Algorithmus mit Beispielen findet sich in Anhang B.2.

Methoden

Algorithmus 2.2 *Freitextauswertung für feste Wortreihenfolgen*

❶ Ähnlichkeitsmatrix S erzeugen:

$$s_{ij} = \{d \mid d \in [0,1] \land d = f(w_i, k_j), \, i = 1, \ldots, n, \, j = 1, \ldots, m\}$$

❷ Creditmatrix P erzeugen:

$$P = \vec{e}_n \cdot \vec{p}^T = \begin{pmatrix} 1^{(1)} \\ \vdots \\ 1^{(n)} \end{pmatrix} \cdot (p_{k_1} \; p_{k_2} \; \cdots \; p_{k_m}) = \begin{pmatrix} p_{k_1}^{(1)} & p_{k_2}^{(1)} & \cdots & p_{k_m}^{(1)} \\ p_{k_1}^{(2)} & p_{k_2}^{(2)} & \cdots & p_{k_m}^{(2)} \\ \vdots & \vdots & \ddots & \vdots \\ p_{k_1}^{(n)} & p_{k_2}^{(n)} & \cdots & p_{k_m}^{(n)} \end{pmatrix},$$

wobei p_{k_j} die Creditpunkte des j-ten Schlüsselwortes bezeichnen.

❸ Ähnlichkeitsmatrix S elementweise mit der Creditmatrix P multiplizieren:

$$S^{(P)} = S \bullet P, \; \text{mit} \; P = \vec{e}_n \cdot \vec{p}^T$$

❹ Indexmatrix Φ erzeugen:

$$\varphi_{ij} = \begin{cases} 1, & s_{ij}^{(P)} = r_i^{(P)} \lor s_{ij}^{(P)} = c_j^{(P)} \\ 0, & \text{sonst} \end{cases}, \; i = 1, \ldots, n, \; j = 1, \ldots, m$$

❺ Prüfe, ob der Sonderfall II (siehe Definition B.2, S. 201) vorliegt und ändere ggf. die Indexmatrix:

$$\varphi'_{ij} = \begin{cases} \varphi_{ij}, & \varphi_{ij} > \left(\max\left\{s_{i\cdot}^{(P)} \setminus s_{ij}^{(P)}\right\} + \max\left\{s_{\cdot j}^{(P)} \setminus s_{ij}^{(P)}\right\}\right) \land \\ & \sum_{k=1}^{m} \varphi'_{ik} = \sum_{h=1}^{n} \varphi'_{hj} = 0 \\ 0, & \text{sonst} \end{cases}$$

$$i = 1, \ldots, n, \; j = 1, \ldots, m$$

❻ Sei $\Phi' = \Phi$. Φ' elementweise in der Reihenfolge durchgehen, die durch die Approximationsmatrix Δ (erzeuge Δ mit Algorithmus B.5, S. 204) gegeben ist, und überflüssige 1en eliminieren:

$$\varphi'_{ij} = \begin{cases} 0, & \sum_{k=1}^{m} \varphi'_{ik} > 1 \land \sum_{h=1}^{n} \varphi'_{hj} > 1 \\ \varphi'_{ij}, & \text{sonst} \end{cases}, \; i = 1, \ldots, n, \; j = 1, \ldots, m$$

2.2 Lernaufgaben

❼ Die gewichtete Ähnlichkeitsmatrix $S^{(P)}$ elementweise mit der Indexmatrix Φ' multiplizieren:
$S' = S^{(P)} \bullet \Phi'$, d.h. $s'_{ij} = s^{(P)}_{ij} \cdot \varphi'_{ij}$, $i = 1, \ldots, n$, $j = 1, \ldots, m$

❽ S' zeilenweise durchgehen und in jeder Zeile nur den größten Wert behalten:

$$s''_{ij} = \begin{cases} s_{ij}, & s_{ij} = max\{s_{i\cdot}\} \wedge \sum_{k=1}^{j-1} s''_{ik} = 0 \\ 0, & sonst \end{cases}, i = 1, \ldots, n, \quad j = 1, \ldots, m$$

S' spaltenweise durchgehen und in jeder Spalte nur den größten Wert behalten:

$$s''_{ij} = \begin{cases} s_{ij}, & s_{ij} = max\{s_{\cdot j}\} \wedge \sum_{h=1}^{i-1} s''_{hj} = 0 \\ 0, & sonst \end{cases}, j = 1, \ldots, m, \quad i = 1, \ldots, n$$

❾ Für jedes Wort des Lösungstextes die erreichten Creditpunkte $\vec{p}_{received}$ berechnen:

$$\vec{p}_{received} = S'' \cdot \vec{e}_m = S'' \cdot \begin{pmatrix} 1^{(1)} \\ \vdots \\ 1^{(m)} \end{pmatrix}$$

Ein praktisches Beispiel für eine Freitextauswertung, die mit den fertig implementierten Versionen der Algorithmen 2.1 und 2.2 durchgeführt wurde, findet sich in Kapiel 5.2.3 (siehe Erklärungstext auf S. 126 und Abbildung 5.25 auf S. 127).

2.2.5. Lernaufgaben mit adaptiven Feedbacks

Damit die Lernaufgaben, wie in Kapitel 2.1.3 gefordert, motivierend auf den Lernenden wirken, müssen Sie neben der Aus- und Bewertung auch ein Feedback generieren. „Gut gewähltes und umgesetztes Feedback ist eine der wichtigsten Motivationsfaktoren im Lernprogramm." (Mair, 2005, S. 107). Das Feedback sollte dabei immer individuell und unter Berücksichtigung vorhergehender persönlicher Leistungen generiert werden. Andernfalls besteht die Gefahr, dass es zu einen negativen Einfluss durch den „Big-fish-little-pond"-Effekt (Marsh, 1987) kommt. In zahlreichen Studien (z.B. Marsh et al., 2001, 2007) wurde gezeigt, dass sich soziale Vergleichsprozesse auf das Selbstbild, also das sogenannte akademische Selbstkonzept von Lernenden auswirken können. Beispiel: Zwei Schülerinnen oder Schüler („fishes") mit gleicher individueller Leistungsfähigkeit, die aber Klassen („ponds") mit unterschiedlichen Leistungsniveaus besuchen, weisen unterschiedliche Selbstwahrneh-

Methoden

mungen eigener Fähigkeiten auf. Das heißt, Schüler in schwächeren Klassen (big fish/little pond) haben eine höhere Wahrnehmung eigener Fähigkeiten als entsprechende Schüler in leistungsstärkeren Klassen (little fish/big pond) (vgl. Goetz und Preckel, 2006). Ein Feedback, das auf einem zu hoch angesetzten Leistungsniveau basiert, würde demnach das akademische Selbstkonzept leistungsschwächerer Lernender negativ beeinflussen.

Ein geeignetes Konzept für die Generierung individueller Feedbacks ist die Methode der *Individual Learning Expectations* (ILE) (Slavin, 1980). Hinter ILE steckt die Idee, bei der Bewertung einer Lernaufgabe die zuvor erbrachten Leistungen des jeweiligen Lernenden mit einzubeziehen. Ziel ist die stetige Verbesserung der Leistung bis nur noch exzellente Ergebnisse vom jeweiligen Lernenden erzielt werden. Im Vergleich zu traditionellen Bewertungssystemen erhöht ILE den Lernerfolg signifikant (Slavin, 2000, S. 355).

Der Einsatz der ILE-Methode innerhalb von Lernaufgaben soll hier kurz illustriert werden. Nachdem der Lernende seine Lösung der Lernaufgabe eingegeben hat, erfolgt die Generierung des Feedbacks in drei Schritten:

1. Berechnung der Basispunktzahl p_{base} (engl. *Base Score*). Gegeben seien die Ergebnisse der Aufgaben $1, \ldots, n$. Dann gilt:

$$p_{base} = max \left\{ 60,\ 100 \cdot \sum_{i=1}^{n} \frac{p_i}{p_i^{max}} \right\}$$

2. Berechnung der Verbesserungspunkte p_{imp} (engl. *Improvement Points*). Die *Improvement Points* drücken mit einer Zahl zwischen Null und Drei aus, wie stark sich der Lernende im Vergleich zum *Base Score* verbessert hat; der höchste Wert von $p_{imp} = 3$ wird bei sehr starker Verbesserung gegenüber p_{base} oder bei Erreichen der maximalen Punktzahl p_{max} vergeben:

$$p_{imp} = \begin{cases} 3, & p = p_{max} \ \vee\ p \geq p_{base} + 10 \\ 2, & p_{base} + 5 \leq p \leq p_{base} + 9 \\ 1, & p_{base} - 4 \leq p \leq p_{base} + 4 \\ 0, & p \leq p_{base} - 5 \end{cases}$$

3. Heraussuchen des Feedbacks aus der Feedback-Tabelle:

2.2 Lernaufgaben

Improvement Points	Feedback
0	„Das kannst Du besser!"
1	„Über Deinem Durchschnitt – das kannst Du aber noch besser."
2	„Besser als Dein Durchschnitt – gute Arbeit."
3	„Super! Viel besser als der Durchschnitt!"

Beispiel 2.2 Feedback-Generierung nach der ILE-Methode

Der Lernende Tiro habe im Vorfeld drei Lernaufgaben bearbeitet und dafür von jeweils $p_{max} = 100$ möglichen Punkten die Punkte $p_1 = 50$, $p_2 = 85$ und $p_3 = 65$ bekommen. Als Base Score *für die nächste Lernaufgabe ergibt sich dann:*

$$p_{base} = max \left\{ 60,\ 100 \cdot \frac{50 + 85 + 75}{100 + 100 + 100} \right\} = max\ \{60,\ 70\} = 70$$

Für seine Lösung der nächsten Aufgabe erhält Tiro $p = 77$ Punkte. Die Improvement Points *ergeben sich dann wie folgt:*

$$70 + 5 \leq 77 \leq 70 + 9 \Rightarrow p_{base} + 5 \leq p \leq p_{base} + 9 \Rightarrow p_{imp} = 2$$

Tiro erhält also folgendes Feeback: „Besser als Dein Durchschnitt – gute Arbeit."

Erweitertes Feedbacksystem

Damit die Feedbacks im Falle einer gleichbleibenden Leistung des Lernenden ihre Glaubwürdigkeit und damit ihren Beitrag zur Motivation des Lernenden nicht verlieren, soll die ILE-Methode an dieser Stelle dahingehend erweitert werden, dass es zu jedem der vier *Improvement Points* verschiedene Varianten von Feedbacks gibt. Aus der Menge von Feedback-Texten kann dann entweder der Reihe nach oder per Zufall ein Text ausgewählt werden. Eine rein zufällige Feedback-Auswahl ist leichter zu implementieren, hat aber dafür den Nachteil, dass sich die Feedbacks nicht spezifsch an die Leistung des Lernenden adaptieren lassen (siehe Beispiel 2.3).

Methoden

Beispiel 2.3   Erweiterte Feedback-Auswahl

Für $p_{imp} = 0$ sei die Feedback-Menge F_0 wie folgt gegeben:

$$F_0 = \{„\text{Das kannst Du besser!}", „\text{Auch das kannst Du besser!}"\}$$

Es ist sofort ersichtlich, dass hier das zweite Feedback inhaltlich erst dann Sinn macht, wenn der Lernende zuvor das erste Feedback erhalten hat. In diesem Beispiel sollte die Auswahl des Feedbacks also nicht rein zufällig erfolgen, sondern in Abhängigkeit davon, welches Feedback der Lernende zuvor erhalten hat.

2.3. Erweiterte Darstellung von Familienstammbäumen

Elementarer Bestandteil der Ausbildung in Genetischer Epidemiologie ist die Benutzung von Familienstammbäumen zur Illustration von Lerninhalten. Zu diesen Lerninhalten gehören zum Beispiel

- die Mendelschen Gesetze,
- genetische Erbgänge,
- Genotypen,
- Rekombination und Rekombinationsfrequenz,
- Genotypisierungsfehler, z.b. Doppelrekombination,
- Kopplungsanalyse,
- die Ähnlichkeitsmaße „identisch nach Zustand" (engl. Identity By State, kurz: IBS) und „identisch nach Herkunft" (engl. Identity By Descent, kurz: IBD),
- Disequilibrium Tests, wie zum Beispiel TDT, SDT, oder PDT.

Wie bereits in Abschnitt 2.2.2 festgestellt wurde, werden im Buch von Ziegler und König (2006) sehr viele Stammbäume zur besseren Veranschaulichung des Textinhalts verwendet: 86% der Abbildungen in den Lernaufgaben des Buches enthalten Stammbäume; im gesamten Buch beläuft sich der Anteil auf 40% der insgesamt 70 Abbildungen.

Für die technologiegestützte Ausbildung von Studierenden in Genetischer Epidemiologie ist die Benutzung von Familienstammbäumen folglich essentiell. Um die Nachhaltigkeit der digitalen Stammbäume in einem E-Learning-Kurs zu gewährleisten, ist es wichtig, dass diese nicht einfach als Grafiken erstellt und abgelegt werden. Beispielsweise wäre eine Änderung der Auflösung oder die Anpassung an veränderte Lerninhalte zu einem späteren Zeitpunkt sehr zeitaufwändig, da jedes Bild einzeln bearbeitet oder gar neu erzeugt werden müsste (vgl. Nachhaltigkeit, Kapitel 3.2.2). Um eine konsistente Darstellung und die Nachhaltigkeit sicherzustellen, bietet es sich an, die Stammbäume lediglich in einer Text-Datei (ASCII-Format) zu kodieren und die Darstellung algorithmisch zu lösen. Diese Lösung ist zum Beispiel vergleichbar mit dem Kozept der Cascading Style Sheets (CSS), bei dem die

Methoden

Darstellung von Webseiten zentral in einem externen CSS-Dokument definiert wird. Das hat den großen Vorteil, dass Darstellungsänderungen zu einem späteren Zeitpunkt nur an einer Stelle vorgenommen werden müssen, wobei sich die Änderungen dann auf alle an die CSS-Datei gekoppelten Dokumente auswirken.

Ein weit verbreitetes Format zur Kodierung und digitalen Weiterverarbeitung von Stammbäumen ist das so genannte Linkage-Format von Jurg Ott Terwilliger und Ott (1994). Es wird von einem Großteil gängiger Softwarepakete zur genetischen Analyse unterstützt und hat sich in diesem Umfeld als quasi Standard etabliert. Die Lesbarkeit des Linkage-Formats ist für den Menschen allerdings vergleichsweise schlecht. Bezüglich der Kodierung von Zusatzinformationen, wie zum Beispiel

- der Name einer Person oder
- die Information, ob es sich bei zwei Kindern um Zwillinge handelt,

ist das Format zudem unflexibel und eingeschränkt. Für den Einsatz in der technologiegestützten Lehre erscheint es daher nicht prädestiniert.

2.3.1. Das Linkage-Format zur Kodierung von Stammbäumen

Um die Problematik des Linkage-Formats beim Einsatz in der technologiegestützten Lehre zu illustrieren, soll das Format an dieser Stelle kurz betrachtet werden. Stammbäume werden beim Linkage-Format in einer ASCII-Datei definiert, die folgenden Aufbau haben muss:

- Jede Zeile definiert eine Person
- Die verschiedenen Charakteristika werden spaltenweise codiert:
    1. Kennung des Stammbaums bzw. der Familie
    2. Kennung der Person
    3. Vater der Person
    4. Mutter der Person

5. Geschlecht: 1=männlich, 2=weiblich
   (unbekannt wird nicht unterstützt)

6. Krankheitsstatus: 0=unbekannt, 1=nicht erkrankt, 2=erkrankt

7. Allel 1 von Marker 1

8. Allel 2 von Marker 1

9. Weitere Marker...

Aufgrund dieser minimalistischen Kodierung lassen sich Linkage-Dateien vom Menschen nur schlecht lesen; das Editieren per Hand ist recht fehleranfällig. In Tabelle 2.5 ist beispielhaft der Inhalt einer Linkage-Datei abgebildet. Für ein ungeübtes Auge ist dort auf den ersten Blick nicht sofort ersichtlich, wie viele Generationen der Stammbaum hat oder welche Person sich in welcher Generation befindet. In ungünstigen Fällen kann es beim Lesen der Datei zwischen nebeneinander liegenden Spalten zu einer Verwechslung von Werten kommen (siehe z.B. Tabelle 2.5, Spalte 5 und 6). Die beschriebenen Schwierigkeiten sind natürlich erst in größeren Linkage-Dateien wirklich relevant.

1	1	0	0	1	1	1	2	1	2
1	2	0	0	2	2	3	4	3	4
1	3	1	2	2	1	1	4	1	4
1	4	1	2	1	1	1	3	1	3
1	5	1	2	1	2	1	3	1	3
1	6	1	2	2	2	1	4	2	4

Tabelle 2.5: Beispiel für eine Linkage-Datei, die einen Stammbaum mit sechs Personen kodiert. Für jede Person sind zwei Marker mit jeweils zwei Allelen definiert.

2.3.2. Anforderungen an die Kodierung und Darstellung von Stammbäumen

Für das Projekt *Training in Genetischer Epidemiologie* wurden folgende Anforderungen für die Kodierung von Stammbäumen festgelegt:

- Die Basissprache zur Kodierung der Informationen soll XML sein (siehe Abschnitt 3.1).

- Bei der Kodierung soll eine Unterteilung in Generationen erfolgen, das heißt, es sollen Informationen zu den Generationen mitkodiert werden, um die Lesbarkeit zu verbessern.

- Es sollen erweiterte Informationen kodiert werden können, beispielsweise der Name der Person, der Zwillingsstatus und -Typ oder die Information, dass der Patient bereits verstorben ist.

Für die Darstellung am Bildschirm soll mit Flash (siehe Kapitel 3.2.4) ein Programm entwickelt werden, dass eine XGAP-Datei direkt einlesen und den darin kodierten Stammbaum in Echtzeit darstellen kann. Des Weiteren werden folgende Anforderungen an das Programm gestellt:

- Die Einbindung in beliebige Webseiten und Flash-Programme soll möglich sein.

- Die Handhabung und Konfiguration soll so einfach wie möglich sein.

- Erweiterte Informationen sollen in interaktiven Fenstern dargestellt werden, die erst bei einem Überfahren mit dem Mauszeiger an den entsprechenden Positionen erscheinen.

2.4. Projekt-Vorgehensmodell

Wie in Kapitel 2.1 dargestellt wurde, sollte bei der Planung und Umsetzung eines E-Learning-Projektes unbedingt das didaktische Konzept in den Vordergrund gestellt werden – und nicht die technische Umsetzung.

Die einzelnen Phasen des Projektes sollten möglichst präzise geplant werden, um nicht den „roten Faden" aus den Augen zu verlieren. Bei der Projektplanung kann man sich an verschiedenen Vorgehensmodellen orientieren. Beispielsweise wird eine Multimedia-Agentur in der Regel ein Modell benutzen, das dem aus der Softwaretechnik bekannten Wasserfallmodell (Royce, 1970) am nächsten kommt (vgl. z.B. Mair, 2005). Voraussetzung für eine sequenzielle Vorgehensweise gemäß dem Wasserfallmodell ist, dass die Anforderungen und Pflichten vorab präzise formuliert werden können.

Allein schon weil im Hochschulbereich mit Rückschritten gerechnet werden muss (siehe z.B. Kerres, 2001), ist dieses Modell dort nicht geeignet. Daher wurde im Rahmen dieser Arbeit „Ein inkrementelles Vorgehensmodell für E-Learning-Projekte an Hochschulen" entwickelt und publiziert (Pahlke et al., 2006).

Dieses Modell ist deutlich flexibler als beispielsweise das Wasserfallmodell und an die speziellen Bedürfnisse und Rahmenbedingungen im Hochschulbereich angepasst. Es soll mit seinen vier Phasen (siehe Abbildung 2.6) die Grundlage für die Vorgehensweise in diesem Projekt bilden.

Um das Verständnis der Vorgehensweise bei der Konzeption (siehe Kapitel 4) zu erleichtern, sollen die einzelnen Schritte und Phasen dieses Vorgehensmodells im folgenden Abschnitt noch einmal in kompakter Weise illustriert werden.

Methoden

Abbildung 2.6: Schematische Darstellung des inkrementellen Vorgehensmodells für E-Learning-Projekte. Die vier Phasen zwischen Projektinitialisierung und abschließender Evaluation bestehen jeweils aus einem vierstufigen Zyklus, der das didaktische Konzept als zentralen Bestandteil enthält. Überarbeitete Abbildung aus Pahlke et al. (2006), mit freundlicher Genehmigung von GMS German Medical Science.

2.4.1. Inkrementelles Vorgehensmodell für E-Learning-Projekte

Start Unterteilung des Problems in kleinere Teilprobleme („Divide and Conquer"-Strategie), d.h. Unterteilung des Skripts in Bearbeitungsabschnitte, angelehnt an die gegebene Kapitelstruktur. Jeder Bearbeitungsabschnitt durchläuft dann einzeln die vier nachfolgenden Phasen.

Phase 1: Grobkonzept

Ziele festlegen Erste E-Learning-gerechte Inhaltsstrukturierung

DK bestimmen Zielgruppenanalyse, Festlegung der Lehr- und Lernstrategie (Ermittlung der technischen Rahmenbedingungen)

Ziele unter Beachtung des DK umsetzen Einteilung des Skriptabschnitts in Inhaltsseiten und für jede Seite Benennung der groben Lernziele

Ziele und DK evaluieren Kritische Überprüfung, ob der im ersten und zweiten Schritt definierte Sollzustand erreicht wurde, sowie Suche nach möglichen Verbesserungen.

Phase 2: Feinkonzept

Ziele festlegen Das Ergebnis des Grobkonzepts wird strukturell verfeinert und um Ideen und Entwürfe für Interaktionen und Medien erweitert.

DK bestimmen Definition didaktisch einer sinnvollen Feinstruktur für die einzelnen Lektionen und Unterkapitel; Festlegung von Richtlinien für die Interaktionen und Medien.

Ziele unter Beachtung des DK umsetzen Für jede einzelne Inhaltsseite aus dem Grobkonzept schrittweise Formulierung der Feinlernziele und Verfeinerung der Struktur; Ergänzung von Ideen und Skizzen für Interaktionen und Medien direkt auf den betreffenden Seiten.

Ziele und DK evaluieren Kritischer Vergleich zwischen Ist- und Soll-Zustand und frühzeitiges Erkennen von Verbesserungsmöglichkeiten können später viel Arbeit ersparen.

Phase 3: Drehbuch

Ziele festlegen Die in den beiden vorhergehenden Phasen abgegrenzten Inhaltsseiten sollen für das Lernen und Arbeiten am Bildschirm optimiert werden; genaue Spezifikation aller Multimedia-Objekte durch eigene Drehbücher.

DK bestimmen Einsatz von Hilfsmitteln für das studierendenzentrierte Lernen, mit denen sich der Bildschirmtext so erweitern lässt, dass das Gehirn zum Lernen angeregt wird.

Ziele unter Beachtung des DK umsetzen Anreicherung der Inhaltsseiten mit Skizzen für spezielle Medien und Texthervorhebungstechniken zur Lenkung der Aufmerksamkeit auf den Lernstoff sowie zur Steigerung der Motivation des Lernenden: Z.B. Verwendung von Marginalien, Schlagworten, farbigem Text, Textkennzeichnung, Identifikationsfiguren, oder einer Leitfigur.

Ziele und DK evaluieren Kritischer Vergleich zwischen Ist- und Soll-Zustand.

Phase 4: Umsetzung

Ziele festlegen Erstellung einer funktionsfähigen E-Learning-Lerneinheit.

DK bestimmen Beachtung grundlegender Richtlinien, die die Ästhetik der Medien und die Ergonomie des Moduls sichern; für entsprechende Guidelines siehe z.b. Mair (2005), S. 124–128; für softwareergonomische Prinzipien siehe z.b. Herczeg (1994).

Ziele unter Beachtung des DK umsetzen Implementierung gemäß dem Drehbuch.

Ziele und DK evaluieren Anforderungen aus dem Drehbuch evaluieren; abschnittsweise Evaluierung zusammen mit Studierenden.

Fertigstellung & Evaluation Die fertigen Inhaltsabschnitte, die zur einfacheren und flexibleren Handhabung einzeln, als kleinere Teilprobleme bearbeitet wurden, werden am Ende zu einem ganzheitlichen E-Learning-Kurs zusammengefügt. Abschließend sollte der Kurs als Ganzes evaluiert werden. Hier geht es in erster Linie darum, zu überprüfen, ob der Kurs erfolgreich in der Lehre eingesetzt werden kann, also den erklärten Lehrauftrag erfüllen kann.

2.4.2. Erweiterung: Standardarbeitsanweisung für die Strukturierung der lokalen Daten

Das Vorgehensmodell aus Pahlke et al. (2006) wurde speziell für das Projekt *Training in Genetischer Epidemiologie* um eine Standardarbeitsanweisung (SOP) für die Strukturierung der lokalen Daten erweitert, um auf diese Weise die Nachhaltigkeit positiv zu beeinflussen. Bereits kurz nach Projektstart war absehbar, dass die Menge an anfallenden Quell- und Medien-Dateien derart anwachsen würde, dass eine spätere Pflege des Projekts ohne standardisierte Datenstruktur äußerst schwer werden würde.

Für die SOP wurden folgende Richtlinien festgelegt:

1. Es soll eine strikte Trennung von Medien und Textinhalt erfolgen.

2. Fertige Medien sollen von ihren Quelldaten getrennt abgelegt werden.

3. Die Ordnerstruktur soll sich an der Struktur des Lerninhalts (Kapitel, etc.) orientieren, um ein schnelles und intuitives Auffinden der Medien zu gewährleisten.

In Abbildung 2.7 ist die finale Version der SOP für die Strukturierung der lokalen Daten schematisch dargestellt. Die Daten sind an oberster Stelle getrennt in Textinhalte (Ordner *content*) und Medien (Ordner *resources*). Die Strukturierung der Medien wiederum orientiert sich an der Struktur des Lerninhalts (Ordner *chapter_1*, ..., *chapter_12*). Abbildungen und Interaktionen liegen in den Ordnern *figures* und *intercations*, wobei jede Abbildung und jede Interaktion einen eigenen Unterordner erhält. Die Quelldateien zu den Medien liegen getrennt im Ordner *src*, wobei dieser eine analoge Unterordner-Struktur aufweist. Diese strikte Trennung hat den großen Vorteil, dass die Quelldaten bei der Veröffentlichung des fertigen E-Learning-Kurses auf einfache Weise weggelassen werden können.

Methoden

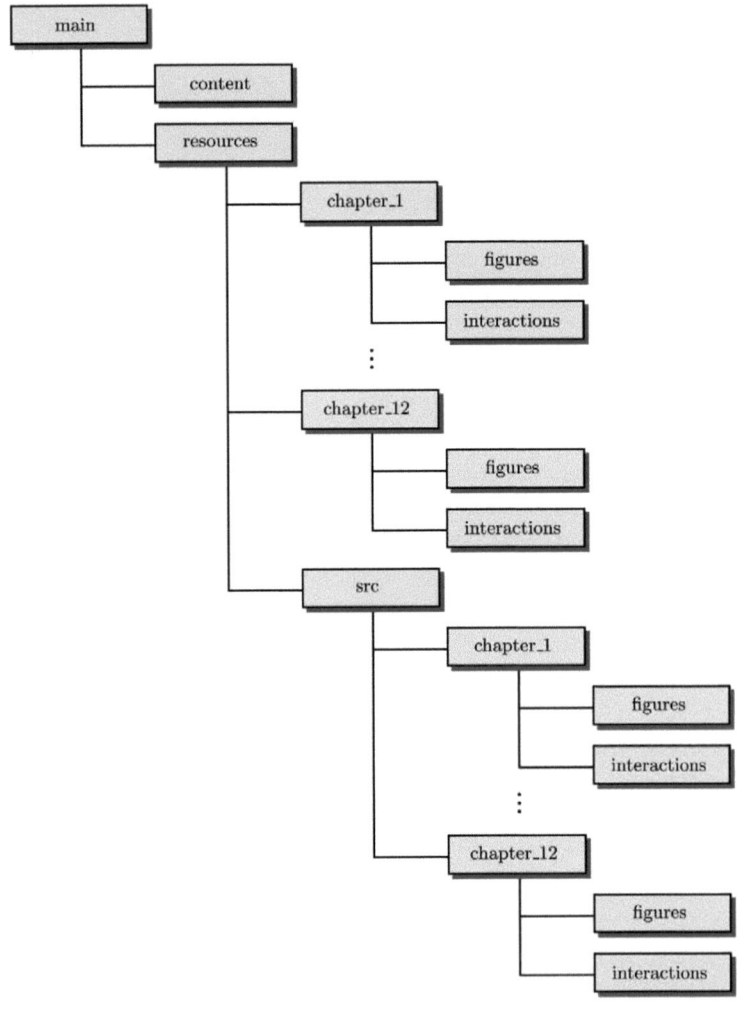

Abbildung 2.7: Strukturierung der lokalen Daten zum Projekt *Training in Genetischer Epidemiologie*. Die Daten sind an oberster Stelle getrennt in Textinhalte (Ordner *content*) und Medien (Ordner *resources*). Die Strukturierung der Medien wiederum orientiert sich an der Struktur des Lerninhalts (Kapitel), um ein schnelles und intuitives Wiederfinden der Medien zu gewährleisten, was wiederum für die spätere Inhaltspflege (Nachhaltigkeit) wichtig ist.

2.5. Zeitplanung für E-Learning-Kurse

Der Zeitaufwand für die Lehrenden und Lernenden sollte vorab möglichst genau geplant werden. Es ist für die Motivation und persönliche Organisation der Lehrenden und Lernenden von größter Wichtigkeit, dass bereits im Vorfeld klar definiert ist, wie viel Zeit sie für die Bearbeitung des E-Learning-Kurses, beziehungsweise für einzelne Abschnitte daraus, benötigen werden und was sie bis wann zu tun haben. Dabei ist zu berücksichtigen, dass den Lernenden genügend Zeit gelassen werden sollte, sich an die virtuelle Lernumgebung zu gewöhnen (Salmon, 2002).

Der Zeit- und Arbeitsaufwand eines E-Learning-Kurses sollte zudem in Leistungspunkten ausgedrückt werden, die für nationale und internationale Vergleichbarkeit sorgen. In Europa werden dafür die Leistungspunkte des *European Credit Transfer and Accumulation Systems* (kurz: ECTS) benutzt. Tabelle 2.6 zeigt eine Möglichkeit, wie sich bei technologiegestützten Bildungsmaßnahmen die ECTS-Leistungspunkte in Lernstunden umrechnen lassen. Damit ist eine gezielte Planung des Zeit- und Arbeitsaufwands möglich.

ECTS	SWS	Lernstunden E-Learning			
		Face-to-Face	Online-Moderation	Selbstlernen	Summe
2	1	5	10	39	54
3	1,5	7,5	15	58,5	81
4	2	10	20	78	108

Tabelle 2.6: Umrechnung von ECTS-Punkten in Lernstunden bei technologiegestützten Bildungsmaßnahmen (Quelle: Hametner et al., 2006, S. 12). 1 ECTS Punkt beträgt hier 27 Lernstunden, die sich zu 9% aus Präsenzunterricht, zu 19% aus online moderiertem Unterricht und zu 72% aus Selbstlernen zusammensetzen.

3. Entwicklungsmaterial

Für die Entwicklung eines E-Learning-Kurses bedarf es vieler verschiedener Entwicklungsmaterialien. Dazu gehören auf der einen Seite die Datei- und Medienformate und auf der anderen Seite die Werkzeuge zur Erstellung von Inhalten und Medien. Es stehen viele verschiedene Formate und Werkzeuge zur Verfügung, aus denen die für das Projekt am besten geeigneten ausgewählt werden müssen. Diese Auswahl, die zu Beginn des Projektes erfolgen muss, ist von großer Bedeutung für den Erfolg des Kurses. Aufgrund des rasanten Entwicklungsfortschritts im Technologiebereich, kann es zum Beispiel bei unglücklich ausgewählten Medienformaten passieren, dass ein Format schon nach wenigen Jahren nicht mehr uneingeschränkt unterstützt wird. Die Auswahl der Formate muss also vor dem Hintergrund der Nachhaltigkeit erfolgen, was auch im Projekt *Training in Genetischer Epidemiologie* beherzigt wurde. Um zu zeigen, dass nur Formate mit sehr hohem Verbreitungsgrad und von aktuellem Standard eingesetzt wurden, sollen diese nachfolgend kurz aufgelistet werden.

Im Anschluss folgt eine Aufstellung der Autoren- und Softwarewerkzeuge, die zum Einsatz kamen. Es gehörte dort ebenfalls die Nachhaltigkeit zu den wichtigsten Auswahlkriterien, wobei die Nachhaltigkeit dort unter anderem von den Medienformaten, die das jeweilige Werkzeug unterstützt, abhängig ist.

3.1. Datei- und Medienformate

Die eingesetzten Datei- und Medienformate wurden vorab sorgfältig ausgewählt, da der uneingeschränkte Einsatz des Lernobjekts auf jeder Plattform ganz wesentlich davon abhängt. Bei der Wahl der Datei- und Medienformate waren in erster Linie deren Verbreitungsgrad und Funktionssicherheit, beides in der Regel sichergestellt durch einen internationalen Standard, ausschlaggebend. Folgende Datei- und Medienformate kommen im Projekt *Training in Genetischer Epidemiologie* zum Einsatz:

XML

Die *Extensible Markup Language*, kurz *XML*, stellt ein W3C-standardisiertes Regelwerk für den Aufbau von Dokumenten dar (W3C, 2006). Mit Hilfe von *XML* lassen sich durch strukturelle und inhaltliche Einschränkungen anwendungsspezifische Sprachen definieren, beispielsweise *XHTML* oder *XGAP* (siehe Kapitel 5.2.2).

XHTML

Die *Extensible HyperText Markup Language*, kurz *XHTML*, ist eine W3C-standardisierte, textbasierte Auszeichnungssprache zur Darstellung von Inhalten (siehe W3C, 2002). Es handelt sich dabei um eine Neuformulierung von *HTML 4* in *XML 1.0* und soll den alten *HTML*-Standard ersetzen. Die Darstellung von *XHTML*-Dokumenten erfolgt mit einem so genannten Browser. Die am weitesten verbreiteten Browser in Europa sind der *Internet Explorer* mit 67 Prozent Marktanteil und der *Mozilla Firefox* mit 28 Prozent (Stand: Juli 2007, Quelle: XiTiMonitor, URL http://www.xitimonitor.com).

CSS

Cascading Style Sheets, kurz *CSS*, ist die Standard-Stylesheetsprache für das Internet (Bos et al., 1998). Mit Hilfe von *CSS* wird in einem oder mehreren zentralen Dokumenten-Abschnitten oder *CSS*-Dateien definiert, wie der eigens dafür ausgezeichnete Inhalt in zum Beispiel *HTML*- oder *XML*-Dateien dargestellt werden soll. Ein großer Vorteil des Einsatzes von *CSS* ist die saubere Trennung von Darstellung und Inhalt, was ein nachträgliches Ändern der Darstellung (z.B. Anpassung an neue Bildschirmauflösungen) erheblich vereinfacht.

JavaScript

JavaScript, kurz *JS*, ist eine ojektbasierte Skriptsprache, die unter dem Namen ECMAScript durch die *Ecma International* standardisiert wurde (Ecma International, 1999). *JavaScript* ist unentbehrlich für die Realisierung von dynamischen Inhaltsveränderungen. Das fängt an bei einfachen Reaktionen auf Benutzerinteraktionen, wie zum Beispiel der farblichen Änderung eines Hyperlinks, während sich der Mauszeiger über dem Link befindet, und reicht bis zu einer *XHTML–Flash*-Kommunikation über *JS*.

SWF

ShockWave Flash, kurz *SWF*, ist ein auf Vektorgrafiken basierendes Grafik- und Animationsformat, das mit dem Flash-Player (kostenfrei erhältlich unter `http://www.adobe.com/de/products/flashplayer`) abgespielt werden kann. SWF-Dateien, auch Flash-Animationen, -Filme oder -Interaktionen genannt, werden mit der integrierten Entwicklungsumgebung Adobe Flash erstellt (siehe Kapiel 3.2.4). Folgende Gründe sprechen für den Einsatz von Flash-Interaktionen:

- Der hohe Verbreitungsgrad des Flash-Browserplugins: Der Flash-Player ist auf über 98 Prozent aller Internetcomputer installiert (siehe Louis und Nissen, 2004, S. 23).

- Die Spezialisierung auf die Erstellung von Animationen und Interaktionen.

- Die integrierte, objektorientierte Programmiersprache ActionScript 2.0.

- Die hohe Funktionssicherheit. Diese ist bei Interaktionen, die zum Beispiel als Java Applets (SUN) realisiert wurden, auf heutigen Computern aufgrund strenger Sicherheitsrestriktionen nicht immer gewährleistet.

PNG

Portable Network Graphics (Roelofs, 1999), kurz *PNG*, ist ein Grafikformat für Rastergrafiken, die verlustfrei komprimiert abgespeichert werden (im Gegensatz beispielsweise zum JPEG-Format). Es ist ein lizenzkostenfreies, universelles, vom World Wide Web Consortium (W3C) anerkanntes Format und wird von allen modernen Webbrowsern unterstützt.

3.2. Autorenwerkzeuge

Zu wichtigsten Autorenwerkzeugen zählen Programme und Hilfsmittel, die den Entwickler bei der Erstellung des Drehbuchs unterstützen, die Autorensoftware, mit der die Inhalte und Medien organisiert, zusammengefügt und als funktionsfähiger Kurs exportiert werden sowie die Programme, mit denen die Medien (z.B. Abbildungen, Animationen und Interaktionen) erstellt werden.

3.2.1. Die LaTeX-basierte Drehbuchumgebung

Um die Projektphasen Grobkonzept, Feinkonzept und Drehbuch effizient bewältigen zu können, wurde ein umfangreicher Satz neuer LaTeX-Befehle definiert. Ziel war es, das Quellskript zum Buch von Ziegler und König (2006) im Laufe der einzelnen Phasen direkt in das Drehbuch zu überführen, um so den Arbeitsaufwand zu minimieren. Die daraus entstandene LaTeX-basierte Drehbuchumgebung wurde bereits in Pahlke et al. (2006) auf den Seiten 6–8 beschrieben. Der Vollständigkeit halber sollen die wichtigsten Befehle und Funktionen dieser Drehbuchumgebung hier kurz in überarbeiteter und erweiterter Form dargestellt werden.

LaTeX-Befehle für das Grobkonzept

Für das Grobkonzept des Lernobjekts (LO) wurden folgende LaTeX-Befehle[1] für die Strukturierung definiert (für ein Beispiel siehe Abbildung 3.1):

- *LO Kapitel*, *LO Unterkapitel*, *LO Unterunterkapitel*,

- *LO Inhaltsseite* und

- *Lernziele*

Für die schrittweise Überführung des originalen LaTeX-Quelltextes in das Drehbuch sind diese neuen Befehle unter anderem wichtig zur Unterscheidung zwischen Textteilen, die

---

[1] Anmerkung zur LaTeX-basierten Drehbuchumgebung: Obwohl das dem E-Learning-Kurs zu Grunde liegende Textbuch in englischer Sprache vorlag und auch der Kurs in derselben Sprache verfasst wurde, wurde entschieden, alle nicht zum eigentlichen Inhalt gehörenden Elemente im Drehbuch (Regieanweisungen, Drehbuchüberschriften etc.) auf Deutsch zu verfassen, da das Autorensystem in der für die Umsetzung benutzten Version mit speziellen Templates nur in deutscher Sprache verfügbar war (auf das Autorensystem wird in Abschnitt 3.2.2 auf Seite 80 näher eingegangen).

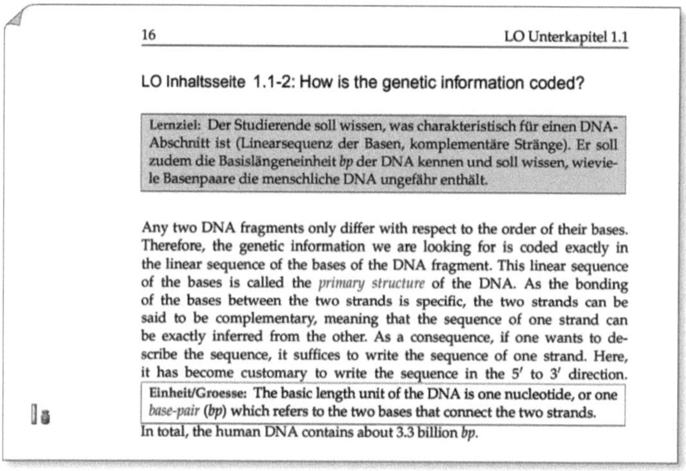
16 LO Unterkapitel 1.1

LO Inhaltsseite 1.1-2: How is the genetic information coded?

Lernziel: Der Studierende soll wissen, was charakteristisch für einen DNA-Abschnitt ist (Linearsequenz der Basen, komplementäre Stränge). Er soll zudem die Basislängeneinheit *bp* der DNA kennen und soll wissen, wieviele Basenpaare die menschliche DNA ungefähr enthält.

Any two DNA fragments only differ with respect to the order of their bases. Therefore, the genetic information we are looking for is coded exactly in the linear sequence of the bases of the DNA fragment. This linear sequence of the bases is called the *primary structure* of the DNA. As the bonding of the bases between the two strands is specific, the two strands can be said to be complementary, meaning that the sequence of one strand can be exactly inferred from the other. As a consequence, if one wants to describe the sequence, it suffices to write the sequence of one strand. Here, it has become customary to write the sequence in the 5′ to 3′ direction.

Einheit/Groesse: The basic length unit of the DNA is one nucleotide, or one *base-pair* (*bp*) which refers to the two bases that connect the two strands.

In total, the human DNA contains about 3.3 billion *bp*.

Abbildung 3.1: Beispiel für eine Drehbuchseite, die mit der LaTeX-basierten Drehbuchumgebung erstellt wurde. An oberster Stelle steht der Titel, der immer mit *LO Inhaltsseite X* beginnt und bereits in der Grobkonzeptphase bestimmt wird. Darunter folgen die Lernziele. Dann erst folgt der eigentliche Bildschirmtext. Der entscheidende Inhalt dieser Seite ist durch eine geeignete Textkennzeichnung hervorgehoben.

sich noch im Originalzustand befinden, und Textteilen, die bereits neu gegliedert und didaktisch überarbeitet wurden.

Hilfreich sind außerdem LaTeX-Befehle für Hinweise und Kommentare und für *Text löschen* oder *Text ersetzen*, wobei der Text nur entsprechend markiert wird (z.B. durchgestrichen, siehe Abbildung 3.2), da in der Grobkonzeptphase noch nicht über den endgültigen Inhalt entschieden wird. Letztgenannte Funktionalitäten sind zum Beispiel vergleichbar mit der Überarbeiten-Funktion in *Word*, mit der sich alle Änderungen am Dokument verfolgen beziehungsweise nachvollziehen lassen.

LaTeX-Befehle für das Feinkonzept

Für das Feinkonzept und das Drehbuch wurden die LaTeX-Befehle um eine Drehbuchumgebung für Interaktionen ergänzt. Neben der exakten Beschreibung der Interaktion verlangt diese Umgebung die Metainformationen

- Datum,
- Version,
- Lernziel,

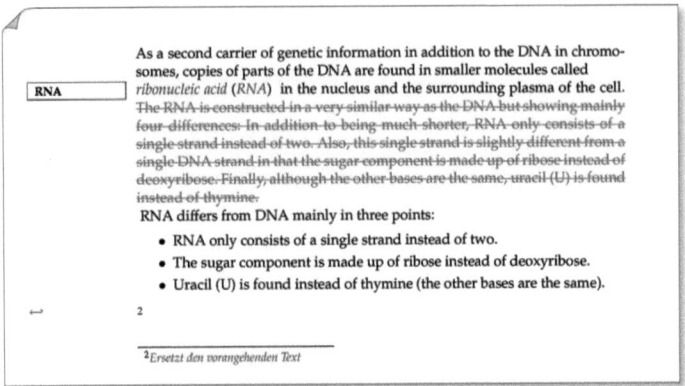

Abbildung 3.2: Beispiel für eine Drehbuchseite, die mit der LaTeX-basierten Drehbuchumgebung erstellt wurde. Die Aufmerksamkeit des Lernenden wird durch farbliche Markierung und eine Marginalie auf den Begriff *RNA* gelenkt. Ein Teil des ursprünglichen Textes wurde entfernt (durchgestrichen) und durch bildschirmfreundlichen Text ersetzt.

- Umsetzungsstatus und
- Kurzbeschreibung,

was für die Implementierung, Organisation und spätere Pflege der Interaktionen wichtig ist.

Nachfolgend ist exemplarisch der LaTeX-Quelltext für einen Drehbuch-Header mit Metainformationen abgebildet:

```
%%  — Storyboard header —
\newcommand{\sboardheader}[5]{
    \framebox{\parbox[h]{.98\textwidth}{
        \color[rgb]{0.1,0.1,0.5}
        \begin{center}
            {\small \vspace{-0.3cm}
                \begin{tabular}{lp{8cm}}
                    Datum: & #1 \\
                    Version: & #2 \\
                    Lernziel: & #3 \\
                    \ifthenelse{\equal{#4}{1}}
                        {Status: & Mit Flash umgesetzt \\ }
                        {Status: & Noch nicht umgesetzt \\ }
```

3.2 Autorenwerkzeuge

```
            Kurzbeschreibung: & #5 \\[-0.4cm]
        \end{tabular}
      }
    \end{center}
    \normalcolor
  }} ~\\
}
```

Ein Beispiel für eine mit diesem Code erzeugte PDF-Ausgabe findet sich in Abbildung 3.3; der zugehörige Aufruf im LaTeX-Code des Drehbuchs sieht wie folgt aus:

```
\sboardheader{21.06.2006}{1.0}{Der Studierende soll wissen,
    ...}{1}{Codon}
```

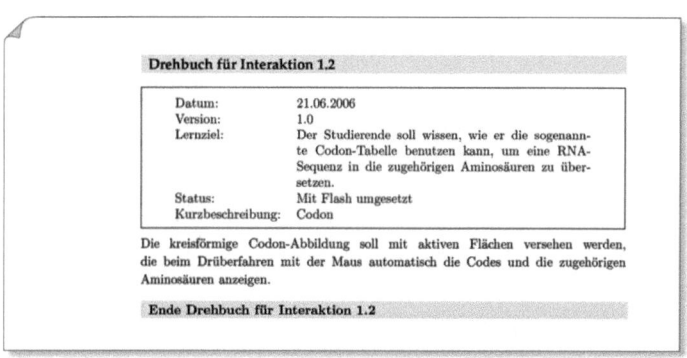

Abbildung 3.3: Beispiel für die PDF-Ausgabe eines Interaktions-Drehbuchs. Neben Metainformationen enthält das Drehbuch eine kurze Beschreibung, was mit Hilfe der Interaktion gelernt werden soll.

LaTeX-Befehle für das Drehbuch

Für das Drehbuch wurden zusätzlich folgende LaTeX-Befehle definiert:

- Marginalien und Schlagworte,
- farbige Texthervorhebungen,
- Textkennzeichnungen (z.B. Merksatz, Achtung, Formel, etc.) und
- Identifikationsfiguren.

Ein Beispiel für eine Textkennzeichnung des Typs *Einheit/Groesse* findet sich in Abbildung 3.1. In Abbildung 3.2 wird die Aufmerksamkeit durch eine Marginalie auf der linken

Seite auf das Wort *RNA* gelenkt.

3.2.2. Das Autorenwerkzeug zur Inhaltserstellung

Die Entscheidung für ein bestimmtes Autorenwerkzeug sollte möglichst früh gefällt werden, am besten bereits während der Erstellung des Grobkonzepts (Pahlke et al., 2006, S. 4). Die Auswahl eines geeigneten Autorenwerkzeugs für das Projekt *Training in Genetischer Epidemiologie* erfolgte eben in diesem Zeitraum (siehe Kapitel 4.1). Die Kriterien und Beweggründe, die zur Entscheidung für das hier eingesetzte Autorenwerkzeug führten, sollen im folgenden Teil der Arbeit genauer beschrieben werden.

Die Anforderungen an das Autorenwerkzeug sollten vorab exakt definiert werden. Danach gilt es, das System mit großer Sorgfalt auszuwählen, denn sollte sich zu einem späteren Zeitpunkt herausstellen, dass das System der Wahl entgegen den eigenen Annahmen ungeeignet ist, kann das schwerwiegende Konsequenzen für das Projekt haben, da die bereits mit dem Autorenwerkzeug erstellten Inhalte unter Umständen komplett neu erstellt werden müssen.

Baumgartner stellt im Buch „Content Management Systeme in e-Education. Auswahl, Potenziale und Einsatzmöglichkeiten" fünf zentrale Anforderungen an Autorenwerkzeuge (Baumgartner et al., 2004, S. 99):

1. *Interoperabilität:* wie gut arbeitet das Autorensystem mit anderen Systemen zusammen und wie gut lässt es sich in eine Lernumgebung integrieren?

2. *Wiederverwendbarkeit:* können die erstellten Inhalte (Lernobjekte) auch anderweitig und in anderen Zusammenhängen verwendet werden?

3. *Verwaltbarkeit:* werden über das Verhalten der Lernenden und die Inhalte Aufzeichnungen geführt?

4. *Zugang:* wie einfach können Lehrende zu einer bestimmten Zeit auf bestimmte Inhalte zugreifen?

5. *Nachhaltigkeit:* bleiben bisher funktionierende Werkzeuge auch dann funktionsfähig, wenn sich die Technologie verändert und weiterentwickelt?

3.2 Autorenwerkzeuge

Diese recht allgemein formulierten Anforderungen wurden für das Projekt *Training in Genetischer Epidemiologie* konkretisiert und speziell für die Bedürfnisse der Zielgruppe erweitert:

1. *Interoperabilität:* Alle gängigen E-Learning-Standards müssen unterstützt werden. Dazu gehören das *Shareable Courseware Object Reference Model (SCORM)* (ADL, 2004), das *Instructional Management System* (IMS GLC, 2005) und die „AICC Guidelines for CMI Interoperability" des *Aviation Industry CBT Committee* (AICC, 2000).

2. *Wiederverwendbarkeit:* Flexibel konfigurierbarer Export des Kurses; Verwendung innerhalb von Learning-Management Systemen (LMS) usw.; Verwendung offline und online.

3. *Verwaltbarkeit:* Anbieten des Kurses eingebettet in eine Web-Plattform.

4. *Zugang:* Der mit dem Autorenwerkzeug erstellte E-Learning-Kurs soll sowohl online als auch offline benutzt werden können. Das heißt, der Kurs soll zum einen direkt von einem Speichermedium (z.b. CD-Rom) benutzt werden können; auf der anderen Seite soll er über das Internet genutzt werden können. Diese beiden E-Learning-Formen werden häufig auch als Computer-Based Training (CBT) und Web-Based Training (WBT) bezeichnet.

5. *Nachhaltigkeit:* Es sollen die Standards und Medienformate aus Kapitel 3.1 eingesetzt werden, nicht so weit verbreitete oder aufgrund von Sicherheitsrestriktionen nicht immer lauffähige Technologien sollen dagegen nicht eingesetzt werden (z.B. Java Applets). Export unter Berücksichtigung neuer Anforderungen, dazu gehören beispielsweise veränderte Bildschirmauflösungen (siehe dazu Abbildung 3.4). Die textuellen Inhalte können schnell und ohne Programmierkenntnisse geändert werden; alle Medien sind ohne Mühe austauschbar; das Autorenwerkzeug wird permanent weiterentwickelt und so zum Beispiel für die neusten Browser-Generationen optimiert.

Die fünf Anforderungen von Baumgartner lassen eine weitere zentrale Anforderung an Autorenwerkzeuge vermissen: Die Didaktik. Das die Didaktik auch von anderen Autoren vernachlässigt wird, wurde bereits von Schulmeister angemahnt: „Die Didaktik kommt bei den meisten Vergleichsuntersuchungen zu kurz. In der Regel werden lediglich die herkömmlichen Testformen (Lückentext, Multiple Choice, Zuordnung) abgefragt, aber nicht die komplexeren didaktischen Kategorien wie Lernmodelle und Methoden." (Schulmeister, 2000, S. 17). Es soll daher an dieser Stelle ein weiterer Anforderungspunkt ergänzt werden:

Entwicklungsmaterial

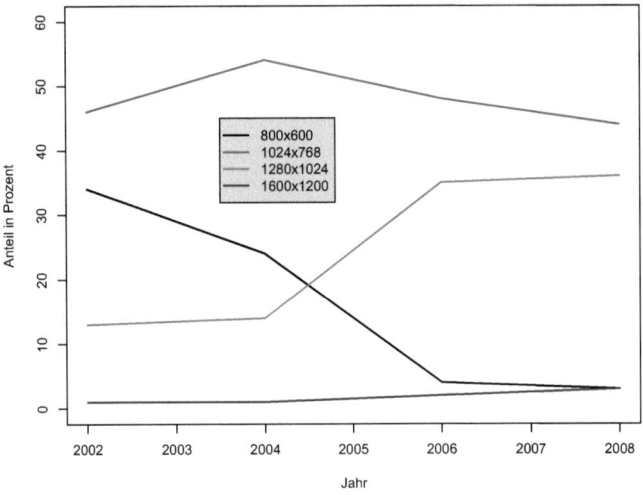

Abbildung 3.4: Änderung der Bildschirmauflösung von Internetcomputern in den Jahren 2002 – 2008. Die Abbildung zeigt, dass sich die Auflösung 1024×768 im dargestellten Zeitraum zwar als Standard behaupten kann, in den letzten Jahren aber leicht abgenommen hat. Der Anteil der Bildschirme mit niedrigerer Auflösung nahm in dieser Zeit sehr rasch ab, wohingegen der Anteil der Geräte mit hoher bis sehr hoher Auflösung rasch zunahm. Datenquellen: OneStat.com (http://www.onestat.com), Webtrekk (http://www.webtrekk.de), WebHits (http://www.webhits.de). Dabei ist zu beachten, dass zunehmend mobile Endgeräte wie zum Beispiel Handy's oder PDA's zum Einsatz kommen, die häufig nur recht niedrige Auflösungen von etwa 320×240 bis 640×480 unterstützen.

6. *Didaktik:* Das didaktische Konzept (siehe Kapitel 2.1.3) soll im Autorenwerkzeug konsequent umgesetzt werden können. Das bedeutet zum Beispiel: Berücksichtigung des Lerntheoriemodells, Bereitstellung von Methoden und Werkzeugen für die Lernenden, didaktisch sinnvolle Navigation sowie Ermöglichung von Interaktionen.

Schulmeister hat im Auftrag des Bundesministeriums für Wissenschaft und Forschung, Österreich, verschiedene Reviews und Vergleichuntersuchungen zum Thema Lernplattformen und Autorenwerkzeuge recherchiert und daraus Selektions- und Entscheidungskriterien für die Auswahl von Autorenwerkzeugen abgeleitet (Schulmeister, 2000). Zum Zeitpunkt, als ein geeignetes Autorenwerkzeug für das Projekt *Training in Genetischer Epidemiologie* ausgewählt werden musste (Ende 2004), konnte keines der in diesem Gutachten aufgeführten Werkzeuge alle oben genannten Anforderungen in befriedigender Weise erfüllen. Die häufigsten Eigenschaften, die zum Ausschluss des jeweiligen Autorenwerkzeugs führten, waren:

- Ausschließlich Erstellung von Online-Kursen, d.h. eingeschränkter Zugang.
- Ausschließlich Erstellung von Offline-Kursen, d.h. eingeschränkter Zugang.
- Ungenügende Berücksichtigung des präferierten didaktikischen Konzepts.
- Einsatz von weniger verbreiteten Technologien, d.h. Gefahr schlechter Nachhaltigkeit und Interoperalität.

Vor allem das didaktikische Konzept stellte sich als kritischer Faktor heraus, denn „[...] die Wahl bestimmter lerntheoretischer Modelle zieht zwangläufig die Entscheidung für ein bestimmtes Design, für adäquate Lehr-/Lernmethoden und für entsprechende Navigationsmethoden und Interaktionsformen nach sich. Überwiegend sind diese Entscheidungen jedoch bereits von den Lernplattform-Produzenten getroffen worden, so dass die Entscheidung für eine bestimmte Lernplattform automatisch die Gestaltungsfreiheit der Benutzer einschränkt." (Schulmeister, 2000, S. 21).

Zur Identifikation des am besten für das Projekt geeigneten Autorenwerkzeugs wurden daher weitere Recherchen durchgeführt. Das Resultat war zum damaligen Zeitpunkt relativ ernüchternd. Von den wenigen in Frage kommenden Autorenwerkzeugen war der DYNAMIC POWERTRAINER® der Firma *Dynamic Media* noch einer der vielversprechendsten Lösungen. Nach einem eingehenden Test musste aber auch dieses Softwarewerkzeug ausscheiden, da es in der getesteten Version 2 zu sehr von der Java Applet Technologie abhängig war und ein noch nicht ganz ausgereiftes didaktisches Konzept verfolgte.

Aufgrund guter Kontakte zur Fachhochschule Lübeck ergab sich die Möglichkeit, das Autorenwerkzeug EXACT PACKAGER (GIUNTI Labs) zu testen, das dort bereits seit mehreren Jahre erfolgreich eingesetzt und didaktisch weiterentwickelt wurde. Es stellte sich heraus, dass der EXACT PACKAGER in der Lage war, die oben genannten Anforderungen in angemessener Weise zu erfüllen. Das didaktische Herzstück dieser Software wird von der ONCAMPUS FACTORY gebildet, einer Sammlung von Templates für den EXACT PACKAGER, in die das Know-how und die langjährigen Erfahrungen mit E-Learning-Projekten der Fachhochschule Lübeck eingeflossen sind. Abbildung 3.5 zeigt, wie der EXACT PACKAGER im Kontext mit der ONCAMPUS FACTORY und den Datei- und Medienformaten funktioniert. Die Entwicklungsoberfläche soll anhand von Abbildung 3.6 illustriert werden. Auf die Besonderheiten der ONCAMPUS FACTORY im Zusammenspiel mit dem EXACT PACKAGER wird im nachfolgenden Abschnitt genauer eingegangen.

Entwicklungsmaterial

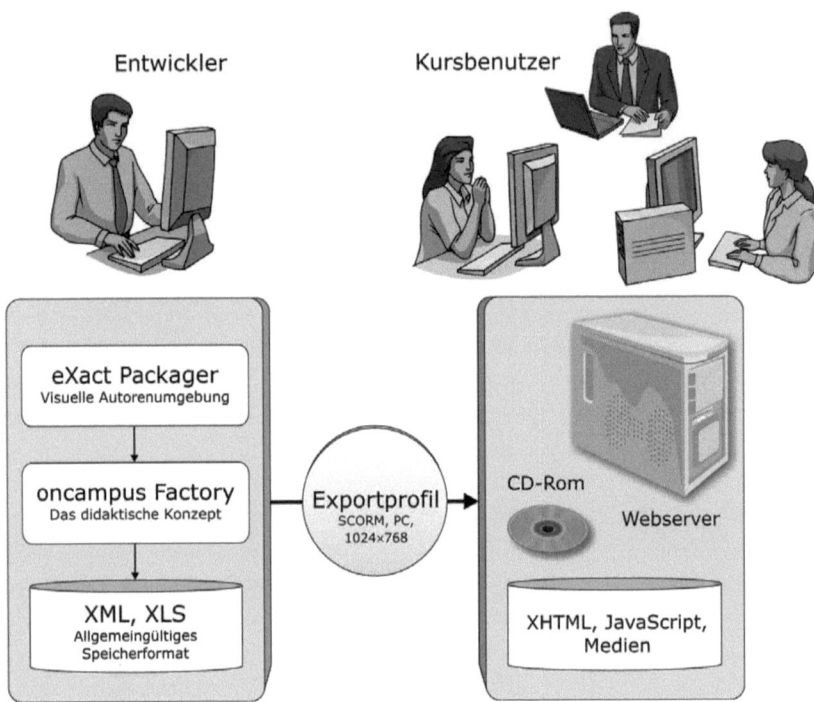

Abbildung 3.5: Das Autorenwerkzeug im Kontext: Der Kursentwickler erstellt die Inhalte mit dem Autorenwerkzeug EXACT PACKAGER, das wiederum auf ONCAMPUS FACTORY zugreift und auf diese Weise den didaktischen Rahmen vorgibt. Die Inhalte werden im XML-Format (siehe Abschnitt 3.1) abgespeichert. In Abhängigkeit vom vorgesehenen Kursbenutzer-Einsatzsystem (z.B. PC, Laptop, PDA, Handy) sowie vom Speichermedium (z.B. online: Webserver, offline: CD-Rom) werden der E-Learning Standard (z.B. IMS GLC, 2005) und das Exportprofil definiert und beispielsweise die zum Gerät passende Bildschirmauflösung eingestellt (im Beispiel 1024×768 dpi). Die Übersetzung in XHTML mit JavaScript wird dann vom Autorensystem gemäß Exportprofil durchgeführt. Eine erneute Übersetzung ist erst dann wieder nötig, wenn das Exportprofil an neue technische Anforderungen angepasst werden muss (z.B. neue Bildschirm-Standardauflösungen) oder die Inhalte sich ändern. Die Kursbenutzer greifen auf den Kurs entweder über eine CD-Rom zu oder nutzen den Kurs mit einem Web-fähigen Endgerät über das Internet. Die einzigen Voraussetzungen an das Endgerät sind: Es muss ein Webbrowser installiert sein, bei dem das Flash-Plugin installiert und JavaScript aktiviert ist.

3.2 Autorenwerkzeuge

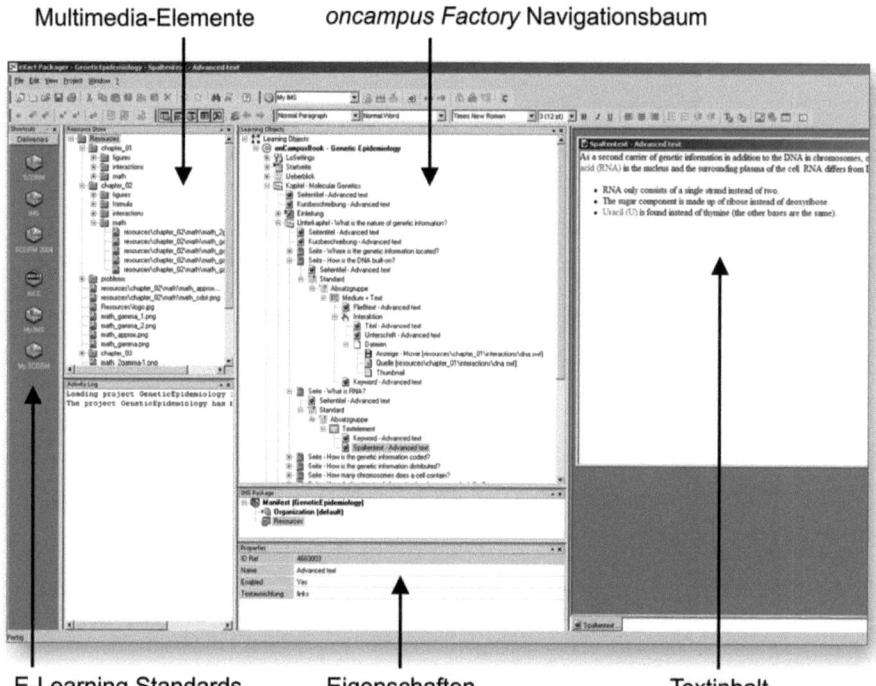

Abbildung 3.6: Darstellung der EXACT PACKAGER Entwicklungsoberfläche. Auf der linken Seite kann der gewünschte E-Learning Standard ausgewählt werden, was sich erst auf das vom EXACT PACKAGER übersetzte Endergebnis auswirkt. Rechts daneben befindet sich eine Übersicht über die in das Projekt importierten Multimedia-Elemente. Diese lassen sich mit der Maus per Drag&Drop in den zentralen Navigationsbereich hineinziehen und an der gewünschten Stelle im Navigationsbaum plazieren. Unterhalb des Navigationsbereichs werden die Eigenschaften des im Navigationsbaum selektierten Elements angezeigt. Auf der rechten Seite der Oberfläche befindet sich das Texteingabefenster, welches sich nach einem Doppelklick auf ein Textelement im zentralen Navigationsbaum öffnet. Es stehen die wichtigsten Editier- und Hervorhebungsmöglichkeiten zur Verfügung, wie man sie von gängigen Textverarbeitungsprogrammen kennt. Im Bereich des Texteingabefensters erscheint nach der Übersetzung durch den EXACT PACKAGER auch eine Vorschau des fertigen Lernobjekts, also der Inhaltsseiten, von denen eine in Abbildung 3.7 beispielhaft dargestellt ist.

3.2.3. oncampus Factory

ONCAMPUS FACTORY ist ein Autorenwerkzeug für die Erstellung von umfangreichen akademischen E-Learning Inhalten, das auf dem EXACT PACKAGER basiert (oncampus-factory, 2008). In der ONCAMPUS FACTORY steckt das didaktische Konzept der Fachhochschule Lübeck, in das deren langjährige Erfahrungen mit technologiegestützter Lehre eingeflossen sind. Beispielsweise wurde ab 1998 unter Federführung der Fachhochschule Lübeck die Virtuelle Fachhochschule (VFH) aufgebaut, einem durch das Bundesministeriums für Bildung und Forschung finanzierten Bundesleitprojekt mit dem Ziel, komplette Online-Studiengänge in bis dato einmaliger Form anzubieten.

Aus technischer Sicht handelt es sich bei der ONCAMPUS FACTORY um spezielle Templates für den EXACT PACKAGER, die sich aus didaktischer Sicht durch folgende Punkte auszeichnen:

- Das Design ist ansprechend und ästhetisch gestaltet. Das bedeutet zum Beispiel, dass die Inhaltsseiten klar strukturiert sind und unauffällige Farben und Farbverläufe aufweisen.

- Die Navigation durch den gesamten Kurs ist durchweg einheitlich und intuitiv (siehe *Navigation* in Abbildung 3.7). Es handelt sich dabei um die sogenannte hierarchische Navigation mit Baumstruktur, die derzeit üblich ist (Mair, 2005). Dies Art der Navigation ist sehr flexibel, was für den Lernenden zum Beispiel bedeutet, dass er die Möglichkeit hat, Inhalte zu überspringen, wenn er bereits über hinreichend gute Kenntnisse verfügt.

- Auf alle Lerninhalte, Interaktionen, Abbildungen und Tabellen kann über entsprechende Verzeichnisse direkt zugegriffen werden (siehe *Inhalts-* und *Medienverzeichnis* in Abbildung 3.7).

- Der Lernende sieht anhand der Fortschrittsanzeige permanent, wie viele von wie vielen Seiten er schon bearbeitet hat, das heißt, an welcher Position im Kurs er sich befindet (siehe *Fortschrittsanzeige* in Abbildung 3.7).

- Ein direkter Seitenzugriff ist auch über die Eingabe der Seitenzahl oder einer Kapitelnummer möglich (siehe *Seitenzugriff* in Abbildung 3.7).

- Es gibt die Möglichkeit, Identifikationsfiguren auf den Inhaltsseiten zu platzieren (sie-

3.2 Autorenwerkzeuge

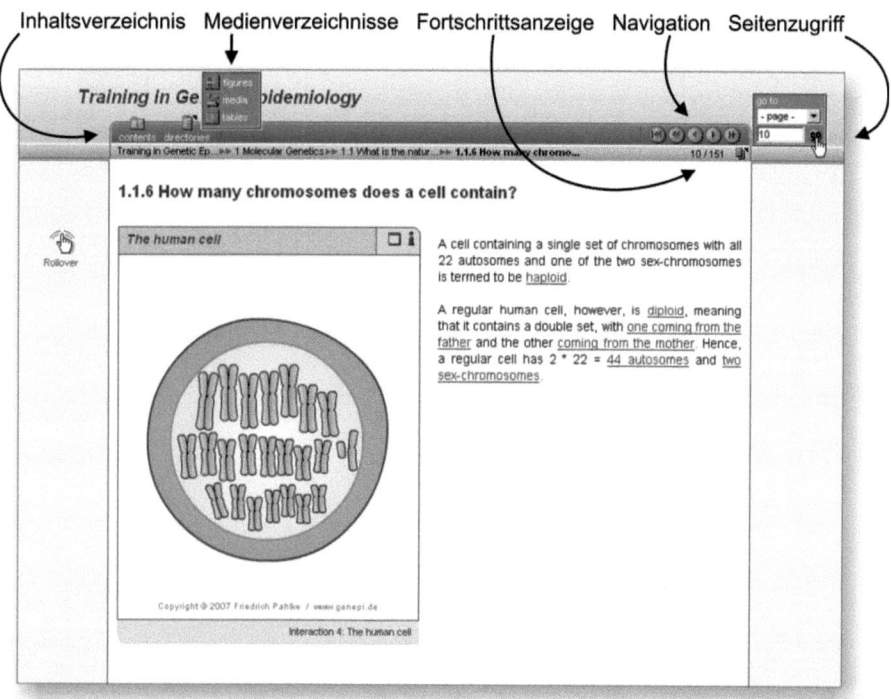

Abbildung 3.7: Beispiel zur Illustration der grundlegenden Gestaltung der Lernseiten: Im oberen Bereich befinden sich die Steuerelemente für die Navigation innerhalb des Kurses und den Zugriff auf verschiedene Verzeichnisse. Auf der linken Seite befinden sich Hervorhebungen, die die Funktionalität und/oder Wichtigkeit bestimmter Komponenten und Inhalte kennzeichnen. In der Mitte erscheinen die eigentlichen Lerninhalte, bestehend aus Textinhalten, Interaktionen und anderen Medien.

he Abbildung 3.8).

- Die Kapitel sind lerntheoretisch sinnvoll strukturiert: Jedes Kapitel beinhaltet eine Kurzbeschreibung, die Lernziele, den Zeitbedarf und endet nach den Inhaltsseiten mit einer kurzen Zusammenfassung.

- Zu jeder Interaktion, Abbildung und Tabelle wird automatisch eine graphische Marginalie erzeugt, die das jeweilige Medium typspezifisch kennzeichnet. Der Lernende kann damit sehr schnell visuell erfassen, worum es sich handelt und welche Möglichkeiten der Interaktion gegebenenfalls existieren.

Entwicklungsmaterial

- Das schnelle Orientieren und Auffinden von wichtigen Inhalten kann optional mit einprägsamen graphischen Marginalien erleichtert werden. Es stehen dafür Symbole für Merksatz, Stichwort, Achtung, Wichtig, Anmerkung, Formel, Norm, Quelltext, Gesetz und Einheit/Groesse zur Verfügung.

Abbildung 3.8: Exemplarische Darstellung von einigen ausgewählten Identifikationsfiguren, die in der ONCAMPUS FACTORY zur Verfügung stehen. Die Identifikationsfiguren können auf den Lernseiten wahlweise alleinstehend oder textumflossen eingebunden werden und dienen dazu, längere Texte ohne themenspezifische Abbildungen oder Interaktionen aufzulockern sowie die Aufmerksamkeit des Lernenden auf bestimmte Stellen im Text zu lenken, zum Beispiel durch die Abbildung einer mit dem Finger zeigenden Person.

Die in Kapitel 2.1.1 formulierten Anforderungen an das didaktische Konzept sind in der ONCAMPUS FACTORY weitestgehend umgesetzt. Die Templates werden kontinuierlich weiter entwickelt, beinhalten aber bislang noch kein befriedigendes Konzept für Lernaufgaben (siehe Kapitel 2.2). Die Umsetzung von Lernaufgaben, die die Anforderungen aus Kapitel 2.2 erfüllen, soll daher Gegenstand dieser Arbeit sein und wird im Ergebnisteil ausführlich behandelt.

3.2.4. Softwarewerkzeuge zur Medienerstellung

Im Projekt *Training in Genetischer Epidemiologie* wurden für die Erstellung der Medien (z.B. Grafiken und Interaktionen) verschiedene Softwarewerkzeuge eingesetzt, die in diesem Abschnitt kurz beschrieben werden sollen. Das Zusammenspiel der Softwarewerkzeuge mit dem Autorensystem wird in Abbildung 3.9 illustriert.

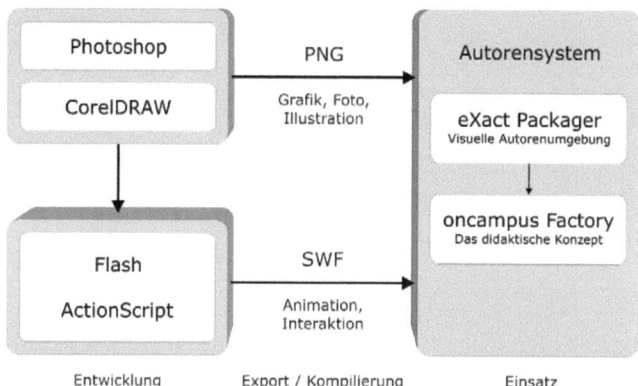

Abbildung 3.9: Die Softwarewerkzeuge zur Medienerstellung im Kontext mit dem Autorensystem. Grafiken, Fotos und Illustrationen werden mit Photoshop oder CorelDRAW erstellt und anschließend im PNG-Format abgespeichert bzw. exportiert. Animationen und Interaktionen werden mit Flash/ActionScript entwickelt, kompiliert und im SWF-Format abgespeichert. Die exportierten Medien kommen dann im Autorensystem (vgl. Abbildung 3.5) zum Einsatz.

Macromedia Flash MX 2004 / Adobe Flash

Adobe Flash (ehemals Macromedia Flash) ist eine integrierte Entwicklungsumgebung zur Erstellung multimedialer Inhalte. Mit Flash können zum einen Animationen und Filme erstellt werden und zum anderen interaktive und datenverarbeitende Anwendungen. Letzteres wird durch die integrierte Programmiersprache ActionScript (kurz: AS) ermöglicht.

Die mit der kommerziellen Entwicklungsumgebung erstellten Quelldateien (FLA-Dateien) müssen vor der Einbindung in eine Webseite oder einen E-Learning-Kurs erst kompiliert werden. Die resultierenden SWF-Dateien (siehe Kapitel 3.1) können dann mit Hilfe des frei erhältlichen Flash-Players abgespielt werden. Der Flash-Player ist für die Betriebssysteme Windows, Mac OS X und Linux erhältlich und fungiert jeweils auch als Webbrowserplugin, das heißt, bei der Installation des Flash-Players werden auch die gängigen, installierten

Webbrowser (z.B. Firefox, Internet Explorer) dahingehend erweitert, dass sie SWF-Dateien abspielen können.

Adobe Photoshop CS2

Adobe Photoshop ist ein kommerzielles Bildbearbeitungsprogramm zur Bearbeitung von Rastergrafiken. Photoshop genießt den Ruf, eines der weltweit besten Bildbearbeitungsprogramme zu sein, und ist im Bereich der professionellen Bildbearbeitung Marktführer. Das Programm hat sich im professionellen Einsatzbereich als Industriestandard durchgesetzt hat.

CorelDRAW 12 / X3

CorelDRAW ist ein Vektorgrafikprogramm, das Bestandteil der Grafiksoftware-Sammlung CorelDRAW Graphics Suite der Firma Corel Corporation ist. Die erste Version von CorelDRAW wurde 1989 veröffentlicht. Das Programm gehört neben Adobe Illustrator und Macromedia FreeHand zu den am weitesten verbreiteten Vektorgrafikprogrammen.

4. Konzeption des E-Learning-Kurses

Die Konzeption des Projekts *Training in Genetischer Epidemiologie* erfolgte gemäß dem im Kapitel 2.4 vorgestellten Vorgehensmodell. Angelehnt an die gegebene Kapitelstruktur des Buches von Ziegler und König (2006) wurde das zugehörige Manuskript zunächst in kleinere Bearbeitungsabschnitte unterteilt. Die Kapitel, die in den E-Learning-Kurs auf jeden Fall einfließen sollten, wurden identifiziert. Die für den Erfolg des Kurses weniger wichtigen Kapitel wurden entsprechend mit einer niedrigeren Priorität versehen (siehe Tabelle 4.1).

Buchkapitel	Priorität
– Part I Introductory Genetics –	
Molecular Genetics	sehr hoch
Formal Genetics	sehr hoch
Genetic Markers	sehr hoch
Data Quality	sehr hoch
– Part II Linkage Analysis –	
Genetic Map Distances	z.T. hoch
Model Based Linkage Analysis	niedrig
Model Free Linkage Analysis for Dichotomous Traits	niedrig
Model Free Linkage Analysis for Quantitative Traits	niedrig
– Part III Association Analysis niedrig	
Fundamental Concepts	sehr hoch
Case-Control Association Analysis	sehr hoch
Family-Based Association Analysis	niedrig
Haplotypes in Association Analyses	sehr hoch

Tabelle 4.1: Inhaltsplanung. Die als wichtig gekennzeichneten Kapitel des Buches von Ziegler und König (2006) sollten auf jeden Fall in den E-Learning-Kurs mit einfließen.

Aus Tabelle 4.1 ergaben sich die inhaltlichen Bearbeitungsabschnitte des Projekts wie folgt:

Konzeption des E-Learning-Kurses

die Umsetzung der Lerninhalte erfolgte exakt in dieser Reihenfolge:

1. Molecular Genetics
2. Formal Genetics
3. Genetic Markers
4. Data Quality
5. Genetic Map Distance: Linkage Disequilibrium Units (LDU)
6. Fundamental Concepts
7. Case-Control Association Analysis
8. Haplotypes in Association Analyses

Für jeden der acht Bearbeitungsabschnitte wurden dann jeweils ein Grobkonzept, ein Feinkonzept und ein Drehbuch erstellt (Abbildung 4.1), wobei bestimmte Teile in den einzelnen Phasen nur einmal ausgearbeitet werden mussten. Dazu gehört zum Beispiel die Zielgruppenanalyse (siehe Abschnitt 4.1), die natürlich für den gesamten E-Learning-Kurs, also für alle Kapitel, ihre Gültigkeit behielt.

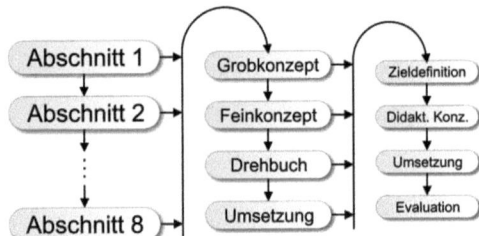

Abbildung 4.1: Schematische Darstellung der Vorgehensweise bei der Konzeption des E-Learning Kurses *Training in Genetischer Epidemiologie*. Für jeden der acht Bearbeitungsabschnitte wurde vor der eigentlichen Umsetzung jeweils ein Grobkonzept, ein Feinkonzept und ein Drehbuch erstellt. Diese Phasen wiederum waren jeweils in vier kleinere Arbeitsabschnitte gegliedert (vgl. Vorgehensmodell in Kapitel 2.4).

4.1. Grobkonzept

Das Grobkonzept wurde gemäß dem Vorgehensmodell aus Kapitel 2.4 in vier aufeinander folgenden Schritten erstellt.

❶ **Ziele des Grobkonzepts**

Die Ziele wurden wie folgt festgelegt: Das Grobkonzept soll als Ergebnis eine erste E-Learning-gerechte Inhaltsstrukturierung liefern.

❷ **Das didaktische Konzept**

Im zweiten Schritt des Zyklus wurde das didaktische Konzept dieser Phase erarbeitet und festgelegt. Dafür wurde zunächst die Zielgruppe genau analysiert; im zweiten Schritt wurde die Lehr- und Lernstrategie festgelegt.

Zielgruppenanalyse

Die Kenntnis der Zielgruppe, für die ein Online-Bildungsangebot konzipiert werden soll, ist von entscheidender Bedeutung für die spätere Gestaltung der Lernumgebung und der Lernmaterialien, beispielsweise, um die Diversität der Zielgruppe adäquat berücksichtigen zu können (vgl. Kapitel 2.1.3). Es wurden daher alle für die Entwicklung des Lernmoduls wichtigen Parameter untersucht, die die Zielgruppe betreffen. Diese Untersuchung soll auf den nächsten zwei Seiten versuchen, folgende Fragen so präzise wie möglich zu beantworten:

- Was ist über die Zielgruppe bekannt? Welche Merkmale zeichnen die Zielgruppe aus? Konkret bedeutet das:
    - Welche Vorkenntnisse haben die Lernenden?
    - Wie groß ist die Zielgruppe?
    - Wie alt sind die Lernenden?
    - Was lässt sich zum Lernort sagen?
    - Welche Computerkompetenz haben die Lernenden?

- Welchen Einfluss haben dieses Wissen und diese Merkmale auf die Konzeption des Lernobjekts?

Konzeption des E-Learning-Kurses

- Welcher spezifische Nutzen entsteht durch das Lernangebot für die Zielgruppe?

(vgl. z.B. Mair, 2005, S. 49)

Zur Beantwortung dieser Fragen ist es wichtig, die vier Eckpfeiler der Genetischen Epidemiologie zu kennen: Das Fachgebiet der Genetischen Epidemiologie umfasst interdisziplinäres Wissen aus den Bereichen *Biologie, Genetik, Epidemiologie* und *Statistik*. Die Zielgruppe des Projekts, die sich aus Molekularbiologen, Bioinformatikern, Statistikern, Mathematikern und Humanmedizinern zusammensetzt, verfügt daher über kein einheitliches Vorwissen, was die vier genannten Eckpfeiler betrifft (siehe Abbildung 4.2).

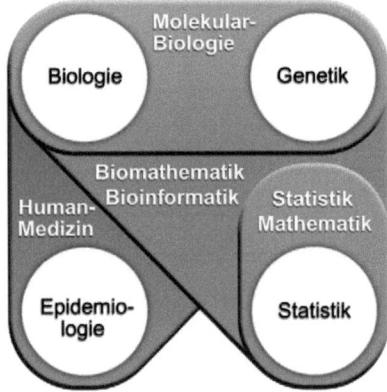

Abbildung 4.2: Schematisch Darstellung der Diversität innerhalb der Zielgruppe des Projekts *Training in Genetischer Epidemiologie*. Das Fachgebiet der Genetischen Epidemiologie beinhaltet Fachwissen aus den Gebieten Biologie, Genetik, Epidemiologie und Statistik. Die Zielgruppe setzt sich aus Molekularbiologen, Bioinformatikern, Statistikern, Mathematikern und Humanmedizinern zusammen und verfügt über ein sehr heterogenes Vorwissen, das sich nur teilweise überschneidet. Quelle: Pahlke et al. (2006), mit freundlicher Genehmigung von GMS German Medical Science.

Die Zielgruppe bringt also sehr inhomogene Voraussetzungen mit sich. So haben beispielsweise Humanmediziner und Molekularbiologen bessere Vorkenntnisse auf der biologischen Seite; Statistiker, Bioinformatiker und Biomathematiker haben dagegen bessere Kenntnisse auf der statistischen Seite. Daraus ergeben sich für das Lernobjekt zwei wichtige Konsequenzen:

1. Es muss aus den vier Fachgebieten Biologie, Genetik, Epidemiologie und Statistik ein breites Spektrum an Grundlagen angeboten werden.

4.1 Grobkonzept

2. Es muss jedem Lernenden die Möglichkeit eingeräumt werden, die Lerninhalte nach seinen individuellen Bedürfnissen auszuwählen und gegebenenfalls Inhalte zu überspringen.

Der spezifische Nutzen für die Zielgruppe lässt sich wie folgt zusammenfassen: Studierende, Wissenschaftler oder Dozenten können sich zum einen selber in die Grundlagen der Genetischen Epidemiologie einarbeiten und zum anderen die Materialien für die Lehre nutzen, beispielsweise um die eigene Vorlesung oder Übung durch E-Learning-Inhalte zu verbessern.

Es soll an dieser Stelle noch einmal hervorgehoben werden, dass die Benutzer dabei ein hohes Maß an Zeit- und Orts-Flexibilität genießen und ein Lernmedium nutzen, das weit über die didaktischen Möglichkeiten eines Lehrbuchs oder Vorlesungsskripts hinausgeht.

Bis hierhin lässt die Zielgruppenanalyse schon vermuten, dass sich die restlichen Parameter zum Teil nur schwach eingrenzen lassen werden; daher sollen die Ergebnisse hier nur in Kurzform aufgelistet werden:

1. Zielgruppengröße: 1 – N. Die Zielgruppe kann sowohl aus einer Einzelperson bestehen, die sich die Inhalte im Selbststudium aneignet, als auch aus einer prinzipiell unbegrenzt großen Gruppe, die den Kurs zum Beispiel über das Internet nutzt.

2. Alter der Lernenden: 18 – 60. Der E-Learning-Kurs kann sowohl von jungen Studierenden genutzt werden, als auch von Wissenschaftlern, Dozenten oder anderweitig Interessierten im höheren Alter.

3. Lernort: Beliebig. Es wird lediglich ein Computer benötigt, über den On- oder Offline auf den Kurs zugegriffen werden kann.

4. Computerkompetenz: Niedrig. Es ist lediglich eine grundlegende Vertrautheit mit der Nutzung eines Webbrowsers nötig.

Lehr- und Lernstrategie

Im Grobkonzept ging es bei der Festlegung der Lehr- und Lernstrategie in erster Linie um die Ermittlung der technischen Rahmenbedingungen, da die Kenntnis darüber für die Umsetzung des Grobkonzepts und der noch folgenden Phasen von Bedeutung war. Da die weiteren technischen Rahmenbedingungen in erster Linie vom eingesetzten Autorenwerkzeug abhängig waren, wurde an dieser Stelle die Entscheidung für ein Autorenwerkzeug gefällt, das die gewünschte Lehr- und Lernstrategie unterstützt: Wie bereits in Kapitel 3.2 beschrieben wurde, wurde dafür auf den EXACT PACKAGER in Kombination mit der ONCAMPUS FACTORY zurückgegriffen.

❸ **Umsetzung der Ziele**

Im dritten Schritt erfolgte die Umsetzung der Ziele unter Beachtung des didaktischen Konzepts, das heißt, der aktuelle Skriptabschnitt wurde in Inhaltsseiten eingeteilt und für jede Seite wurden die groben Lernziele benannt (für ein Beispiel siehe Abbildung 4.3). Die Einteilung in Inhaltsseiten wurde so geplant und durchgeführt, dass der Inhalt höchstens den Platz einer Bildschirmseite benötigte. In der Regel wurde das dadurch gewährleistet, dass jede Seite inhaltlich auf nur eine Kernaussage beschränkt wurde, wie es z.B. in Mair (2005, S. 79) empfohlen wird.

❹ **Evaluation**

Im vierten und letzten Schritt des Grobkonzeptzyklus wurden die Ziele und das didaktische Konzept evaluiert. Dazu gehörte insbesondere die kritische Überprüfung, ob der Sollzustand einer ersten E-Learning-gerechten Inhaltsstrukturierung erreicht wurde. Die Einteilung des Quellskripts in Inhaltsseiten wurde zu diesem Zweck noch einmal Schritt für Schritt überprüft und es wurde nach möglichen Verbesserungen gesucht, da Änderungen in diesem frühen Stadium noch keine allzu großen Auswirkungen auf das Gesamtprojekt hatten.

4.1 Grobkonzept

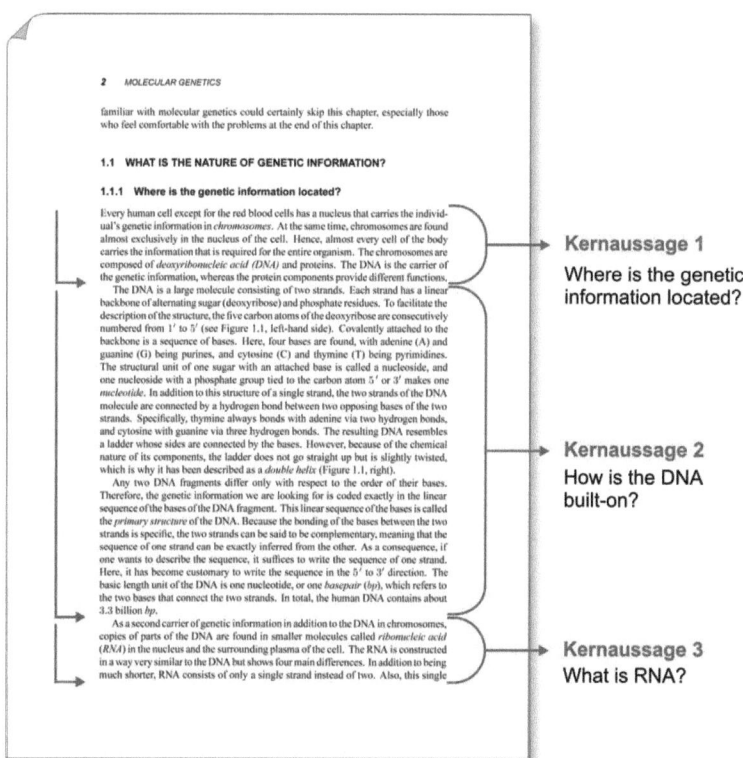

Abbildung 4.3: Beispiel für die Einteilung des Quellskripts in Kernaussagen: Auf Seite 2 des Buchs von Ziegler und König (2006) wurden drei Kernaussagen im dargestellten Abschnitt ermittelt und entsprechend gekennzeichnet. Für jede Kernaussage wurde eine zentrale Frage formuliert, die das dahinter stehende Lernziel auf den Punkt bringt und damit später auch als Überschrift der jeweiligen E-Learning-Inhaltsseite dienen kann.

4.2. Feinkonzept

Das Feinkonzept wurde gemäß Kapitel 2.4 für jeden einzelnen Inhaltsabschnitt analog zum Grobkonzept in einem vierstufigen Zyklus erstellt.

❶ **Ziele des Feinkonzepts**

Ziel des Feinkonzepts war es, das Ergebnis des Grobkonzepts strukturell zu verfeinern und um Ideen und Entwürfe für Interaktionen und Medien zu erweitern.

❷ **Das didaktische Konzept**

Zum didaktischen Konzept des Feinkonzepts gehört, dass eine didaktisch sinnvolle Feinstruktur für die einzelnen Lektionen und Unterkapitel definiert wird. Im Projekt *Training in Genetischer Epidemiologie* wurde folgender, lerntheoretisch anerkannter, Abschnittsaufbau gewählt (vgl. z.B. Kapitelaufbau in Slavin, 2000):

1. Übersicht über die Lernziele

2. Voraussichtlicher Zeitbedarf für die Bearbeitung

3. Einleitung und Motivation

4. Eigentlicher Inhalt

5. Zusammenfassung

Zur Feinstrukturierung gehörte auch die didaktische Reduktion der Inhalte, also eine qualitative und quantitative Beschränkung des Lernstoffes auf die wesentlichen Elemente, mit dem Ziel, Sachverhalte überschaubar und bildschirmgerecht darzustellen. Für die didaktische Reduktion gilt folgende Formel: „So viel, wie für das Lernziel nötig, doch so wenig wie möglich." (Mair, 2005, S. 48).

Um einen einheitlichen Rahmen für die Interaktionen und Medien vorzugeben, wurden hier folgende Richtlinien formuliert:

- Die Bedienelemente der Interaktionen und Medien sollen alle ein einheitliches Design aufweisen, um ein intuitive Handhabung zu begünstigen.

4.2 Feinkonzept

- Bei bei der Mediengestaltung sollen grundsätzlich unauffällige Farben zum Einsatz kommen, um genügend Raum für die gezielte Hervorhebung von wichtigen Inhalten zu lassen (siehe nächster Punkt).

- Alle Hervorhebungen und erklärenden Texte sollen in einem auffälligen roten Farbton erfolgen, der dem Strich eines roten Filzstifts ähnelt, um die Aufmerksamkeit des Lernenden gezielt darauf zu lenken (für Beispiele siehe Kapitel 5.2).

❸ **Umsetzung der Ziele**

Für die Umsetzung des Feinkonzepts wurden die einzelnen Kernaussagen aus dem Grobkonzept schrittweise durchgegangen und auf vorläufige Drehbuchseiten übertragen (für ein Beispiel siehe Abbildung 4.4). Danach wurden für jede Seite die Feinlernziele formuliert und die Struktur wurde, wie zuvor definiert, verfeinert. Außerdem wurden Ideen und Skizzen für Interaktionen und Medien direkt auf den betreffenden Seiten ergänzt. Dazu wurde die aktuelle Version des Feinkonzepts kapitelweise auf Papier ausgedruckt. Diese Vorgehensweise war wichtig und wird beispielsweise auch in Mair (2005, S. 10) empfohlen, da aussagekräftige Skizzen per Hand nach wie vor viel schneller zu erstellen sind als am Computer.

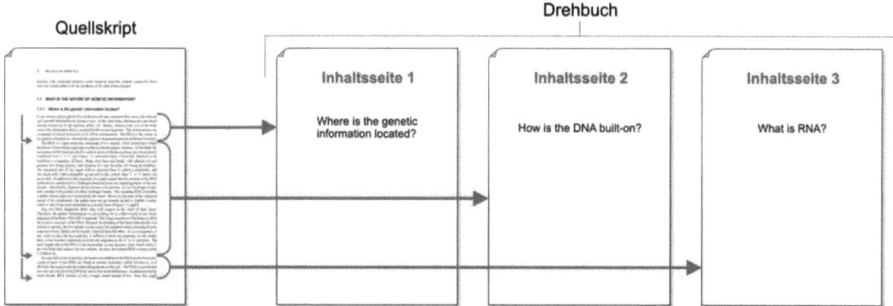

Abbildung 4.4: Beispiel für die Einteilung des Quellskriptes in Drehbuchseiten: Aus den drei Kernaussagen auf Seite 2 des Buchs von Ziegler und König (2006) wurden mit der LaTeX-basierten Drehbuchumgebung (siehe Kapitel 3.2) direkt drei Drehbuchseiten entwickelt. Bei der Entwicklung des Feinkonzepts wurde für jede Inhaltsseite zunächst das grobe Lernziel mit Hilfe einer prägnanten Überschrift festgehalten.

Darüber hinaus wurde an dieser Stelle auch das Konzept für die Lernerfolgskontrolle bestimmt. Zur Wahl standen zwei Konzepte:

1. Einbettung der Lernaufgaben thematisch hinter dem zugehörigen Lerninhalt, also

Konzeption des E-Learning-Kurses

Verteilung der Aufgaben über die Inhaltsseiten des gesamten Kurses.

2. Am Ende jedes Kapitels ein Abschnitt mit Lernaufgaben, die das Wissen des gesamten Kapitels abfragen und trainieren.

Die Entscheidung wurde zugunsten des zweiten Konzepts gefällt, da es die Lernenden ermuntert, sich die Inhalte eines Kapitels über längere Zeit zu merken, zumindest bis zum Ende des jeweiligen Kapitels. Das erste Konzept hat mehr einen Trainingscharakter und ist daher weniger gut zur Lernerfolgskontrolle geeignet als das zweite Konzept. Vergleichen lässt sich das zum Beispiel mit einer Vorlesung, bei der die Abschlußprüfung zum Erwerb des Scheins am Ende des Semesters durchgeführt wird und nicht zum Ende jeder einzelnen Vorlesungsstunde. Das regelmäßige Training des Vorlesungsinhalts ist nicht Aufgabe der Abschlußprüfung, sondern erfolgt häufig mit Hilfe von schriftlichen Übungsaufgaben und Übungsstunden. Das Training im Projekt *Training in Genetischer Epidemiologie* soll zwar auch durch die Lernaufgaben unterstützt werden, das kontinuierliche Training auf jeder Inhaltsseite soll aber in erster Linie mit Hilfe von Interaktionen erfolgen.

❹ Evaluation

Im vierten Schritt wurde das erstellte Feinkonzept evaluiert. Hier galt das gleiche wie für das Grobkonzept: Der kritische Vergleich zwischen Ist- und Soll-Zustand und das frühzeitige Erkennen von Verbesserungsmöglichkeiten haben zur erfolgreichen Umsetzung des E-Learning-Kurses beigetragen.

4.3. Drehbuch

Das Drehbuch wurde für jeden Inhaltsabschnitt gemäß des Vorgehensmodells in Kapitel 2.4 für jeden einzelnen Inhaltsabschnitt wieder in einem vierstufigen Zyklus erstellt.

❶ **Ziele des Drehbuchs**

Im ersten Schritt des Drehbuch-Zyklus wurden wieder die Ziele formuliert: Die in den beiden vorhergehenden Phasen abgegrenzten Inhaltsseiten sollen für das Lernen und Arbeiten am Bildschirm optimiert werden. Außerdem sollen alle Multimedia-Objekte jeweils durch ein eigenes Drehbuch genau spezifiziert werden.

❷ **Das didaktische Konzept**

Für das didaktische Konzept des Drehbuchs wurde festgehalten, dass zur Lenkung der Aufmerksamkeit des Lernenden auf den Lernstoff sowie zur Steigerung der Motivation sowohl Marginalien, Schlagworte, farbiger Text (Blau für die Kennzeichnung von Hyperlinks, Rot für „Achtung! Aufpassen.", Orange für wichtige Inhalte), graphische Textkennzeichnungen als auch Identifikationsfiguren (siehe Abbildung 3.8) eingesetzt werden sollten.

❸ **Umsetzung der Ziele**

Bei der Umsetzung der Ziele des Drehbuchs unter Beachtung des didaktischen Konzepts wurden die Inhaltsseiten Schritt für Schritt mit passenden Marginalien und Schlagworten angereichert. Wichtige Textpassagen und Schlagworte wurden kategorisiert und entsprechend farbig hervorgehoben. Inhaltsabschnitte, bei denen der Textinhalt nicht zusätzlich durch Interaktionen oder andere Medien veranschaulicht werden musste, wurden mit passenden Identifikationsfiguren versehen. Die geplanten Interaktionen und Animationen wurden mit der LaTeX-basierten Drehbuchumgebung jeweils durch ein eigenes Drehbuch genau spezifiziert (für ein Beispiel siehe Abbildung 3.3).

❹ **Evaluation**

Abschließend wurde das Drehbuch genau wie die zwei vorangegangenen Zyklen evaluiert. Dazu wurde wieder ein Kritischer Vergleich zwischen Ist- und Soll-Zustand durchgeführt.

5. Umsetzung

In diesem Kapitel geht es um die Ergebnisse der eigentlichen Umsetzung des E-Learning Kurses. Dazu gehören zum einen die mit dem Autorenwerkzeug erstellten Lerneinheiten und zum anderen die dafür eigens produzierten Multimedia-Elemente, also die fertigen Interaktionen, Medien und Lernaufgaben.

Die Umsetzung ist der vierte Zyklus im hier benutzten Vorgehensmodell (siehe Abbildung oben rechts). Die Umsetzung jedes Inhaltsabschnitts ist also wieder in die Teilschritte ❶ – ❹ aufgeteilt.

❶ **Ziele der Umsetzung**

Ziel der Umsetzung eines jeden Inhaltsabschnitts war es, eine funktionsfähige E-Learning-Lerneinheit zu erhalten. Jeder fertige Inhaltsabschnitt, der zur einfacheren und flexibleren Handhabung einzeln als kleineres Teilproblem bearbeitet wurde, sollte sich am Ende in den ganzheitlichen E-Learning-Kurs problemlos einfügen lassen.

❷ **Das didaktische Konzept**

Für das didaktische Konzept der Umsetzungsphase wurde festgelegt, dass bei der Umsetzung die grundlegenden Richtlinien aus Mair (2005, S. 124–128) und Herczeg (1994), die die Ästhetik der Medien und die Ergonomie des Moduls sichern, beachtet werden sollten.

❸ **Umsetzung der Ziele**

Es erfolgte die Implementierung gemäß dem Drehbuch. Das bedeutet, es wurde die Inhaltsstruktur in den EXACT PACKAGER beziehungsweise die ONCAMPUS FACTORY übertragen und die Textinhalte wurden eingefügt. Abbildung 5.1 zeigt beispielhaft, wie die Umsetzung von Inhaltsseiten im Kontext vom Quellskript und dem Drehbuch durchgeführt wurde. In Kapitel 5.1 kann sich der geneigte Leser ein Bild von den Ergebnissen machen.

Umsetzung

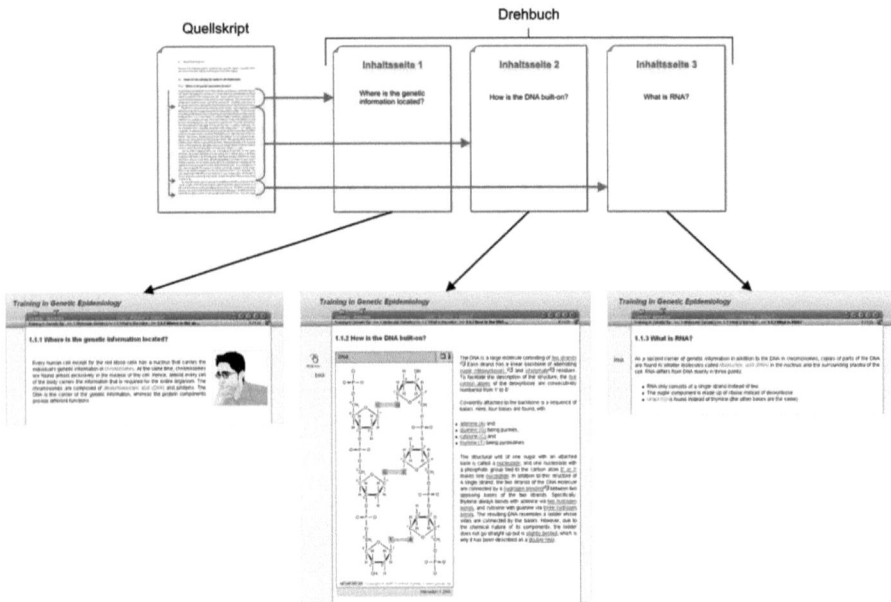

Abbildung 5.1: Schematische Darstellung der Umsetzung von Inhaltsseiten gemäß Drehbuch am Beispiel von Seite 2 des Buchs von Ziegler und König (2006), aufbauend auf die Abbildungen 4.3 und 4.4. Abgebildet sind drei fertige Inhaltsseiten, die mit dem EXACT PACKAGER bzw. der ONCAMPUS FACTORY umgesetzt wurden. Auf der ersten Inhaltsseite ist eine Identifikationsfigur zu sehen, in die zweite Seite wurde eine Interaktion integriert, die gemäß einem eigens definierten Drehbuch mit Flash (siehe Kapitel 3.2.4) implementiert wurde.

Die Kapitel 5.2 – 5.2.3 beschreiben, wie die Multimedia-Elemente mit den jeweils dafür am besten geeigneten Werkzeugen erstellt wurden. Um die Vorteile einer agilen Softwareentwicklung (z.B. Flexibilität) ausnutzen zu können, wurden die Arbeiten mit dem Autorenwerkzeug sowie die Produktion der Multimedia-Elemente häufig quasi-parallel durchgeführt. Die hier gewählte Kapitelstruktur entspricht also nicht unbedingt der tatsächlichen Abfolge während der Entwicklung.

❹ **Evaluation**

Die Funktionsfähigkeit der umgesetzten Lerneinheiten wurde mit sogenannten Modultests überprüft, das heißt, alle Komponenten und Module des E-Learning-Systems wurden für sich isoliert auf Funktionsfähigkeit und Fehlerfreiheit getestet. Nach Abschluss der Modultests wurde ein sogenannter Integrationstest durchgeführt, das heißt, die fertigen Inhaltsabschnitte und Einzelkomponenten des komplexen E-Learning-Systems, die zur einfacheren

Handhabung einzeln, als kleinere Teilprobleme bearbeitet wurden, wurden im Zusammenspiel miteinander getestet.

Bei diesen Tests ging es in erster Linie um die Absicherung der technischen Funktionsfähigkeit der Lerneinheiten. Die Evaluation durch Benutzer, in der das Projekt auch bezüglich anderer Erfolgsfaktoren überprüft werden kann (z.B. in Bezug auf das Lehr- und Lernkonzept), erfolgt in Kapitel 6.

Umsetzung

5.1. Mit dem Autorenwerkzeug produzierte Lernseiten

Um die Ergebnisse der Umsetzung zu veranschaulichen, sollen an dieser Stelle einige ausgewählte Inhaltsseiten aus dem fertigen Kurs *Training in Genetischer Epidemiologie* präsentiert werden. Dabei wird noch nicht auf die dort enthaltenen Mutlimedia-Objekte eingegangen, da diese im nachfolgenden Kapitel gesondert betrachtet werden sollen. Nur auf diese Weise kann genügend Raum geschaffen werden, um auf die jeweiligen Besonderheiten in angemessener Weise einzugehen.

Es wird hier bewusst darauf verzichtet, ganze Abschnitte oder gar den gesamten E-Learning Kurs abzubilden. Das würde zum einen den Rahmen dieser Arbeit sprengen, zum anderen reichen die Freiheitsgrade eines gedruckten Dokuments natürlich nicht ansatzweise aus, um ein technologiebasiertes Lernmodul in adäquater Art und Weise darzustellen. Der Leser sei daher bei Interesse am gesamten Kurs auf die Online-Version (siehe Kommunikationsplattform, Kapitel 5.3) verwiesen.

Die Abbildungen 5.2 – 5.5 zeigen vier ausgewählte Lernseiten des fertigen Kurses *Training in Genetischer Epidemiologie*. Die Abbildungen sollen dem Leser ein Gefühl für die Lernumgebung geben sowie die Bandbreite der eingesetzten didaktischen Techniken illustrieren. Der erste Überblick über die Inhalte des Kurses ist klar strukturiert (Abbildung 5.2); wichtige Textpassagen werden sinnvoll hervorgehoben, Literaturverweise sind direkt im Text verlinkt (Abbildung 5.3); um dem Benutzer die Orientierung innerhalb einer Lernseite zu erleichtern, sind unter anderem Beispiele, Formeln und Tabellen entsprechend am linken Rand gekennzeichnet (Abbildung 5.4); inhaltliche Zusammenhänge werden neben der textuellen Beschreibung häufig auch visuell dargestellt (Abbildung 5.5).

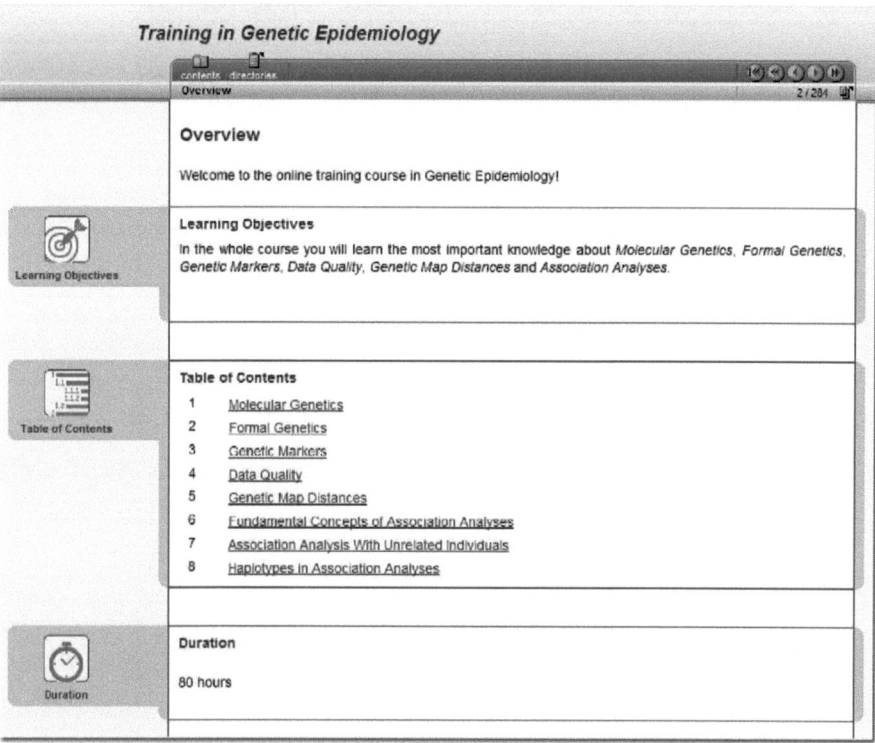

Abbildung 5.2: Screenshot des Kursüberblicks. Es sind die Kursziele, ein erster Inhaltsüberblick sowie der geschätzte Zeitaufwand in kompakter Form dargestellt.

Umsetzung

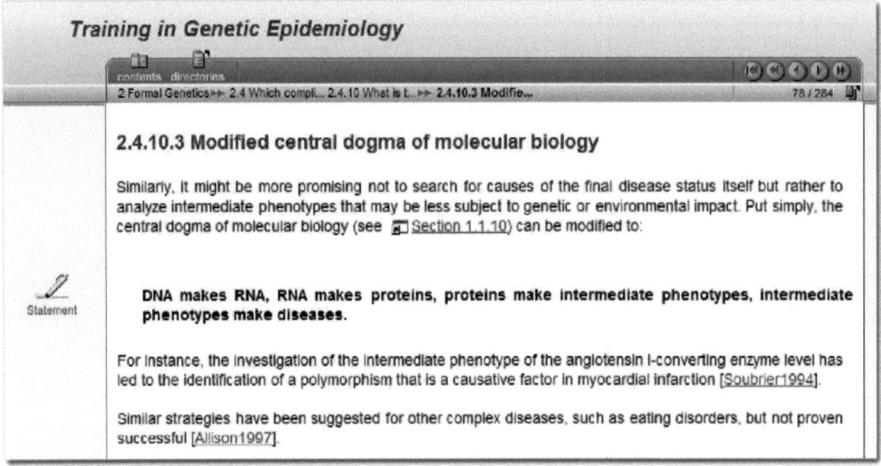

Abbildung 5.3: Screenshot einer Textseite. Wichtige Textpassagen sind didaktisch sinnvoll hervorgehoben; im dargestellten Beispiel kennzeichnet *Statement*, dass es sich um einen wichtigen Merksatz handelt. Literaturverweise sind direkt mit dem Literaturverzeichnis verlinkt.

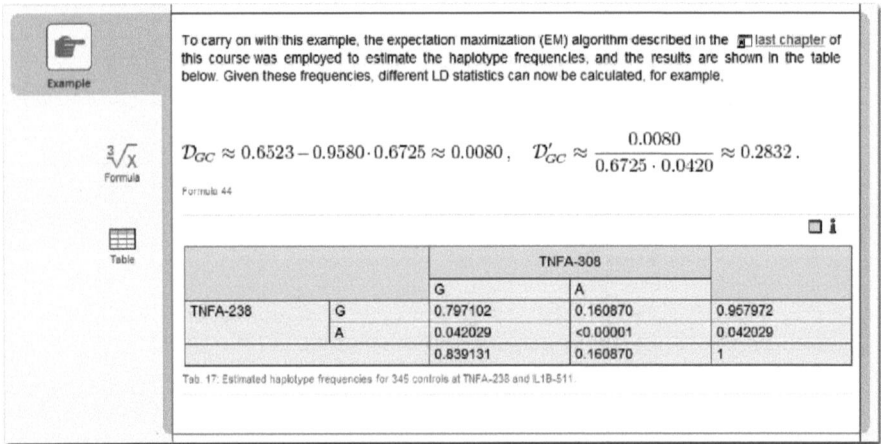

Abbildung 5.4: Screenshot einer Inhaltsseite mit Beispiel. Alle Beispiele im Kurs sind durch einen Rahmen deutlich vom übrigen Inhalt abgegrenzt. Zur Erleichterung der Orientierung sind Formeln und Tabellen mit einem passenden Symbol am linken Rand als solche gekennzeichnet.

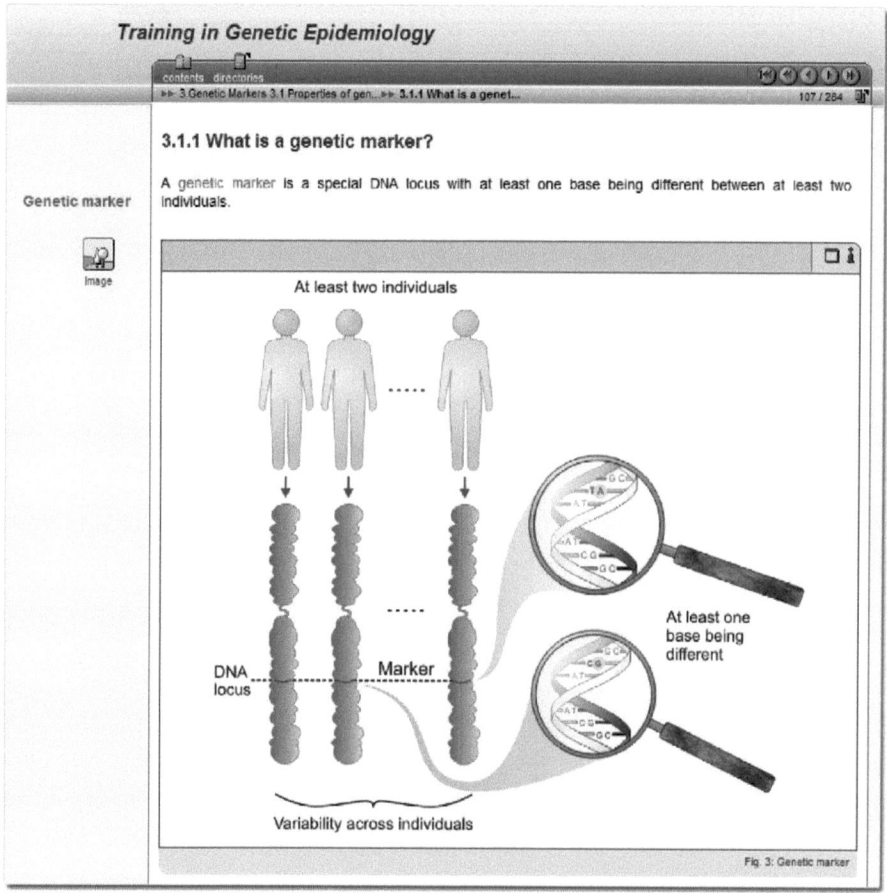

Abbildung 5.5: Screenshot einer Inhaltsseite mit Abbildung. Häufig werden inhaltliche Zusammenhänge neben der textuellen Beschreibung zusätzlich anhand einer visuellen Darstellung erläutert.

5.2. Multimedia-Elemente

In diesem Teil der Arbeit sollen die fertigen Multimedia-Elemente des E-Learning-Kurses anhand von ausgewählten Beispielen präsentiert werden. Im ersten Teil wird auf die unterschiedlichen Interaktionen und deren Besonderheiten eingegangen. Im zweiten Teil folgt die Betrachtung eines neuen Flash-Moduls zur erweiterten Darstellung von Familienstammbäumen (vgl. Kapitel 2.3). Im letzten Teil soll auf das im Rahmen dieser Arbeit entwickelte Übungsaufgaben-Modul *ReT3* zur Einbettung in Online-Trainingskurse eingegangen werden.

5.2.1. Interaktionen

Alle Interaktionen im Kurs *Training in Genetischer Epidemiologie* werden ausschließlich mit der Maus bedient. Das bedeutet, durch Bewegen der Maus wird der Mauszeiger an die gewünschte Stelle bewegt, und durch Betätigen der linken oder rechten Maustaste kann der Benutzer Aktionen, z.B. Zustandsänderungen, auslösen.

Zwei Arten von Interaktionen kommen besonders häufig vor. Die Namen dieser Interaktionen leiten sich von der Art ab, wie sie mit der Maus bedient werden:

- Klick-Interaktion. Aktionen werden durch einen Klick mit der linken oder rechten Maustaste ausgelöst.

- Mouse-Over-Interaktion, auch Rollover-Interaktion genannt. Aktionen werden durch die Bewegung des Mauszeigers auf aktive Regionen ausgelöst. Es handelt sich dabei um vorab definierte Regionen, an denen ein sogenannter Event-Handler (dtsch. Ereignisbehandler) „lauscht", ob das Mausereignis „Mouse-Over" eingetreten ist und gegebenenfalls ein bestimmtes Ereignis auslöst.

Darüber hinaus kommt hier noch ein spezielles Mouse-Over-Konzept zum Einsatz, das eigens für dieses Projekt entwickelt wurde: Die bidirektionale Mouse-Over-Interaktion. Die Funktionsweise, der didaktische Hintergrund sowie die dem Konzept zugrunde liegende Idee sollen nachfolgend kurz beschrieben werden.

Um Studierenden in einer Vorlesung komplexe Inhalte zu vermitteln, versuchen Dozenten häufig, verschiedene Sinne der Lernenden anzusprechen. So wird der gesprochene oder

5.2 Multimedia-Elemente

Abbildung 5.6: Illustration der Hintergrundidee zum bidirektionalen Mouse-Over-Konzept: Der Dozent zeigt mit seinem Zeigestock auf die Darstellung seines gesprochenen Wortes, d.h. er stellt eine unmittelbare Beziehung zwischen Text und Bild her.

an die Tafel geschriebene Text häufig mit Hilfe einer grafischen Darstellung zusätzlich illustriert. Der Text wird unmittelbar mit der passenden Abbildung in Beziehung gesetzt. In Abbildung 5.6 spricht der Dozent vom „grünen Dreieck" und zeigt gleichzeitig auf die passende Abbildung an der Tafel. Die Studierenden hören oder lesen also einen Textabschnitt, während die zugehörige graphische Darstellung hervorgehoben wird. Es wurde versucht, dieses Prinzip auf ein technisches Konzept für den E-Learning-Kurs zu übertragen. Das Ergebnis ist in Abbildung 5.7 schematisch dargestellt. Die Idee ist, dass wichtige

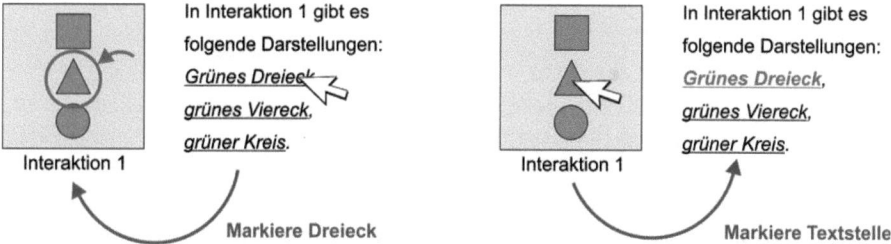

Abbildung 5.7: Illustration des bidirektionalen Mouse-Over-Konzepts. Es gibt eine bidirektionale Kommunikation zwischen Interaktion und Inhaltstext. Im Beispiel auf der linken Seite bewegt der Lernende den Mauszeiger über den Text, den er graphisch illustriert haben möchte. Daraufhin wird im Hintergrund der Befehl „Markiere Dreieck" ausgesandt und das Dreieck wird auffällig hervorgehoben, so, als würde ein Dozent darauf zeigen. Im Beispiel auf der rechten Seite schaut sich der Lernende anhand der Interaktion ein Element an, das ihn interessiert (hier: Das Dreieck). Daraufhin wird im Hintergrund der Befehl „Markiere Textstelle" ausgesandt und der passende Textteil wird auffällig hervorgehoben.

Textstellen besonders gekennzeichnet werden, zum Beispiel mit einem Unterstrich. Wenn der Lernende, während er den Lerntext liest, den Mauszeiger über die gekennzeichneten

Umsetzung

Textstellen bewegt, dann werden in der neben dem Text platzierten Interaktion die passenden Abbildungen auffällig hervorgehoben, so, als würde ein Dozent mit seinem Zeigestock darauf zeigen. Der Lernende hat außerdem die Möglichkeit, von der Interaktion auszugehen und nicht vom Text, das heißt, er kann sich bestimmte Stellen innerhalb der Interaktion anschauen und der zugehörige Textteil wird dann farbig hervorgehoben. Es wird also in umgekehrter Richtung eine Beziehung vom Bild zum Text hergestellt. Bei der Umsetzung des bidirektionalen Mouse-Over-Konzepts war zu beachten, dass die Interaktionen in jedem Fall getrennt vom Inhaltstext bleiben sollten. Das heißt, es sollte auf keinen Fall umfangreicherer Inhaltstext in die Interaktionen eingebaut werden, um beispielsweise die Nachhaltigkeit der Inhalte nicht zu gefährden. Außerdem lassen sich längere Texte, die mit Flash erstellt wurden, nur schwer am Bildschirm lesen, da die Schrift automatisch geglättet wird.

Wie oben angekündigt, folgen nun ausgesuchte Beispiele zur Illustration der verschiedenen Interaktionen im E-Learning-Kurs. Es werden zunächst drei klassische Interaktionen vorgestellt: Eine Klick-Interaktionen, eine „Drag and Drop"-Interaktion und eine Mouse-Over-Interaktion. Danach folgen zwei bidirektionale Mouse-Over-Interaktionen.

Beispiel für eine Klick-Interaktion: *Die genetische Transkription*

Abbildung 5.8 zeigt vier ausgewählte Zustände einer Klick-Interaktion zur Illustration der genetischen Transkription, also der Synthese von RNA anhand der DNA. In diesem Beispiel handelt es sich um eine Bewegtbild-Animation, die an bestimmten Stellen automatisch pausiert, damit der Lernende die Informationen besser aufnehmen und das Gesehene verstehen kann. Mit einem Maus-Klick auf den rot umrandeten „Abspielen"-Knopf, wird die Animation fortgesetzt, so lange, bis das nächste „Pause-Signal" den Film anhält. Der Lernende hat darüber hinaus die Möglichkeit, die Animation nach eigenem Belieben zu steuern. Dafür stehen ein Pause- und Stop-Knopf sowie Knöpfe für schnellen Vor-/Rücklauf und Sprung zum vorherigen oder nächsten Kapitel zur Verfügung.

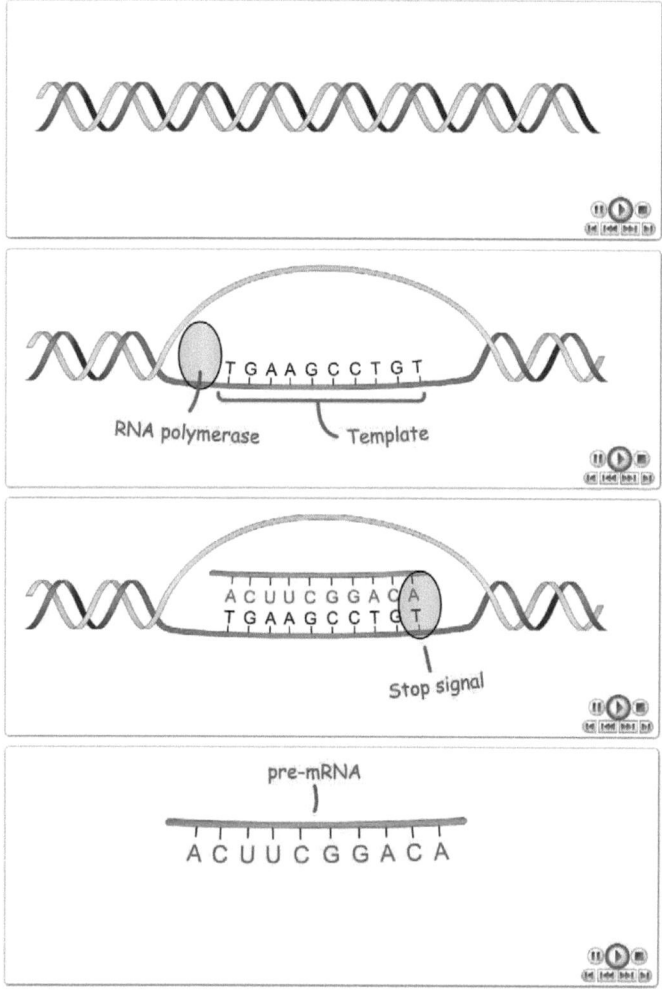

Abbildung 5.8: Flash-Interaktion zur Illustration der Transkription. Beispielhaft abgebildet sind vier Teilbilder, in denen die Bewegtbild-Animation pausiert. In der rechten unteren Ecke befindet sich das Bedienfeld, das auf die Mausklicks des Benutzers reagiert.

Umsetzung

Beispiel für eine „Drag and Drop"-Interaktion: *De Finetti Diagramm*

Abbildung 5.9 zeigt ein Beispiel für eine „Drag and Drop"-Interaktion, die sich dadurch auszeichnet, dass der Benutzer ein Objekt in der Interaktion ziehen und fallenlassen kann. Der besondere Reiz dieser Art der Interaktion liegt darin, dass das „Ziehen" in der Regel stufenlos animiert ist, und dass das „Fallenlassen" prinzipiell an einer beliebigen Stelle auf der Interaktion möglich ist. Dadurch können beispielsweise sehr kleine Zwischenschritte dargestellt werden, das heißt, der Lernende kann Vieles selber ausprobieren.

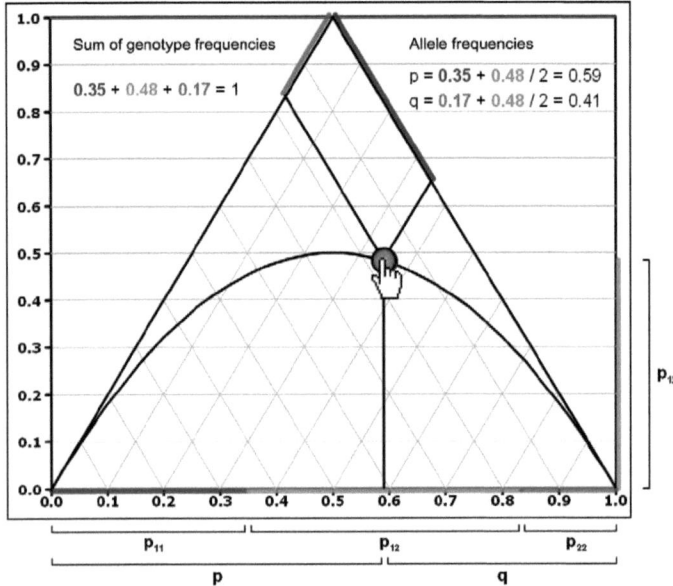

Abbildung 5.9: Flash-Interaktion zur Illustration des Hardy-Weinberg-Gesetzes. Die Interaktion stellt alle Genotyp- und Allel-Frequenzen, die sich perfekt im Hardy-Weinberg-Gleichgewicht befinden, als Kurve in einem gleichseitigen Dreieck dar. Diese Form der Darstellung wird auch *De Finetti Diagramm* (Cannings und Edwards, 1968) oder *Ternary Plot* (engl.) genannt. Mit Hilfe der Geraden, die parallel zu den Dreiecksseiten liegen und den gewünschten Punkt auf der Kurve schneiden, lassen sich die Genotypfrequenzen ablesen. Der Benutzer kann den blauen Punkt mit der Maus anklicken und auf der Kurve verschieben (Drag-Funktion). Wenn die Maus losgelassen wird (Drop-Funktion), wird die letzte Position beibehalten. Das ermöglicht dem Benutzer, einzelne Zustände in aller Ruhe zu betrachten.

5.2 Multimedia-Elemente

Beispiel für eine klassische Mouse-Over-Interaktion: *Codon*

Ziel der in Abbildung 5.10 dargestellten Interaktion ist es, dem Lernenden den Umgang mit der so genannten Codon-Tabelle zu illustrieren. Das Codon wird benutzt, um eine RNA-Sequenz in seine zugehörige Aminosäure zu übersetzen. Mit Hilfe dieser Interaktion soll der Lernende die verschiedenen Übersetzungsmöglichkeiten auf anschauliche Weise kennenlernen. Aus technischer Sicht handelt es sich dabei um eine klassische Mouse-Over-Interaktion, das heißt, der Zustand der Interaktion ändert sich in Abhängigkeit von der Position des Mauszeigers auf der Interaktion selbst. Sobald der Mauszeiger eine Position außerhalb der Interaktion einnimmt, nimmt die Interaktion automatisch wieder ihren Ausgangszustand an.

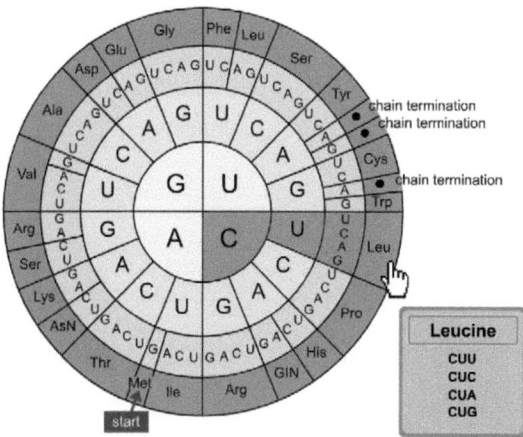

Abbildung 5.10: Flash-Interaktion zur Illustration des Codons. Der Mauszeiger befindet sich aktuell über der Aminosäure *Leucine*. Dadurch wurden die Basen der möglichen Codes rot hervorgehoben. Zusätzlich wurde auf der rechten, unteren Seite eine kleine Tafel geöffnet, auf der die möglichen Codes noch einmal separat dargestellt sind. Dadurch wird z.B. sofort ersichtlich, dass die Codon-Tabelle immer von innen nach außen gelesen wird.

Umsetzung

Beispiel für eine bidirektionale Mouse-Over-Interaktion: *DNA*

In Abbildung 5.11 ist der Ausgangszustand einer bidirektionalen Mouse-Over-Interaktion zur Illustration der Desoxyribonukleinsäure zu sehen. Abbildung 5.13 zeigt den ersten Teil des Textes, der neben der Interaktion auf der Kursseite platziert ist. Der Mauszeiger wurde über den Text „two strands" bewegt, worauf sich der Zustand der Interaktion so ändert, wie in Abbildung 5.12 dargestellt ist. Es wird also der inhaltlich passende Teil farbig gekennzeichnet.

In den Abbildungen 5.14 – 5.19 sind beispielhaft sechs weitere mögliche Zustände dieser Interaktion abgebildet, die in Abhängigkeit von der Position des Mauszeigers eingenommen werden. Das bidirektionale Mouse-Over-Konzept wurde so implementiert, dass die Interaktionen automatisch in den Ausgangszustand zurückkehren, sobald der Mauszeiger von dem entsprechenden aktiven Textabschnitt wegbewegt wird. Um einen Zustand vorübergehend zu speichern, beispielsweise um eine Abbildung in Ruhe und unabhängig von der Mausposition zu betrachten, genügt es, den passenden Textteil mit der linken Maustaste anzuklicken.

5.2 Multimedia-Elemente

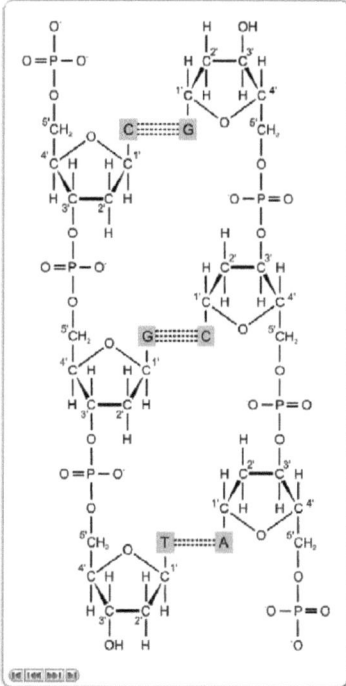

Abbildung 5.11: Schematische Darstellung der Desoxyribonukleinsäure (engl. deoxyribonucleic acid, DNA).

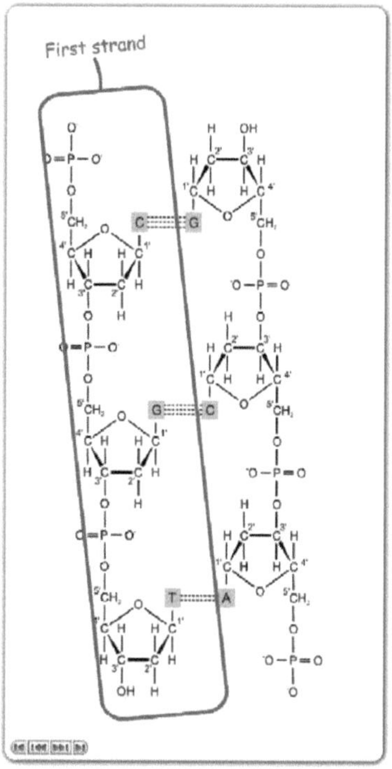

Abbildung 5.12: Den Lerntext näher erklärende Kennzeichnung des ersten Strangs der DNA.

> The DNA is a large molecule consisting of two strands.
> Each strand has a linear backbone of alternati sugar (deoxyribose) and phosphate residues.
> To facilitate the description of the structure, the five carbon atoms of the deoxyribose are consecutively numbered from 1' to 5'.

Abbildung 5.13: Erster Teil des Textes, der neben der Interaktion aus Abbildung 5.11 auf der Kursseite platziert ist. Vier Stellen des abgebildeten Textes sind sichtbar Maus-aktiv (unterstrichen und blau eingefärbt). Drei Textstellen besitzen zusätzlich ein kleines Maus-Symbol, das darauf hinweist, dass ein Mausklick die Interaktion in einen anderen Zustand versetzt. Beispielsweise würde ein Klick auf „two strands" nicht mehr den ersten Strang rot umrahmen (Abbildung 5.12), sondern den zweiten Strang.

Umsetzung

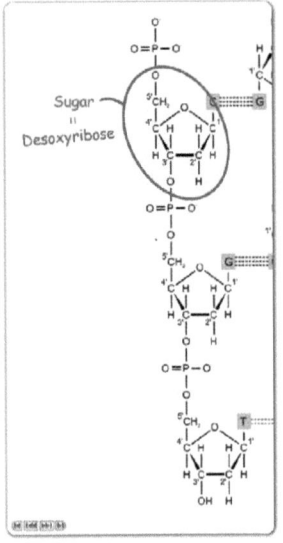

Abbildung 5.14: Illustration der Desoxyribose.

Abbildung 5.15: Illustration der Kohlenstoffatome der Desoxyribose.

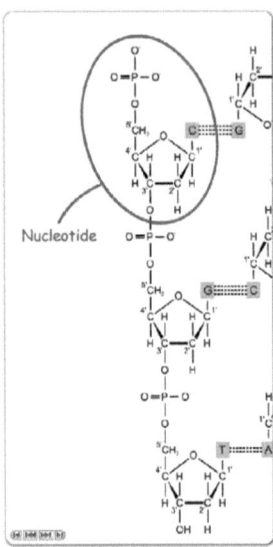

Abbildung 5.16: Illustration eines Nukleotids.

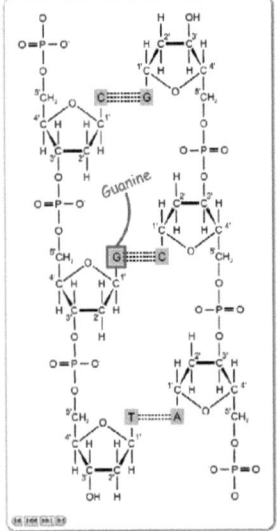

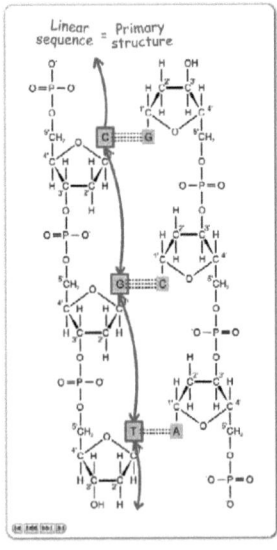

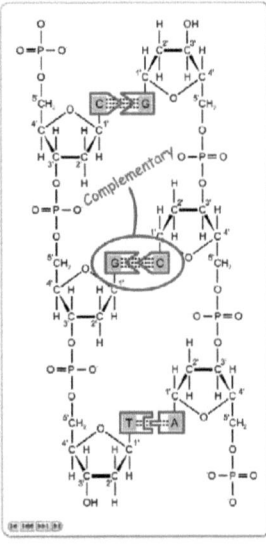

Abbildung 5.17: Illustration der Nukleinbase Guanin.

Abbildung 5.18: Illustration der Linearsequenz der DNA.

Abbildung 5.19: Illustration der komplementären Nukleinbasen.

5.2 Multimedia-Elemente

Beispiel für eine bidirektionale Mouse-Over-Interaktion: *Meiose*

In Abbildung 5.20 ist eine fertige Inhaltsseite aus dem Kurs *Training in Genetischer Epidemiologie* mit einer bidirektionalen Mouse-Over-Interaktion zur Illustration der Meiose zu sehen. Abbildung 5.21 zeigt die möglichen Zustände, in denen sich die Interaktion befinden kann.

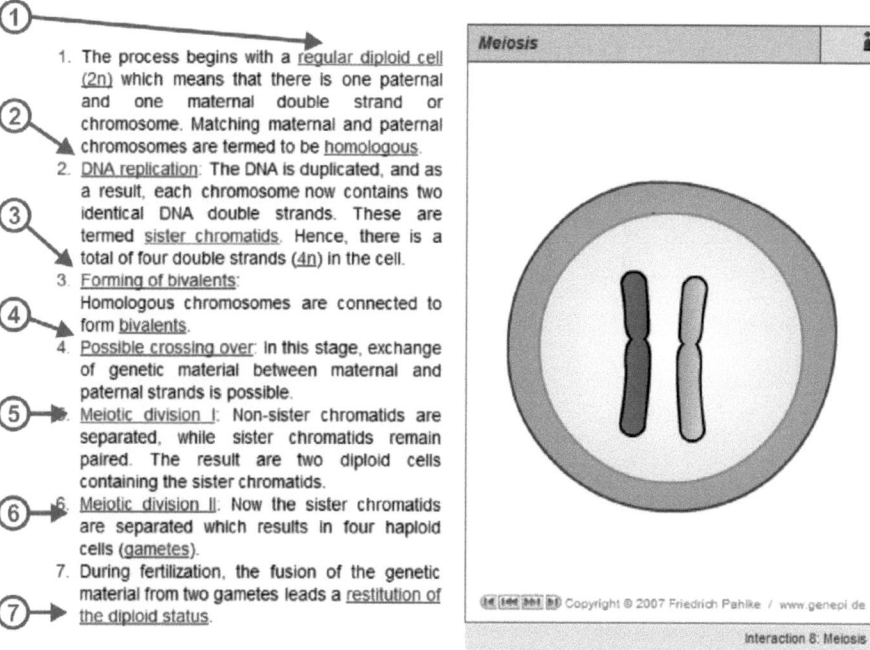

Abbildung 5.20: Screenshot der Inhaltsseite mit der bidirektionalen Mouse-Over-Interaktion *Meiose*. Die Interaktion hat sieben Zustände, die durch Bewegen der Maus über die als Hyperlink gekennzeichneten Textstellen (blau eingefärbt und unterstrichen) einzeln eingenommen werden können. Die roten Pfeile und Zahlen 1 – 7 illustrieren, welche Textstelle welchen Zustand in Abbildung 5.21 hervorruft.

Umsetzung

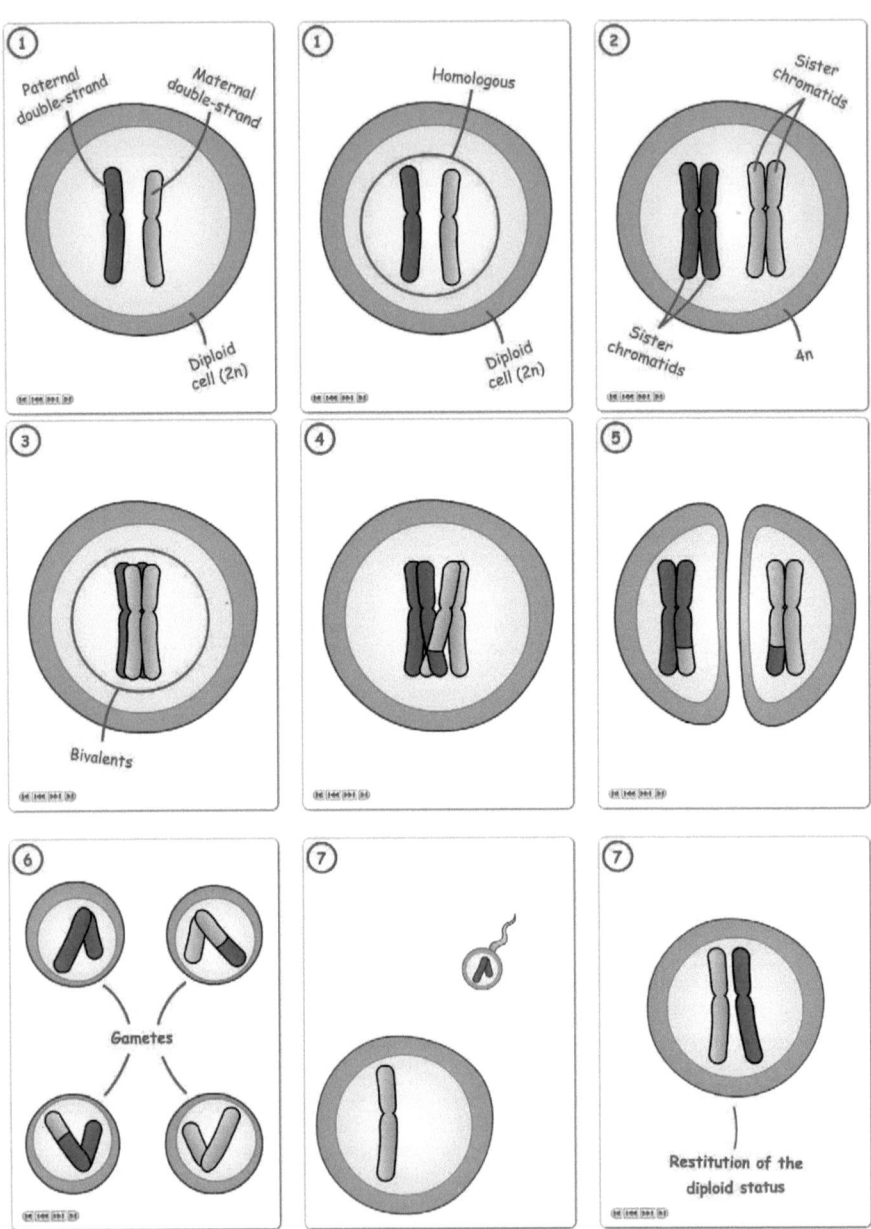

Abbildung 5.21: Flash-Interaktion zur Illustration der Meiose (Reifeteilung). Beispielhaft abgebildet sind neun Teilbilder, die die wichtigsten Stadien der Meiose schematisch darstellen.

5.2.2. Kodierung und Darstellung von Stammbäumen

Wie in Kapitel 2.3 erläutert wurde, existierte bisher kein Kodierungsformat, das für die besonderen Anforderungen in der technologiegestützten Lehre (siehe Kapitel 2.3.2) geeignet ist. Aus diesen Gründen wurde das eXtended Generation bAsed Pedigree (kurz: XGAP) Format entwickelt (Pahlke et al., 2007). Es ermöglicht eine flexible und um diverse Zusatzinformationen erweiterbare Definition von Stammbäumen und bleibt mit seiner XML-Basis trotzdem gut lesbar. Für den direkten praktischen Einsatz in der technologiegestützten Lehre wurde zudem das Flash-Programm PEDCHART entwickelt (Pahlke et al., 2007), das eine interaktive Darstellung per XGAP-Format definierter Stammbäume ermöglicht.

Das XGAP-Format

```xml
<?xml version="1.0"?>
<pedigree format="xgap" id="1">
   <generation name="F1">
      <couple id="c1">
         <person id="p1" sex="male" affection="1" />
         <person id="p2" sex="female" />
      </couple>
      <generation name="F2">
         <person id="p3" father="p1" mother="p2" sex="male" />
         <person id="p4" father="p1" mother="p2" sex="female" />
      </generation>
   </generation>
</pedigree>
```

Abbildung 5.22: Beispiel für einen XGAP-kodierten Stammbaum. Der Stammbaum enthält in der F1-Generation ein Elternpaar mit einem erkrankten Vater und in der F2-Generation zwei gesunde Kinder.

Das XGAP-Format zeichnet sich durch folgende Punkte aus:

- Das Format ist leicht lesbar, weil die einzelnen Generationen und Elternpaarungen sofort ersichtlich sind. Bereits bei der Betrachtung der XGAP-Datei in einem beliebigen Editor ist der Stammbaum nachvollziehbar (siehe Abbildung 5.22).

- Das Format ist flexibel einsetzbar, weil es auf XML basiert und ein XML-Schema[1] zur Validierung bereitgestellt wird (die vollständige XML-Schema-Datei ist in Anhang D abgedruckt).

---
[1] Mit Hilfe eines XML-Schemas (XSD = XML-Schema-Definition) lässt sich exakt die Struktur des XML-Dokuments beschreiben. Das XML-Schema kann dann z.B. zusammen mit geeigneter Software zur Validierung von XML-Dokumenten benutzt werden.

Umsetzung

- Über entsprechende XML-Attribute ist es möglich, erweiterte Informationen direkt einzubinden:

  - Geschlecht: Männlich, weiblich, unbekannt,
  - Krankheitsstatus: Nicht erkrankt, erkrankt, Überträger, unbekannt,
  - Personenname,
  - Eltern bzw. Vater und Mutter,
  - Person verstorben (Ja / Nein),
  - Marker-Allele,
  - Haplotypen,
  - es handelt sich um den Index-Proband (Ja / Nein),
  - die Personen bei der Darstellung durchnummerieren (Ja / Nein),
  - Generationenname,
  - IBS- und/oder IBD-Wert anzeigen (Ja / Nein),
  - Zwillingsstatus.

Eine ausführliche Beschreibung der möglichen XML-Knoten, ihrer Argumente und ihrer Zusammenhänge findet sich in Anhang D.

PEDCHART

Für die Darstellung von XGAP-kodierten Stammbäumen am Bildschirm wurde das Flash-Programm PEDCHART entwickelt. Das Programm lässt sich in beliebige Webseiten integrieren und liest bei jedem Aufruf der Seite die XGAP-Datei ein, die im gleichen Verzeichnis liegt und abgesehen von der Dateiendung den gleichen Namen trägt. Das macht die Benutzung von PEDCHART sehr einfach, da keinerlei Konfigurationen nötig sind, sondern lediglich der Dateiname angepasst werden muss. PEDCHART benötigt lediglich 18 KB Speicherplatz und ist damit auch für den Einsatz in Online-Kursen geeignet. Optional kann PEDCHART verschiedene Zusatzinformationen sowie Informationen die das Verständnis des Stammbaums erleichtern in interaktiven Pop-Up-Fenstern darstellen. Wenn der Benutzer mit der Maus über bestimmte Regionen fährt, erscheint beispielsweise das Geschlecht oder der Krankheitsstatus in einem kleinen Info-Fenster (siehe Abbildung 5.23). Alle konventionellen Symbole für die Darstellung von Stammbäumen werden von PEDCHART unterstützt (siehe Abbildung 5.23 und 5.24). Dazu gehört auch, dass Spezialfälle wie Zwillingsstatus oder Inzucht korrekt dargestellt werden.

5.2 Multimedia-Elemente

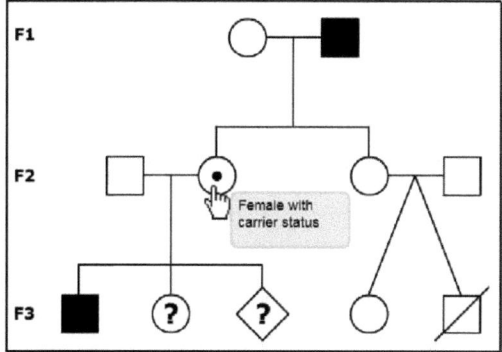

Abbildung 5.23: Beispiel für einen mit PEDCHART dargestellten Stammbaum. In der zugrunde liegenden XGAP-Datei wurden die interaktiven Info-Fenster aktiviert sowie die Anzeige der Generationennamen F1, F2 und F3.

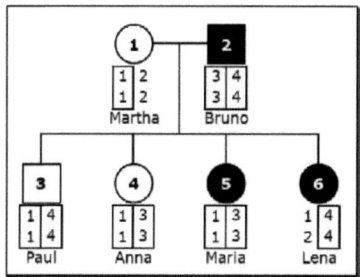

Abbildung 5.24: Beispiel für einen mit PEDCHART dargestellten Stammbaum. In der zugrunde liegenden XGAP-Datei wurden neben den Markern auch die Namen der Individuen definiert und die Nummerierung aktiviert.

5.2.3. Das Lernaufgabenmodul *ReT3* – Standardisierte Lernerfolgskontrolle und Training

Da das eingesetzte Autorenwerkzeug EXACT PACKAGER in Kombination mit der ONCAMPUS FACTORY keine Lösung für den Einsatz von Lernaufgaben besitzt, die den in dieser Arbeit beschriebenen didaktischen Anforderungen gerecht wird (vgl. Kapitel 3.2.3), wurde eigens das Flash-basiertes Übungsaufgaben-Modul *ReT3* zur Einbettung in Online-Trainingskurse entwickelt. *ReT3* steht für *„Real Time Test and Training"* und unterstützt die kontinuierliche Evaluierung des studentischen Lernens. Zur Erinnerung: Der Lernende muss zu jeder Zeit überprüfen können, wo er mit seinem Wissen steht und was er gegebenenfalls wiederholen oder vertiefen muss. Dazu eignen sich spezielle Übungsaufgaben, die dem Lernenden ein didaktisch sinnvolles Feedback präsentieren (vgl. Kapitel 2.2). Darüber hinaus sollten auch Lehrende und Tutoren Feedbacks zum Lernfortschritt der Lernenden erhalten (Slavin, 2000, S. 466).

ReT3 wurde gemäß der Spezifikation in Kapitel 2.2.2 implementiert und zeichnet sich durch folgende Eigenschaften aus:

- Die *ReT3* Lernaufgaben lassen sich nahtlos in alle Lernobjekte einbetten, die mit dem EXACT PACKAGER erstellt wurden. Dadurch, dass *ReT3* mit Flash und ActionScript umgesetzt wurde (ein Teil des Softwaredesigns ist in Anhang C.1 abgebildet), lässt sich das Modul auch in viele andere Dokumententypen einbinden (z.B. HTML), kann aber auch alleinstehend (als Stand-Alone-Programm) benutzt werden.

- *ReT3* lässt sich einfach handhaben. Für jede Aufgabe muss eine Kopie der Flash-Datei (SWF-Datei) unter neuem Namen erstellt werden. Des Weiteren ist eine XML-Datei erforderlich, die den gleichen Namen (Prefix) trägt, aber mit der Endung „.xml" anstelle von „.swf" versehen ist. In der XML-Datei werden die Aufgabenstellungen und die Lösungen definiert. Es können wahlweise eine oder mehrere Teilaufgaben definiert werden.

- Für die Beschreibung der Aufgaben wurde ein XML-basiertes Speicherformat entwickelt, das in Anhang C.2 genau beschrieben ist. Mit dessen Hilfe ist eine sehr flexible Definition von Aufgaben möglich. Um auch Tutoren ohne XML-Kenntnisse das Anlegen und Editieren von Aufgaben zu ermöglichen, wurde mit PHP eine einfache Benutzerschnittstelle zum Verwalten aller Lernaufgaben eines Kurses entwickelt, die weiter unten noch genauer beschrieben werden soll.

5.2 Multimedia-Elemente

- Jede Aufgabe lässt sich mit META-Informationen versehen, die die Verwaltung und Pflege der Aufgaben vereinfacht. Zu diesen META-Informationen, die sich auf Wunsch in der Flash-Animation anzeigen lassen, gehören zum Beispiel eine Versionsnummer, das Datum der letzten Änderung und der Name des Autors.

- Das äußere Erscheinungsbild von *ReT3* lässt sich über eine, für alle Aufgaben gültige, externe CSS-Datei steuern. Mit wenigen Handgriffen lassen sich damit beispielsweise Schriftformatierungen und Layoutänderungen vornehmen.

- Das Format der Lösungen in der XML-Datei ändert sich in Abhängigkeit vom Aufgabentyp (z.B. Freitext, Multiple-Choice). Zum Beispiel setzt sich die Lösung einer Freitextaufgabe aus der ausformulierten Musterlösung und einer beliebig langen Liste von Schlüsselwörtern und Schlüsselwortgruppen zusammen. Für jedes Schlüsselwort lassen sich die Punkte definieren, die vergeben werden, falls das Wort im eingegebenen Lösungstext gefunden wird. Um verschiedene Varianten eines Wortes abzudecken, kann ein Wortteil mit einem Sternchen beendet werden. Beispielsweise deckt *base** u.a. Singular und Plural des Wortes *base* ab. Des Weiteren lassen sich Wortvarianten oder Wörter mit ein und derselben Bedeutung auch getrennt durch ein Komma definieren. Für Gruppen von Schlüsselworten kann optional definiert werden, dass die Reihenfolge zu beachten ist.

- Alle Ergebnisse werden automatisch lokal auf dem Computer des Benutzers abgespeichert. Öffnet der Benutzer eine Lernaufgabe, die er bereits bearbeitet hat, dann werden die Ergebnisse der Aus- und Bewertung automatisch geladen. Der Benutzer kann zudem seinen persönlichen Gesamtlernfortschritt einsehen, indem er die in *ReT3* anwählbare Übersicht über alle bis dahin erreichten Punkte sowie den Gesamtpunktestand betrachtet.

- Neben klassischen Aufgabentypen wie zum Beispiel Single- und Multiple-Choice (vgl. Kapitel 2.2.1) werden von *ReT3* auch Freitextaufgaben unterstützt. Dafür wurden die beiden Auswertungsalgorithmen 2.1 und 2.2 (siehe S. 53 und 56) sowie ein ILE-Feedbackgenerator (siehe Kapitel 2.2.5) mit Flash/ActionScript implementiert.

- *ReT3* kann so konfiguriert werden, dass der Benutzer nach einer Auswertung mit einem sehr schlechten Ergebnis (z.B. Erreichen von weniger als 30% der Punkte) für jede Aufgabe eine einmalige Nachbesserungsmöglichkeit erhält. Damit können der Trainingseffekt gesteigert und Demotivation durch schlechte Ergebnisse verhindert werden.

Umsetzung

- Zur Verbesserung der Aufgabenstellung und -auswertung ermöglicht *ReT3* eine halbautomatische Adaption der Lernaufgaben.

- Es wird das Einbinden von externen Medien in die Aufgabenstellung unterstützt. Beispielsweise kann eine Aufgabe aus einem Text und einer Abbildung bestehen. Als Besonderheit ermöglicht *ReT3* darüber hinaus das direkte Einbinden von PEDCHART Stammbäumen (siehe Abschnitt 5.2.2).

Die Funktionsweise und die oben beschriebenen Eigenschaften des Lernaufgabenmoduls *ReT3* sollen im Folgenden anhand der Abbildungen 5.25 und 5.26 illustriert werden. Dargestellt sind verschiedene Zustände, die das Lernaufgabenmodul vor, während und nach der Aus- und Bewertung eines durch den Benutzer frei eingegebenen Lösungstextes einnimmt.

Bei Betrachtung der *ReT3* Benutzeroberfläche fällt sofort auf, dass sie vertikal in zwei Bereiche aufgeteilt ist. Im oberen Teil wird die Aufgabenstellung präsentiert (1), im unteren Teil befinden sich das Eingabefeld für den Lösungstext des Benutzers (2), die Schaltflächen zum Aufrufen einzelner Teilaufgaben (3) sowie der Submit-Button (4), mit dem der Benutzer die Aus- und Bewertung seiner Lösung starten kann. In der Mitte werden die maximal erreichbaren Punkte für die Teilaufgabe angezeigt (5).

Zur Illustration der Funktionsweise von *ReT3* wurde im dargestellten Beispiel ein Lösungstext eingegeben (6). Im Anschluss wurde die Auswertung durch Drücken des Submit-Buttons gestartet. Während der Auswertung blendet *ReT3* eine animierte Fortschrittsanzeige ein (7). Im ausgewerteten Lösungstext werden die als korrekt erkannten Schlüsselworte grün hervorgehoben (8). Hinter jedem Schlüsselwort sind in Klammern die erreichten Punkte für das Schlüsselwort angegeben. Direkt unter dem Lösungstext wird das Ergebnis der Bewertung des eingegebenen Lösungstextes angezeigt (8). Im Beispiel wurden 5 von 5.5 Punkten beziehungsweise 91% erreicht. Die eingegebene Lösung war also nicht ganz vollständig. Neben dieser Bewertung erhält der Benutzer vom Lernaufgabenmodul ein Feedback. Bei der erstmaligen Benutzung des Lernaufgabenmoduls wird in Abhängigkeit von den gerade erreichten Punkten ein Feedback angezeigt (9). Bei allen darauffolgenden Auswertungen wird das Feedback nach der ILE-Methode (siehe Kapitel 2.2.5) generiert (11), also in Abhängigkeit von den vorhergenden Ergebnissen. Im Beispiel wurde zunächst die erste Teilaufgabe gelöst und anschliessend die zweite.

Nachdem der Submit-Button gedrückt und die Aus- und Bewertung abgeschlossen wurden, werden die Schaltflächen „Model Solution" und „Credit Points" eingeblendet (siehe Abbildung 5.26). Damit kann der Benutzer auf die Musterlösung zugreifen (12) und sich

5.2 Multimedia-Elemente

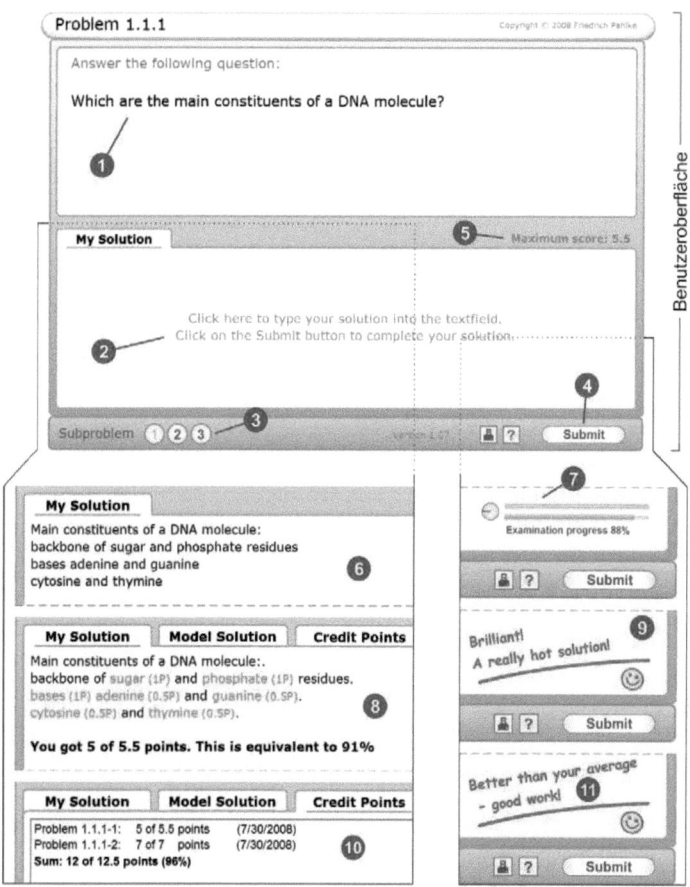

Abbildung 5.25: Exemplarische Darstellung der Benutzeroberfläche des Lernaufgabenmoduls *ReT*3 sowie verschiedener Zustände, die das Lernaufgabenmodul vor, während und nach der Aus- und Bewertung eines durch den Benutzer frei eingegebenen Lösungstextes einnimmt. Die Erläuterung der Abbildung erfolgt aus Platzgründen im Text.

die bis dahin erreichten Punkte sowie den Gesamtpunktestand anzeigen lassen (10).

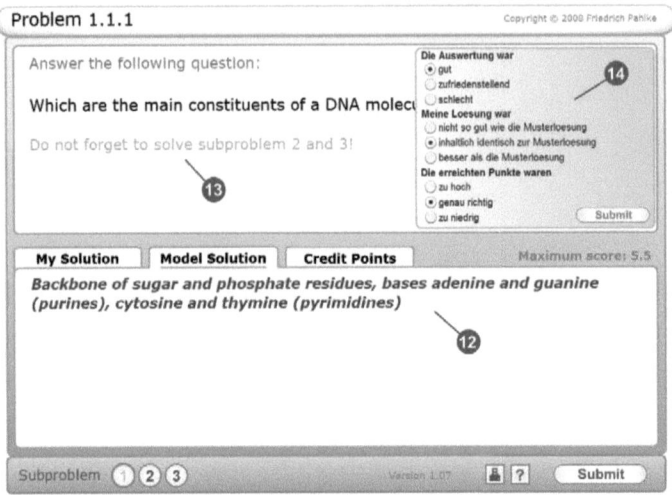

Abbildung 5.26: Beispiel für die Musterlösung einer *ReT3* Lernaufgabe. Um neben dem Eingabefeld für die Lösung des Benutzers auch die Musterlösung und die Punkteübersicht auf engstem Raum unterbringen zu können, wurde in *ReT3* ein sogenanntes *Tabbed Document Interface* (*TDI*) implementiert, d.h. die Unterfenster „My Solution", „Model Solution" und „Credit Points" sind in Registerkarten organisiert. Durch Anklicken des entsprechenden Reiters kann eine Registerkarte in den Vordergrund geholt werden. Die Registerkarten „Model Solution" und „Credit Points" sind nur dann sichtbar, wenn die (Teil-)Aufgabe bereits gelöst wurde. Im dargestellten Beispiel wurde die erste Teilaufgabe bearbeitet und die Musterlösung (12) wurde durch Anklicken der Registerkarte „Model Solution" sichtbar gemacht. Eine kleine Meldung erinnert den Benutzer daran, dass es noch zwei ungelöste Teilaufgaben gibt (13). Nach der Auswertung hat das Modul erfolgreich eine Verbindung zum Evaluationsserver hergestellt und daraufhin einen kleinen Evaluationsbogen zur Qualitätssicherung und -verbesserung eingeblendet (14).

Falls die Aufgabe aus mehreren Teilaufgaben besteht (im Beispiel gibt es drei verschiedene Teilaufgaben), dann wird der Benutzer nach der Aus- und Bewertung einer Teilaufgabe an gegebenenfalls noch nicht gelöste Teilaufgaben erinnert (13). Zum Abschluss der Aus- und Bewertung einer Teilaufgabe prüft das Lernaufgabenmodul, ob es über das Internet eine Verbindung zu einem Evaluationsserver aufbauen kann. Wenn die Verbindung erfolgreich hergestellt werden kann, dann wird ein kleiner „Evaluationsbogen" eingeblendet (14), mit dessen Hilfe dem Benutzer drei Fragen zur Qualität der Aus- und Bewertung gestellt werden. Die Fragen können über eine XML-Datei flexibel konfiguriert werden, das heißt, beispielsweise in verschiedene Sprachen übersetzt werden. Die Ergebnisse der kleinen Evaluation werden zusammen mit der durch den Benutzer eingegebenen Lösung in einer Datenbank, die zentral auf dem Evaluationsserver läuft, gespeichert und können vom Lernaufgabenadministrator oder Tutor online eingesehen und heruntergeladen werden. Mit Hilfe dieser Daten lassen sich die Lernaufgaben adaptiv verbessern und an die individuellen Bedürfnisse der Benutzer anpassen. Beispielsweise kann durch die kleine Evaluation ermittelt werden, ob der Benutzer mit der Auswertung unzufrieden war. Wenn das der Fall ist, kann darüber hinaus ermittelt werden, ob die eingegebene Lösung nach Ansicht des Benutzers trotz schlechter Bewertung richtig war. Der Lernaufgabenadministrator hat dann gegebenfalls die Möglichkeit, nach vorheriger Prüfung weitere Schlüsselworte in die Lernaufgabe aufzunehmen, beziehungsweise die Lernaufgabe mit Hilfe der Benutzerantwort aus der Datenbank anzupassen und zu verbessern. Der Lehrende, oder der Tutor des Kurses, erhält mit dem Zugriff auf den Evaluationsserver ein wichtiges Feedback zum Lernfortschritt der Kursteilnehmer.

Umsetzung

Onlinepflege von *ReT3* Lernaufgaben

Um die Pflege der *ReT3* Lernaufgaben zu erleichtern und die adaptive Anpassung zur Verbesserung der Aus- und Bewertungsqualität auch Personen ohne XML-Kenntnisse zu ermöglichen, wurde das PHP-Programm *ReT3CMS* zur Lernaufgaben-Verwaltung entwickelt. *ReT3CMS* lässt sich so für einen E-Learning-Kurs konfigurieren, dass es eine Übersicht über alle vorhandenen *ReT3* Lernaufgaben anzeigt. Wählt der Benutzer eine Lernaufgabe per Mausklick aus, dann wird die zugehörige XML-Datei vom System eingelesen und in zwei editierbaren Formularen dargestellt. Das erste Formular (für ein Beispiel siehe Abbildung 5.27) dient der Eingabe und Konfiguration der Aufgabenstellung. Das zweite Formular (für ein Beispiel siehe Abbildung 5.28) dient der Eingabe und Konfiguration der Musterlösung. Jede *ReT3* Lernaufgabe lässt sich auf diese Weise einfach verändern oder zum Beispiel um weitere Teilaufgaben erweitern (siehe Abbildung 5.29). Wenn Änderungen über *ReT3CMS* abgespeichert werden, sind sie danach sofort im Kurs gültig.

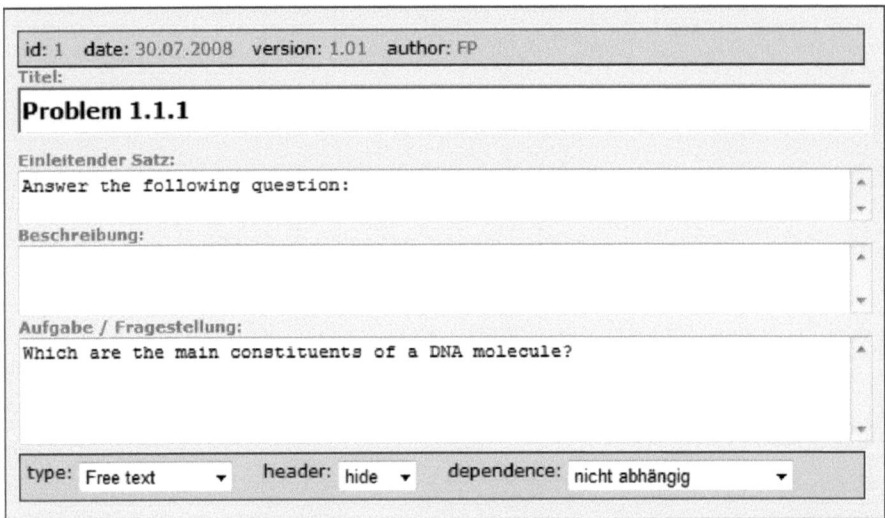

Abbildung 5.27: Screenshot des *ReT3CMS*-Formulars für das Editieren von Aufgabenstellungen.

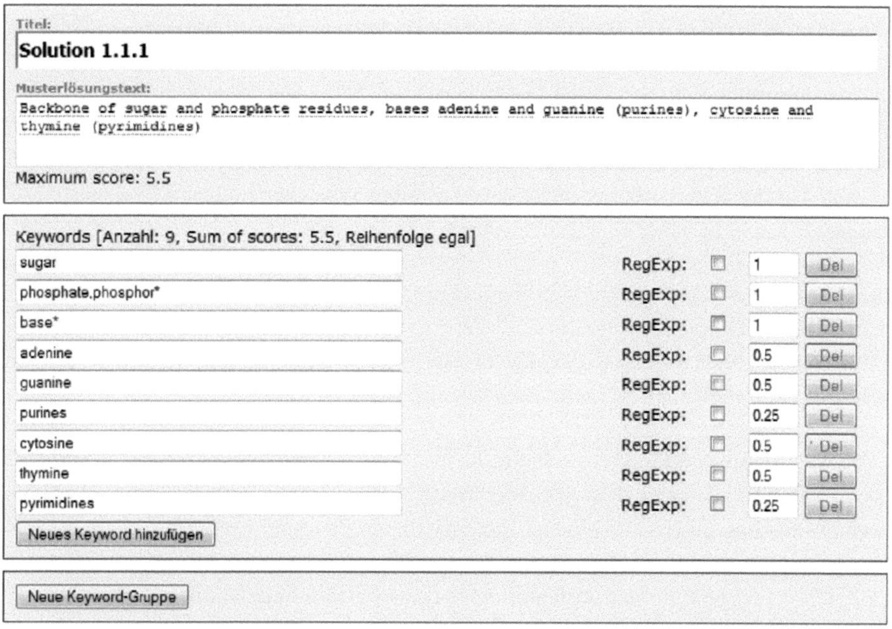

5.2 Multimedia-Elemente

Abbildung 5.28: Screenshot des *ReT3CMS*-Formulars für das Editieren von Musterlösungen.

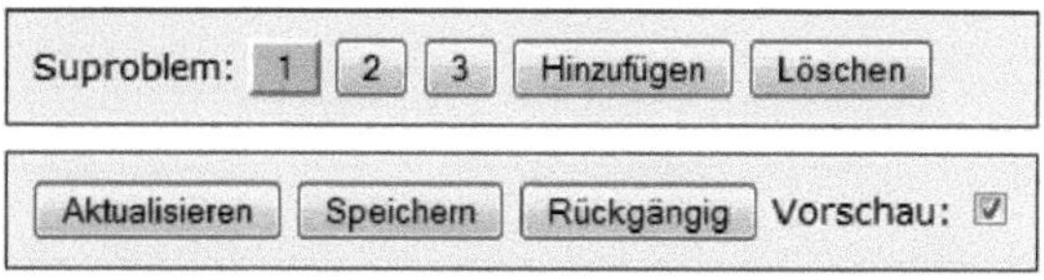

Abbildung 5.29: Screenshot der *ReT3CMS*-Schaltfläche. Mit Hilfe der Knöpfe im oberen Teil lassen sich Teilprobleme auswählen, hinzufügen und löschen. Die Knöpfe im unteren Teil dienen dem Aktualisieren, Speichern und Rückgängigmachen von Änderungen.

Umsetzung

5.3. Kommunikationsplattform

Um einen Lehrauftrag adäquat erfüllen zu können, muss ein E-Learning-Kurs in einem geeigneten Kontext präsentiert beziehungsweise angeboten werden, zum Beispiel eingebettet in einen Lernraum (vgl. Kapitel 2.1.3). Der Lernraum des Kurses *Training in Genetischer Epidemiologie* wurde, wie in Abbildung 2.4 (S. 37) dargestellt, konzipiert. In diesem Teil der Arbeit soll beschrieben werden, wie die Kommunikationsplattform für den Kurs umgesetzt wurde. Auf die anderen Bestandteile des Lernraums (Kursbetreuung und Präsenzphase) soll erst in Kapitel 6 näher eingegangen werden.

Die Kommunikationsplattform wurde mit dem Content-Management-System (CMS) *Drupal* umgesetzt. Drupal ist unter http://www.drupal.org frei erhältlich und steht unter der GNU General Public License. Für den Betrieb einer Drupal-Webseite wird lediglich ein Webserver benötigt, der PHP[2] und MySQL[3] unterstützt.

Drupal wurde ausgewählt, da es wichtige Elemente und Werkzeuge einer Sozialen Software (siehe Kapitel 2.1.3) beinhaltet. Mit einer breiten Palette an Kommunikationswerkzeugen (siehe Auflistung unten) und einem differenzierten Rollen- und Rechtesystem unterstützt Drupal unter anderem den Aufbau von Communities. Vor diesem Hintergrund eignet sich Drupal hervorragend für den Aufbau einer E-Learning-Kommunikationsplattform.

Abbildung 5.30 zeigt einen Screenshot der Kommunikationsplattform des Kurses *Training in Genetischer Epidemiologie*. Die Plattform ist unter http://www.genepi.de online erreichbar. Es können sich beliebig viele Benutzer bei der Seite als Kursteilnehmer registrieren. Alternativ kann die Anmeldung der Teilnehmer auch kontrolliert durch einen Administrator erfolgen.

Registrierte Teilnehmer haben verschiedene Nutzungsmöglichkeiten, beispielsweise können sie

- das Hilfe- und Diskussions-Forum benutzen,
- einen Weblog (steht für Web-Logbuch; auch Blog genannt) zum Austausch von Informationen, Gedanken und Erfahrungen nutzen,
- über ein Formular Anfragen an den technischen oder inhaltlichen Betreuer stellen,

---

[2]PHP (Hypertext Preprocessor) ist eine Open-Source Skriptsprache mit einer an C/C++ angelehnten Syntax, die hauptsächlich zur Erstellung von dynamischen Webseiten oder Webanwendungen verwendet wird.
[3]MySQL ist ein freies relationales Datenbankverwaltungssystem. Alternativ zu MySQL kann in Drupal auch das freie objektrelationale Datenbanksystem PostgreSQL verwendet werden.

5.3 Kommunikationsplattform

Abbildung 5.30: Screenshot der Kommunikationsplattform www.genepi.de.

- auf einfache Weise Kontakt zu anderen Kursteilnehmern aufnehmen (z.B. per Kontaktformular oder E-Mail) sowie
- wichtige Informationen einsehen (z.B. Termine von Präsenzveranstaltunegn).

Außerdem haben die Kursteilnehmer im Lernraum die Möglichkeit, den Übungsraum zu benutzen, um sich vorab an die virtuelle Lernumgebung zu gewöhnen (für einen Screenshot siehe Abbildung 5.31). Dadurch lassen sich beispielsweise bei neuen Benutzern typische Anfangsschwierigkeiten vermeiden. Die Benutzer können sich im Übungsraum mit der Oberfläche vertraut machen, ohne dass sie auf den Inhalt achten müssen. Sie lernen zudem, wie sie die technischen Gegebenheiten (z.B. Webbrowser, Interaktionen und Lernaufgaben) so nutzen beziehungsweise konfigurieren, dass das Arbeiten mit dem Kurs unter optimalen Bedingungen erfolgt.

Umsetzung

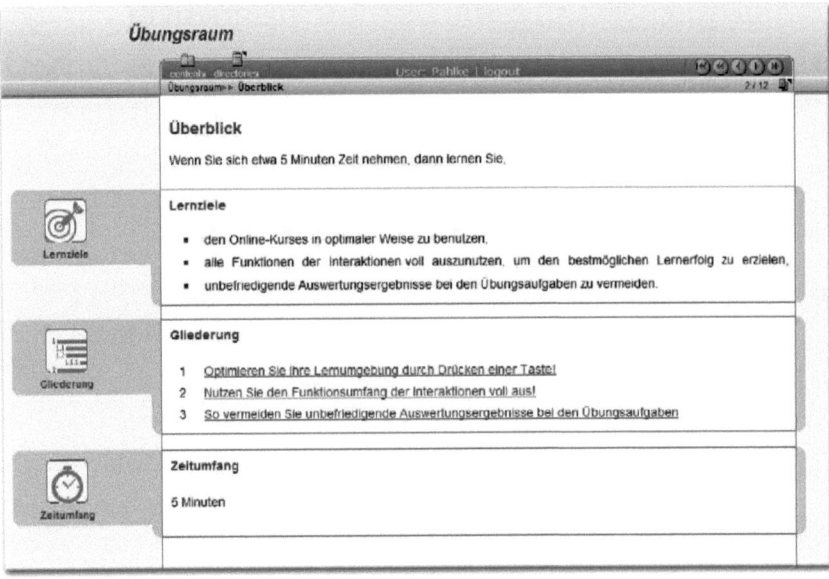

Abbildung 5.31: Screenshot des Übungsraums, mit dessen Hilfe sich die Benutzer des Kurses vorab an die virtuelle Lernumgebung gewöhnen können.

6. Evaluation des Kurses

In diesem Kapitel soll die Evaluation des E-Learning-Kurses *Training in Genetischer Epidemiologie* beschrieben werden. Dabei ging es zum einen darum, den Lernerfolg während und nach Ablauf der Lernprozesse zu evaluieren. Zum anderen sollte überprüft werden, ob der Kurs erfolgreich in der Lehre eingesetzt werden kann, also den erklärten Lehrauftrag erfüllen kann.

Bei E-Learning-Projekten ist es üblich, die Qualitätssicherung durch Anwendertests durchzuführen: „Anwendertests dominieren bei der Qualitätssicherung." (Schüle, 2002, S. 20). Daher soll auch hier die Evaluation durch eine empirische Untersuchung erfolgen, bei der die Daten durch die Befragung von Kursbenutzern erhoben werden.

Im März und im September 2007 wurde an der Universität zu Lübeck jeweils ein auf maximal 15 Teilnehmer begrenzter Kurs mit dem Titel „Training in Genetischer Epidemiologie" angeboten. Der Kurs bestand aus einer zweiwöchigen Onlinephase (Betreuer: Friedrich Pahlke) und einer dreitägigen Präsenzphase (Dozenten: Prof. Dr. Andreas Ziegler, Dr. Inke R. König) im Anschluss. Es handelte sich also jeweils um eine sequenzielle Blockveranstaltung mit Online-Vorbereitung (siehe Kapitel 2.1.3). Bei der Präsenzphase verfolgten beide Dozenten unterschiedliche didaktische Konzepte: Bei Herrn Professor Ziegler kam das klassische Vorlesungskonzept ohne Folien zum Einsatz, bei Frau Doktor König das Präsentationskonzept, das heißt, es wurde eine Folienpräsentation (erstellt mit PowerPoint) eingesetzt, die mit einem Videoprojektor auf eine Leinwand projiziert wurde, um die Inhalte und Zusammenhänge zu veranschaulichen.

Evaluation des Kurses

Die Ziele des Kurses wurden vorab wie folgt beschrieben:

Nach der Onlinephase

- *kennen Sie sich mit den wichtigsten molekulargenetischen Grundlagen aus,*
- *wissen Sie, wie man bestimmte Erbgänge anhand von Stammbäumen erkennt,*
- *ist Ihnen die Bedeutung von GRRs und HWE unmittelbar bewusst,*
- *können Sie ein De Finetti Diagramm lesen.*

Nach der Präsenzphase

- *kennen Sie die wichtigsten Studiendesigns für Assoziation: Fall-Kontroll- und Kohorten-Design, Design für quantitative Phänotypen,*
- *sind Sie mit dem Problem der Populationsstratifikation vertraut,*
- *ist es Ihnen möglich, einen genetischen Effekt zu schätzen.*

Für den Kurs 03/2007 wurden zum Ende jeder Phase drei Evaluationsbögen an die Teilnehmer ausgegeben:

1. Evaluation der Onlinephase
2. Evaluation der Präsenzphase – Vorlesungskonzept
3. Evaluation der Präsenzphase – Präsentationskonzept

Die Evaluation des Kurses 09/2007 wurde auf die Onlinephase beschränkt.

Auf den folgenden Seiten werden die Ergebnisse der Befragungen in Form von Säulendiagrammen dargestellt, wobei hinten in etwas dunklerer Farbe immer die Daten des Kurses 03/2007 dargestellt sind und vorne die Daten des Kurses 09/2007. Um die Bedeutung der dargestellten Ergebnisse leichter erfassen zu können, sind die Säulen in unterschiedlichen Farben dargestellt. Die Farben reichen von Hellgrün (positive Ergebnisse), über Orange bis hin zu Rot (negative Ergebnisse). Neutrale Antworten (z.B. „Nicht sinnvoll beantwortbar") sind grau eingefärbt.

Es soll an dieser Stelle erwähnt werden, das der Kurs noch anderweitig eingesetzt wurde. In den Jahren 2007 und 2008 wurde der Onlineteil bereits mehrfach von neuen Mitarbeitern des Instituts für Medizinische Biometrie und Statistik, Universität zu Lübeck, benutzt, um sich die Grundlagen und Methoden der Genetischen Epidemiologie im Selbststudium anzueignen. Im Februar 2008 wurde eine weitere Lehrveranstaltung im Stil der Kurse 03/2007 und 09/2007 durchgeführt. Im Juni 2008 wurden Teile des Kurses in der Sommerschule „Genomweite Assoziationsstudien, St. Andreasberg, 1.–4. Juni" eingesetzt, die von der Deutschen Region der Internationalen Biometrischen Gesellschaft veranstaltet wurde. Insgesamt kann dazu gesagt werden, dass die Rückmeldungen der Teilnehmer sehr positiv waren und im wesentlichen die Ergebnisse der nachfolgenden Evaluation widerspiegelten.

Im ersten Teil der Betrachtung der Evaluationsergebnisse sollen die Stichproben der Kurse 03/2007 und 09/2007 etwas näher beschrieben werden. Abbildung 6.1 macht deutlich, dass die Teilnehmer sehr unterschiedlich ausgebildet sind, also ein sehr heterogenes Vorwissen mitbringen. Die meisten Teilnehmer haben einen abgeschlossenen Hochschulabschluss und sind oder waren wissenschaftlich tätig (siehe Abbildung 6.2). Das mittlere Alter der Teilneh-

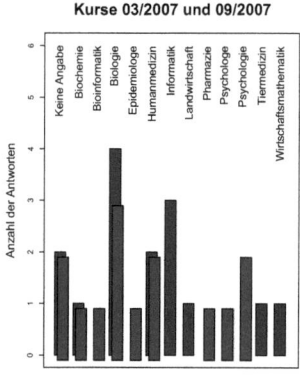

Abbildung 6.1: Ausbildung der Kursteilnehmer.

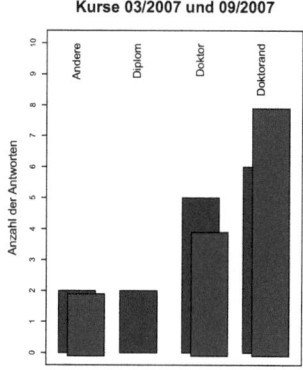

Abbildung 6.2: Ausbildungsstand der Kursteilnehmer.

mer beträgt 32 Jahre (Standardabweichung $\sigma = 7$) in Kurs 03/2007 und 35 Jahre (Standardabweichung $\sigma = 6$) in Kurs 09/2007 (siehe Abbildung 6.3). Das weibliche Geschlecht ist etwas häufiger vertreten als das männliche (siehe Abbildung 6.4).

6.1. Technische Organisation

Da die uneingeschränkte Lauffähigkeit eine der wichtigsten Grundvoraussetzungen für den Erfolg eines elektronischen Lernmoduls ist, wird an dieser Stelle die Organisation des

Evaluation des Kurses

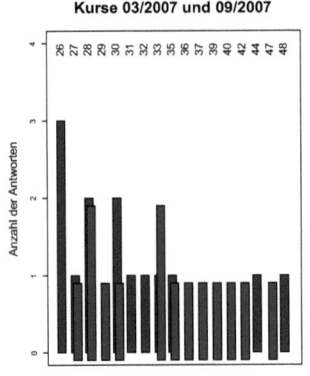

Abbildung 6.3: Alter der Kursteilnehmer.

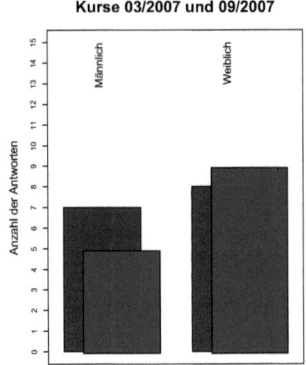

Abbildung 6.4: Geschlecht der Kursteilnehmer.

Kurses aus technischer Sicht evaluiert. Ziel der Fragen war es, zu ermitteln, ob es an dieser Stelle noch Verbesserungsbedarf gibt oder ob das zum Tragen gekommene Konzept bereits hinreichend ist.

Die Ergebnisse der Fragen in den Abbildungen 6.5 und 6.8 zeigen, dass die Teilnehmer, bis auf wenige Ausnahmen, mit der Leistung des Kursbetreuers zufrieden waren. Der Kontakt zwischen dem Kursbetreuer und den Teilnehmern erfolgte hier überwiegend per Telefon oder E-Mail.

Die Frage „Die indirekte Kursbetreuung über ein Forum ist ausreichend..." (siehe Abbildung 6.6) ist negativ mit der Frage „Es gab Schwierigkeiten, den Kurs auf meinem Computer zum Laufen zu bringen..." (siehe Abbildung 6.9) korreliert ($p = 0.0398$, $Korr_{SPEARMAN} = -0.61$). Es zeigt sich also, dass Benutzer, die keine technischen Schwierigkeiten hatten, das Forum zur Kursbetreuung ausreichend fanden. Sobald es Schwierigkeiten gab, war das nicht mehr der Fall. Dieses Ergebnis wird auch durch die praktischen Erfahrungen während der Onlinephase gestützt: Benutzer mit technischen Problemen griffen lieber zum Telefon anstelle eine Frage im Forum zur Diskussion zu stellen.

Die Computervorkenntnisse der Teilnehmer waren sehr heterogen (siehe Abbildung 6.10), zum Teil waren die Vorkenntnisse gering. Trotzdem wurde die technische Betreuung insgesamt von der Mehrheit der Teilnehmer als ausreichend empfunden (siehe Abbildung 6.7). In den Abbildungen 6.5 – 6.8 gibt es aber auch einzelne unzufriedene Stimmen, die darauf hindeuten, dass es an der ein oder anderen Stelle noch Verbesserungsbedarf gibt.

6.1 Technische Organisation

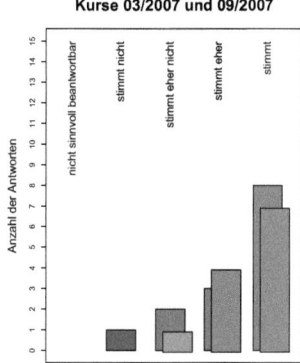

Abbildung 6.5: *Der Kursbetreuer geht auf Fragen und Anregungen der Teilnehmer ausreichend ein...*

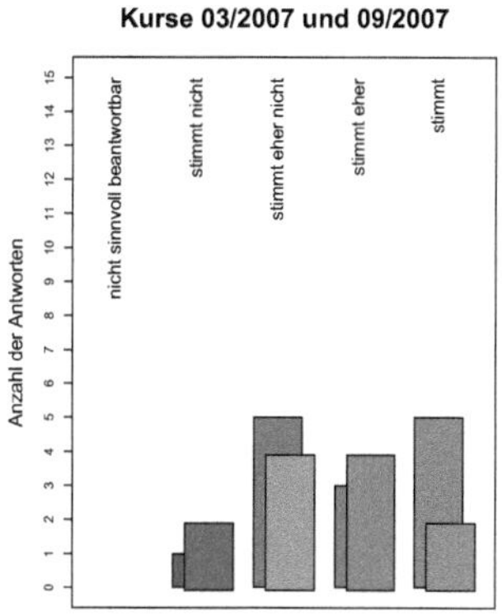

Abbildung 6.6: *Die indirekte Kursbetreuung über ein Forum ist ausreichend...*

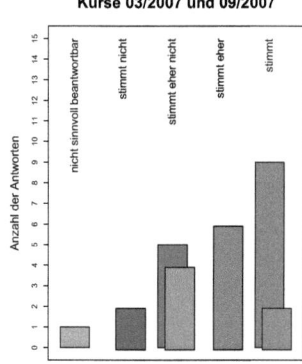

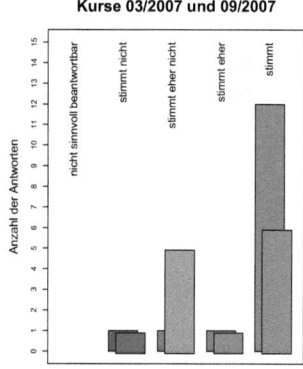

Abbildung 6.7: *Es ist eine ausreichende technische Betreuung vorhanden...*

Abbildung 6.8: *Die Rückmeldungen durch den Betreuer waren hilfreich...*

Evaluation des Kurses

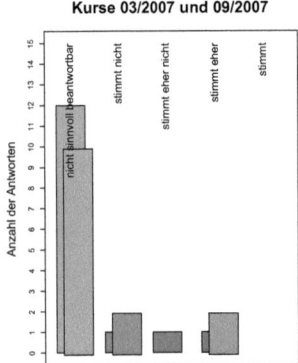

Abbildung 6.9: Es gab Schwierigkeiten, den Kurs auf meinem Computer zum Laufen zu bringen...

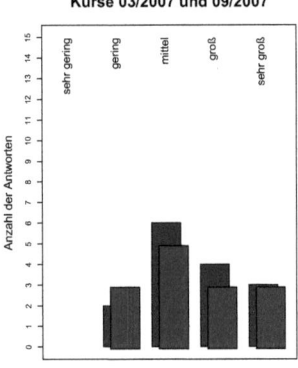

Abbildung 6.10: Meine Vorkenntnisse im Computerumgang sind...

6.2. Zeitplanung

Ein wichtiger Bestandteil des didaktischen Konzepts ist es, die Lernenden möglichst präzise darüber zu informieren, wie viel Zeit sie für bestimmte Inhalte aufzuwenden haben (vgl. Kapitel 2.5). Für die Angabe der Zeit Werte zu ermitteln, die im Einklang mit dem didaktischen Konzept sind, stellt sich häufig als schwierig heraus. Abbildung 6.11 zeigt, dass die erste grobe Abschätzung des benötigten Zeitaufwands den tatsächlichen Aufwand nur für einen Teil der Kursteilnehmer adäquat beziffert hat.

Das Problem besteht hauptsächlich in der Diversität der Lernenden: Jeder Mensch hat ein ganz persönliches Lerntempo, insbesondere, wenn er sich die Zeit selber einteilen kann, wie es bei einem E-Learing-Kurs natürlich der Fall ist. Das dies auch für den Kurs *Training in Genetischer Epidemiologie* gilt, wird bei Betrachtung der Abbildungen 6.12 – 6.14 deutlich. Zum einen ist ersichtlich, dass für jedes Kapitel eine separate Zeitaufwandsanalyse nötig ist, da sich die Kapitel diesbezüglich stark unterscheiden: Der mittlere Zeitaufwand für Kapitel 1, 2 und 3 beträgt hier 142, 180 und 117 Minuten. Zum anderen ist ersichtlich, dass sich die individuellen Zeitaufwendungen der verschiedenen Benutzer stark unterscheiden. Beispielsweise reicht der Zeitaufwand für Kapitel 1 von 30 bis 330 Minuten. Die Diversität der Lernenden spiegelt sich also auch in der hohen Variabilität wider: Für Kapitel 1, 2 und 3 lauten die Standardabweichungen 72, 82 und 54 Minuten.

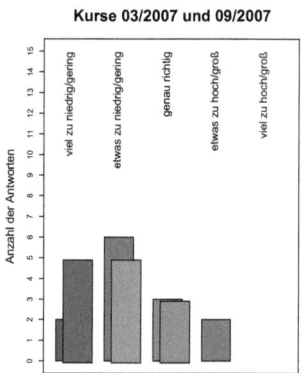

Abbildung 6.11: *Der angegebene Zeitaufwand (4 Stunden Kurs 03/2007, 6 Stunden Kurs 09/2007) ist...*

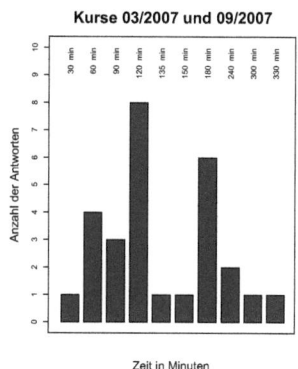

Abbildung 6.12: Zeitaufwand für Kapitel 1 (Mittelwert $\mu = 142$ Minuten, Standardabweichung $\sigma = 72$ Minuten)

Evaluation des Kurses

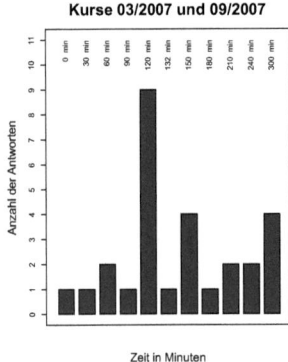

Abbildung 6.13: Zeitaufwand für Kapitel 2 (Mittelwert $\mu = 180$ Minuten, Standardabweichung $\sigma = 82$ Minuten)

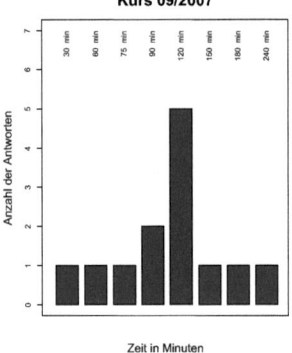

Abbildung 6.14: Zeitaufwand für Kapitel 3 (Mittelwert $\mu = 117$ Minuten, Standardabweichung $\sigma = 54$ Minuten)

6.3. Qualitätssicherung

Zur Qualitätssicherung wurde im Rahmen der Evaluation durch die Benutzer der Kurse 03/2007 und 09/2007 unter anderem direkt nach der Qualität gefragt. In Abbildung 6.15 geht es um die Frage, wie zufrieden die Lernenden mit den Textinhalten des Kurses sind. Die Antworten zeigen, dass die Mehrheit zwar zufrieden ist, es aber dennoch Verbesserungsbedarf gibt.

Die Benotung des Erscheinungsbildes des Kurses (siehe Abbildung 6.16) zeigt, dass der Kurs optisch und ästhetisch von den Benutzern überwiegend angenommen wird, was eine wichtige Grundvoraussetzung für den Erfolg des Kurses ist: „Für etwa sieben von acht Unternehmen ist die optische Aufbereitung ein berücksichtigtes Qualitätskriterium." (Schüle, 2002, S. 20).

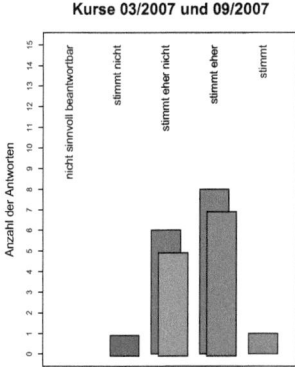
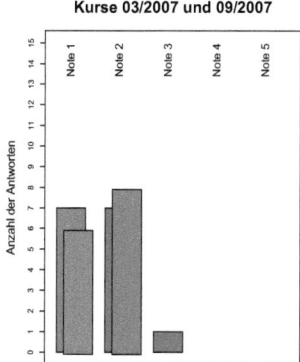

Abbildung 6.15: *Die Textinhalte des Kurses sind ausreichend und in guter Qualität vorhanden...*

Abbildung 6.16: *Für sein Erscheinungsbild würde ich dem Kurs folgende Schulnote geben...*

Evaluation des Kurses

6.4. Evaluation der Medien

„Lernerfolgskontrolle, explizit formulierte Lernziele, den individuellen Kenntnissen des Lernenden entsprechende Lernwege sowie Lexikon-/Glossarfunktionen sind die am meisten erwarteten Lernmethodiken in eLearning-Content." (Schüle, 2002, S. 22)

Die Frage in Abbildung 6.17 zielt auf die Anzahl und die Qualität der Medien (zum Beispiel Interaktionen und Abbildungen) ab. Hier lässt sich ein positives Ergebnis verzeichnen.

In Abbildung 6.18 sind die Ergebnisse der Evaluation des bidirektionalen Mouse-Over-Konzepts (siehe Kapitel 5.2.1) dargestellt. Es zeigt sich, dass das Konzept von den Benutzern überwiegend als hilfreich angesehen wurde. Ein Teil der Benutzer empfand das Konzept allerdings als eher nicht hilfreich. Das kann möglicherweise darauf zurückgeführt werden, dass die Teilnehmer nur sehr wenig Zeit hatten, sich an dieses neuartige Konzept zu gewöhnen und positive Erfahrungen damit zu sammeln.

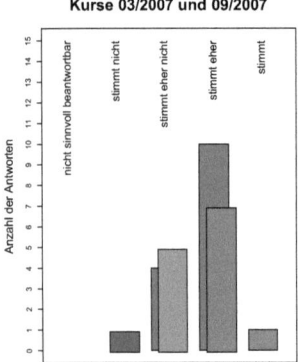
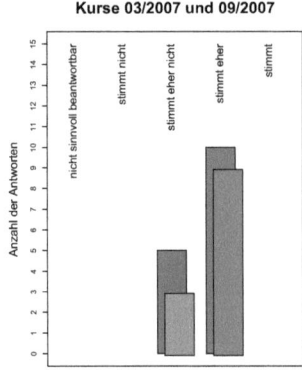

Abbildung 6.17: *Die Medien sind in ausreichender Menge und guter Qualität vorhanden...*

Abbildung 6.18: *Die Verknüpfung bestimmter Interaktionen und Animationen mit aktiven Textstellen (Hyperlinks) war hilfreich...*

6.4 Evaluation der Medien

Evaluation des Echtzeitauswertungsmoduls *ReT3*

Die Ergebnisse zu der Frage „Die Ergebnisse der Echtzeitauswertung der interaktiven Übungsaufgaben waren gut..." (siehe Abbildung 6.19) zeigen, dass die Benutzer sehr unterschiedliche Erfahrungen mit dem Lernaufgabenmodul gesammelt haben. Es gibt einige Benutzer, die mit den Ergebnissen gar nicht zufrieden waren, andere wiederum waren sehr zufrieden. Auffällig ist, dass es im ersten Kurs (03/2007) mehr unzufriedene Stimmen gab, als beim zweiten Kurs (09/2007). Hierzu muss gesagt werden, dass beim ersten Kurs noch keine Adaption der Lernaufgaben stattgefunden hatte, da natürlich noch keine Benutzerfeedbacks vorlagen (zur Adaption von *ReT3* Lernaufgaben siehe Kapitel 5.2.3). Nach dem ersten Kurs konnten auf Basis der gewonnen Daten erste Anpassungen der Lernaufgaben vorgenommen werden. Abbildung 6.19 legt nahe, dass weitere Anpassungen der Lernaufgaben auf der Basis von im Praxiseinsatz gewonnenen Daten die Auswertungsergebnisse – und damit die Benutzerzufriedenheit – weiter verbessern werden.

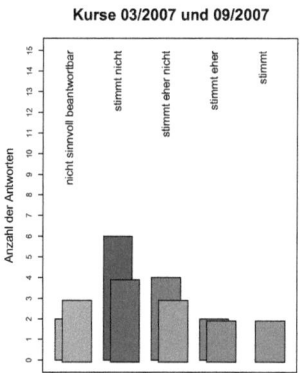
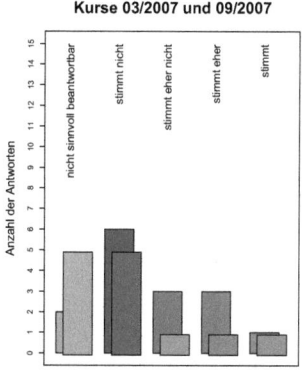

Abbildung 6.19: *Die Ergebnisse der Echtzeitauswertung der interaktiven Übungsaufgaben waren gut...*

Abbildung 6.20: *Die Feedbacks der interaktiven Übungsaufgaben haben mich motiviert...*

Die Frage „Die Feedbacks der interaktiven Übungsaufgaben haben mich motiviert..." (siehe Abbildung 6.20) ist negativ mit der Frage „Meine Vorkenntnisse im Computerumgang sind..." (siehe Abbildung 6.10) korreliert ($p = 0.0185$, $Korr_{SPEARMAN} = -0.56$). Benutzer mit größeren Computerkenntnissen wurden demnach durch die Feedbacks weniger motiviert, als Benutzer mit geringeren Kenntnissen. Gründe dafür könnten zum Beispiel in einer unterschiedlichen Erwartungshaltung und einem divergenten Eingabeverhalten zu finden sein. Das heißt, möglicherweise haben die Benutzer mit größeren Computerkenntnissen derart hohe Erwartungen an das Programm gehabt, dass sie später von den Ergebnissen enttäuscht waren; Benutzer mit geringeren Kenntnissen haben sich möglicherweise für die Eingabe ihres Lösungstextes mehr Zeit genommen, den Text ausführlicher oder präziser eingegeben und auf diese Weise bessere Ergebnisse erzielt. Diese Vermutung wird durch einige mündliche Aussagen gestützt, denen zufolge erfahrene Computerbenutzer beispielsweise Basensequenzen zusammenhängend in einem Wort eingegeben haben (z.B. „ataggtca"), was zu einer ungenügenden Bewertung durch den Auswertungsalgorithmus geführt hat (zwischen den Basen müssen Leerzeichen eingefügt werden, vgl. Beispiel 2.1, S. 50).

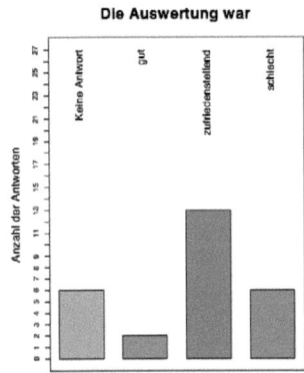

Abbildung 6.21: Zufriedenheit der Benutzer mit den Auswertungsergebnissen durch das Auswertungsmodul.

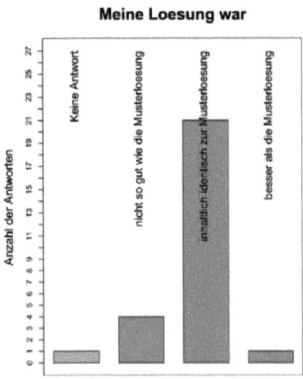

Abbildung 6.22: Einschätzung der Korrektheit der eingegebenen Lösungen durch die Benutzer.

Die Abbildungen 6.21 – 6.23 stellen die Ergebnisse einer kleinen Evaluation mit drei Fragen zur Qualität der Aus- und Bewertung dar, die während der Nutzung des Lernaufgabenmoduls *ReT3* in den Kursen 03/2007 und 09/2007 durchgeführt wurde. Dazu wurde direkt nach jeder Aus- und Bewertung einer Lernaufgabe ein kleiner Evaluationsbogen eingeblendet (siehe Abbildung 5.26 beziehungsweise Kapitel 5.2.3), der vom Benutzer mit wenigen Mausklicks beantwortet werden konnte. Die Ergebnisse zeigen, dass die Benutzer mit den Ergebnissen überweigend zufrieden waren (Abbildung 6.21). Es gibt allerdings ganz klar Verbesserungsbedarf bei der Bewertung und Punktevergabe, denn die Benutzer waren in den meisten Fällen davon überzeugt, dass ihre eingegebene Lösung inhaltlich identisch zur Musterlösung war (Abbildung 6.22) und trotzdem zu wenig Punkte dafür erhalten haben (Abbildung 6.23). Es kann also festgehalten werden, dass eine weitere Adaption der Lernaufgaben auf der Basis von im Praxiseinsatz gewonnenen Daten nötig ist.

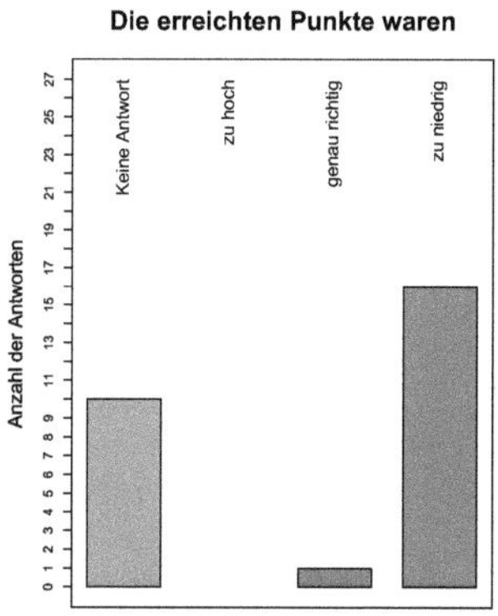

6.4 Evaluation der Medien

Abbildung 6.23: Zufriedenheit der Benutzer mit der Bewertung und Punktevergabe durch das Auswertungsmodul.

Evaluation des Kurses

6.5. Lehr- und Lernkonzept

In diesem Abschnitt soll das Lehr- und Lernkonzept des Kurses evaluiert werden. Dafür werden im Folgenden die Ergebnisse zu verschiedenen Fragen ausgewertet, die beispielsweise auf den Lernerfolg und die Berücksichtigung der wichtigsten Hygiene- und Motivationsfaktoren abzielen. Dieser Teil der Evaluation ist besonders wichtig, denn „Für alle Beteiligten ist die Qualitätskontrolle und -sicherung der Lernprozesse und -ergebnisse von Bedeutung." (Kerres, 2005, S. 165). Dabei gilt: „Die wichtigsten Qualitätskriterien sind Verständlichkeit und Lernerfolg. " (Schüle, 2002, S. 20).

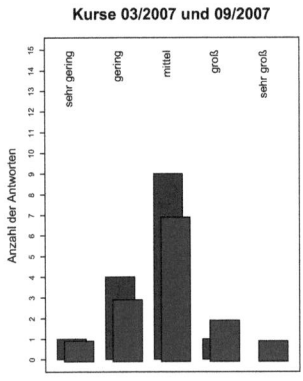

Abbildung 6.24: *Meine Vorkenntnisse in Statistik sind...*

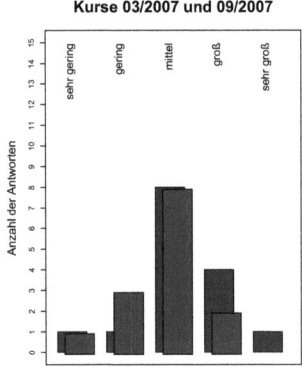

Abbildung 6.25: *Meine Vorkenntnisse in Genetik sind...*

Vorab soll die Gruppe der Kursteilnehmer etwas näher betrachtet werden. Die Abbildungen 6.24 und 6.25 zeigen, dass die Teilnehmer sehr heterogene Vorkenntnisse hatten. Die Vorkenntnisse in Statistik und Genetik reichten jeweils von *sehr gering* bis *sehr groß*, wobei die Teilnehmer nach eigener Einschätzung überwiegend mittlere Vorkenntnisse hatten. Das Interesse der Teilnehmer an dem Kurs reichte von *mittel* bis *sehr groß*, wobei die meisten ein großes bis sehr großes Interesse hatten (Abbildung 6.26).

Die Frage „Ich habe in dem Kurs gelernt..." (siehe Abbildung 6.27) ist negativ korreliert mit den Fragen „Der Kurs besitzt eine klare Gliederung und einen klaren Zeitplan..." (siehe Abbildung 6.28, $p = 0.023$, $Korr_{SPEARMAN} = -0.54$) und „Die Medien sind in ausreichender Menge und guter Qualität vorhanden..." (siehe Abbildung 6.17, $p = 0.0043$, $Korr_{SPEARMAN} = -0.69$). Benutzer, die die Gliederung und den Zeitplan des Kurses als klar, und die Menge und Qualität der Medien als ausreichend empfunden haben –

6.5 Lehr- und Lernkonzept

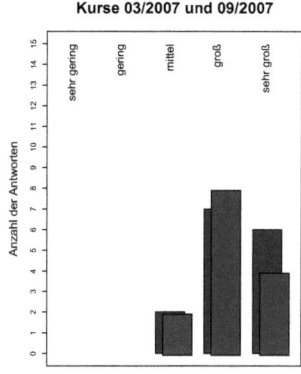

Abbildung 6.26: *Mein Interesse an dem Kurs ist...*

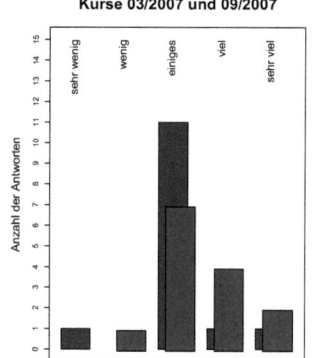

Abbildung 6.27: *Ich habe in dem Kurs gelernt...*

das ist mehrheitlich der Fall –, haben der eigenen Einschätzung nach weniger gelernt. Das lässt sich möglicherweise damit erklären, dass Benutzer, die der eigenen Auffassung nach weniger gelernt haben, ein besseres Vorwissen hatten und daher mit der Gliederung, dem Zeitplan sowie der Menge und Qualität der Medien besser zurecht kamen.

Die Gestaltung des Kurses wurde mehrheitlich als eher interessant empfundene (siehe Abbildung 6.29).

In den Abbildungen 6.30 und 6.31 sind die Abstimmung von Theorie und Praxis sowie die Praxisrelevanz dargestellt. Hier fielen die Antworten der Teilnehmer sehr unterschiedlich aus, was vermutlich mit der Heterogenität der Teilnehmergruppe zusammenhängt (siehe z.B. Ausbildung, Abbildung 6.1; Vorkenntnisse, Abbildungen 6.24 und 6.25).

Evaluation des Kurses

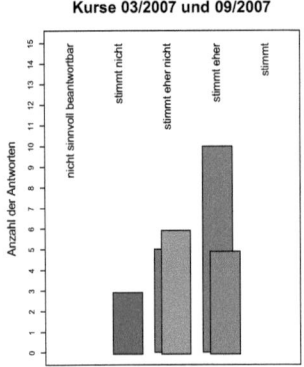

Abbildung 6.28: *Der Kurs besitzt eine klare Gliederung und einen klaren Zeitplan...*

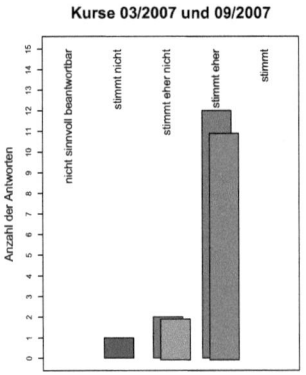

Abbildung 6.29: *Die Gestaltung des Kurses ist interessant...*

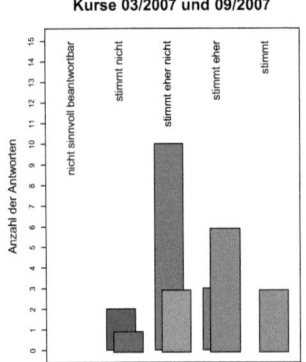

Abbildung 6.30: *Im Kurs sind Theorie und Praxis gut aufeinander abgestimmt...*

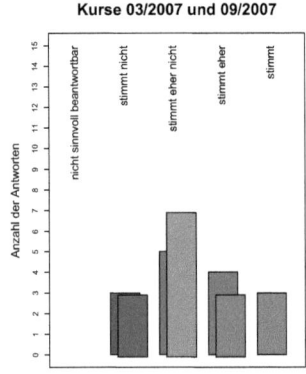

Abbildung 6.31: *Der Kurs ist vermutlich für die Berufspraxis sehr nützlich...*

6.5 Lehr- und Lernkonzept

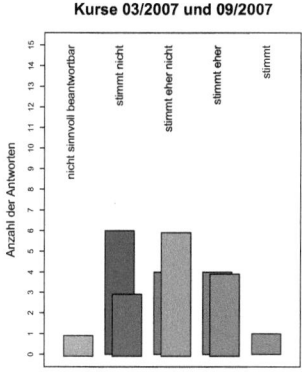

Abbildung 6.32: *Im Kurs wird das eigenständig wissenschaftliche Arbeiten gefördert...*

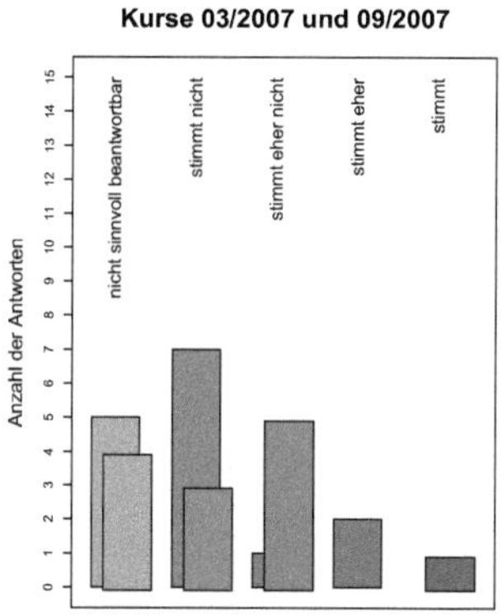

Abbildung 6.33: *Der Kurs verdeutlicht zu wenig die Verwendbarkeit und den Nutzen des behandelten Stoffes...*

Die Antworten auf die Frage, inwieweit der Kurs das eigenständig wissenschaftliche Arbeiten fördert, waren sehr heterogen (siehe Abbildung 6.32), was möglicherweise wieder auf die Heterogenität der Teilnehmergruppe zurückzuführen ist (vgl. Diskussion zu den Abbildungen 6.30 und 6.31). Abbildung 6.33 zeigt, dass der Kurs die Verwendbarkeit und den Nutzen des behandelten Stoffes in ausreichendem Maße verdeutlicht.

Die Fragen in Abbildung 6.34 und 6.35 zielen darauf ab, inwieweit es dem Kurs gelingt, die Lernenden zu motivieren. Kurzum: Greifen die im hier benutzten didaktischen Konzept verankerten Motivationsfaktoren? Das ist bei einer deutlichen Mehrheit der Teilnehmer der Fall: 21 von 29 Teilnehmern (72%) waren der Meinung, dass der Kurs ihr persönliches Interesse am Themenbereich eher fördert. Ebensoviele haben eine gute bis sehr gute Note für den Spaßfaktor des Kurses vergeben.

Alle Teilnehmer sind mit der Vermittlung des Lernstoffs durch den Kurs mindestens zufrieden, überwiegend wurde die Vermittlung des Lernstoffs mit der Schulnote 1 oder 2 bewertet (Abbildung 6.36; 5 × Note 1, 19 × Note 2, 3 × Note 3). 88% der Teilnehmer sind der Meinung, dass der Schwierigkeitsgrad des Kurses genau richtig ist (Abbildung 6.37).

Evaluation des Kurses

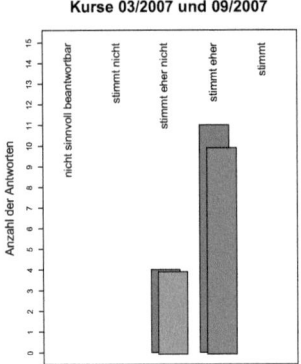

Abbildung 6.34: *Der Kurs fördert mein Interesse am Themenbereich...*

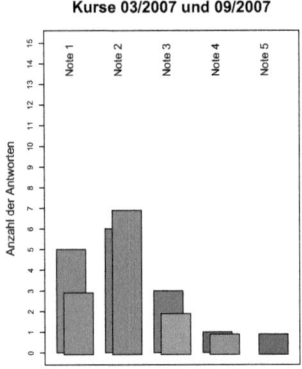

Abbildung 6.35: *Für seinen Spaßfaktor würde ich dem Kurs folgende Schulnote geben...*

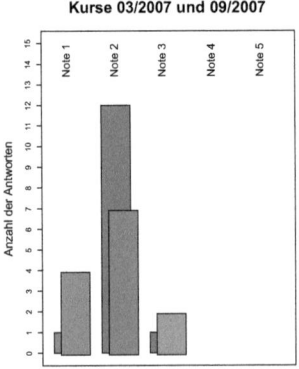

Abbildung 6.36: *Für die Vermittlung des Lernstoffs würde ich dem Kurs folgende Schulnote geben...*

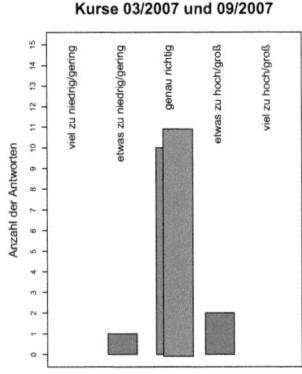

Abbildung 6.37: *Der Schwierigkeitsgrad des Kurses ist...*

6.5 Lehr- und Lernkonzept

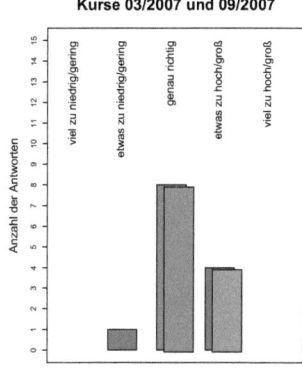

Abbildung 6.38: *Der Stoffumfang des Kurses ist...*

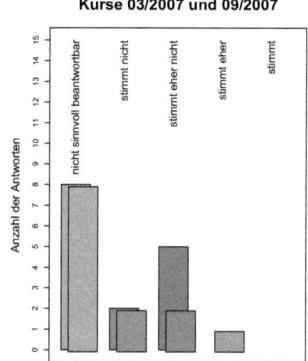

Abbildung 6.39: *Die zu lesenden Texte im Kurs waren häufig zu lang...*

Der Stoffumfang des Kurses wird mehrheitlich als genau richtig eingeschätzt (Abbildung 6.38). Die Länge der zu lesenden Texte wurde von den Teilnehmern nicht als zu lang empfunden (Abbildung 6.39). Die Frage zur Textlänge ist negativ mit der Frage „Meine Vorkenntnisse in Genetik sind..." (siehe Abbildung 6.25) korreliert ($p = 0.0319$, $Korr_{SPEARMAN} = -0.49$). Ein Grund dafür könnte sein, dass Benutzer mit großen Genetik-Vorkenntnissen den Lerninhalt etwas schneller aufnehmen konnten und die Länge der Texte deshalb als genau richtig empfunden haben.

Evaluation des Kurses

6.6. Präsenzveranstaltung: Klassisches Vorlesungskonzept versus Präsentationskonzept

Nach der dreitägigen Präsenzphase wurde – genau wie bei der Onlinephase – ein Evaluationsfragebogen an die Teilnehmer verteilt, mit dessen Hilfe anschließend untersucht werden sollte, ob es einen Unterschied zwischen dem Vorlesungskonzept und dem Präsentationskonzept gibt. Die Ergebnisse zu den einzelnen Fragen finden sich in Anhang E. In den Abbildungen E.1 – E.21 sind die Antwortmöglichkeiten nebst Häufigkeiten jeweils für das Vorlesungskonzept und das Präsentationskonzept paarweise nebeneinander in Säulendiagrammen dargestellt. Alle Antworten wurden paarweise verglichen (Wilcoxon Rangsummentest, Bonferroni-Korrektur der p-Werte, Signifikanzniveau $\alpha = 0.05$). Lediglich bei zwei Vergleichen gab es signifikante Unterschiede zwischen den beiden verwendeten Konzepten:

- „Die Veranstaltung verläuft nach einer klaren Gliederung..."
  (Abbildung E.1; $p = 2 \cdot 10^{-4}$).
- „Der/Die Dozentin kommt häufig vom Thema ab..."
  (Abbildung E.14; $p = 0.036$).

Die Ergebnisse bestätigen, dass die beiden Konzepte in der Praxis tatsächlich unterschiedlich waren. Im Gegensatz zum Vorlesungskonzept hatte das Präsentationskonzept eine klare Gliederung – diese wird den Teilnehmern ja per Videoprojektor permanent vor Augen geführt. Das hat natürlich zur Folge, dass eine Abweichung vom Thema beim Präsentationskonzept von den Teilnehmern eher als solche wahrgenommen wird, da sie die Gliederung jederzeit vor Augen haben.

Bei den übrigen Antworten (Abbildungen E.2 – E.13 und E.15 – E.21) gab es keine signifikanten Unterschiede zwischen den beiden Konzepten. Die Leistungen der Dozenten sowie die Veranstaltungen selber wurden von den Teilnehmern durchweg positiv bewertet. Lediglich an wenigen Stellen sind die Antworten derart heterogen, dass über Verbesserungsmöglichkeiten nachgedacht werden muss (siehe z.B. Abbildung E.10).

Insgesamt kann festgehalten werden, dass die Qualität der Präsenzveranstaltung von den Teilnehmern nicht daran bemessen wurde, welches Konzept zum Einsatz kam. Ausschlaggebend für die Evaluationsergebnisse waren wohl in erster Linie die Dozenten-Persönlichkeiten, deren langjährige Erfahrung sowie die Wahl eines Präsenzkonzepts, das zur jeweiligen Persönlichkeit passte.

7. Diskussion

Durch eine systematische Literaturrecherche sind insgesamt 17 verschiedene E-Learning-Angebote ermittelt worden, die sich thematisch mindestens mit einem Teilbereich der Genetischen Epidemiologie beschäftigen, also mit Statistik, Biometrie, Epidemiologie oder Genetischer Epidemiologie. Alle Projekte sind einzeln untersucht und kritisch diskutiert worden (Kapitel 1.1). Die Qualität der verfügbaren E-Learning-Angebote ist dabei anhand verschiedener Kriterien bemessen worden, die in der Summe das didaktische Konzept beschreiben (siehe Kapitel 2.1.3). Die wichtigsten Kriterien sollen hier noch einmal für einen inhaltsunabhängigen Vergleich zwischen den verfügbaren E-Learning-Angeboten und dem Kurs *Training in Genetischer Epidemiologie* bemüht werden. Der Vergleich erfolgt der Einfachheit halber tabellarisch (siehe Tabelle 7.1). In der ersten Spalte finden sich die Namen der E-Learning-Projekte, wobei die drei Lernangebote *PC-Statistik-Trainer 1.0*, *AktiveStats* und *VisualStat* nicht aufgeführt sind, da sie in der Literaturrecherche aus dort genannten Gründen nicht näher betrachtet wurden. In den Spalten daneben sind die Bewertungsergebnisse zu sieben Qualitätskriterien aufgeführt. Es zeigt sich, dass keines der bisher verfügbaren E-Learning-Angebote die hohen Anforderungen an ein qualitativ hochwertiges Lernangebot erfüllen kann. Aufwendige Projekte wie zum Beispiel *EMILeA-stat* haben in der Regel keinerlei Probleme in Bezug auf Design, Navigation oder Technik. Am häufigsten sind Schwächen bei den Motivationsfaktoren anzutreffen sowie bei der Präsentation des Kurses in einem geeigneten Kontext, hier Lernraum genannt. In Bezug auf die Motivationsfaktoren fällt auf, dass anspruchsvolle Lernaufgaben, die den Erfolg eines E-Learning-Projektes maßgeblich mitbestimmen können (siehe z.B. Kerres, 2005, S. 169–170), durchweg vernachlässigt werden. Es gibt keine individuellen Feebacks zu gegebenenfalls vorhandenen Lernaufgaben. Der Gesamtlernfortschritt kann nicht überwacht werden, da eine entsprechende Übersicht über die persönlichen Ergebnisse fehlt.

Tabelle 7.1 zeigt, dass die Kriterien beziehungsweise Erfolgsfaktoren beim Kurs *Training in Genetischer Epidemiologie* (letzte Zeile in der Tabelle) gezielt berücksichtigt und umgesetzt worden sind. Daraus resultieren die maßgeblichen inhaltsunabhängigen Unterschiede zwischen dem neu entwickelten Kurs und den bisher verfügbaren E-Learning-Angeboten. Bei

Diskussion

E-Learning-Angebot	Hygienefaktoren			Motivationsfaktoren			
	Design	Navigation	Technik	Interaktivität	Aufgaben	Flexibilität	Lernraum
MM*STAT	+	+	−	−	−	−	−
EMILeA-stat	+	+	+	o	−	−	−
HyperStat	−	−	+	−	−	−	−
Beschreibende Statistik	+	+	−	+	−	+	−
Neue Statistik II	+	+	+	o	−	−	−
LernSTATS / MLBK	+	+	+	+	o	+	−
Grundbegr. Biostatistik	+	o	−	−	−	+	−
JUMBO	−	o	−	o	−	+	−
Visual Bayes	−	+	−	o	o	+	−
ROBISYS	−	−	−	−	−	+	−
NUMAS	o	−	+	−	−	−	−
HST: Genet. Epi. I + II	o	o	−	−	−	−	−
Statistical Genetics	o	o	+	−	−	o	−
Genomics a. Genet. Epi.	o	o	+	−	−	−	−
Training in Genet. Epi.	+	+	+	+	+	+	+

Tabelle 7.1: Inhaltsunabhängiger Vergleich verschiedener E-Learning-Angebote aus den Gebieten Statistik/Biometrie (Zeile 1 – 11) und Genetische Epidemiologie (Zeile 12 – 15). Zeichenerklärung: + gut, O zufriedenstellend, − mangelhaft / nicht vorhanden. Kategorien: **Design** – Werden gängige Designstandards eingehalten? **Navigation** – Ist die Navigation flexibel, einfach und intuitiv? **Technik** – Ist die uneingeschränkte Funktionsfähigkeit gegeben? **Interaktivität** – Werden komplexe Zusammenhänge multimedial illustriert? **Aufgaben** – Sind anspruchsvolle und zugleich motivierende Lernaufgaben enthalten? **Flexibilität** – Ist der Kurs sowohl online als auch offline einsetzbar? **Lernraum** – Wird der Kurs in einem Lernraum mit Kommunikationsplattform angeboten?

der Planung und Entwicklung des Kurses ist von Anfang an das didaktische Konzept in den Vordergrund gestellt worden – und nicht das technische Umsetzungsproblem. Das Fundament des Kurses basiert auf dem soliden didaktischen Konzept der Fachhochschule Lübeck, in das mehr als zehn Jahre Erfahrungen mit der Entwicklung und Durchführung von Onlinestudiengängen eingeflossen sind. Dieses didaktische Konzept ist für den Kurs *Training in Genetischer Epidemiologie* konsequent weiterentwickelt und an die speziellen Bedürfnisse des Fachgebiets angepasst worden. Die nachhaltige Berücksichtigung der Hygienefaktoren ist durch die Auswahl und Nutzung standardisierter Dateiformate (z.B. XHMTL und XML, W3C, 2002, 2006) und auf diesen Standards basierender Software-Werkzeuge (z.B. oncampus-factory, 2008) sichergestellt.

Motivation ist von grundlegender Bedeutung für das erfolgreiche Lernen (siehe z.B. Chambers, 1999; Slavin, 2000). Die Motivation der Lernenden wird im Kurs positiv beeinflusst durch qualitativ hochwertige Abbildungen (die Inhaltsseiten enthalten insgesamt 41 farbige Abbildungen), einen hohen Interaktivitätsgrad (in die Inhaltsseiten sind insgesamt 22 Interaktionen und sieben Animationen eingebettet) sowie anspruchsvolle und zugleich motivierende Lernaufgaben. Die Lernaufgaben sind dabei miteinander „vernetzt", das heißt, jede Aufgabe kennt die Ergebnisse bereits gelöster Lernaufgaben – unabhängig davon, in welchem Kapitel die Aufgabe gelöst wurde – und generiert mit diesen Informationen ein adaptives Feedback. Außerdem haben die Lernenden jederzeit die Möglichkeit, sich alle Ergebnisse ihrer bereits gelösten Aufgaben in einer Übersicht anzeigen zu lassen.

Der E-Learning-Kurs ist flexibel einsetzbar. So kann er zum einen online betrieben werden, zum Beispiel eingebettet in einen Lernraum mit Kommunikationsplattform; zum anderen ist die Nutzung offline, zum Beispiel per CD-Rom, möglich, wobei auch dort die volle Funktionalität gegeben ist.

Bezüglich des Inhalts ist hervorzuheben, dass der Kurs ganzheitlich in die Thematik einführt. Das bedeutet, die derzeit wichtigsten Inhalte der Genetischen Epidemiologie sind enthalten und die theoretischen Grundlagen werden umfassend behandelt sowie anhand von praktischen Beispielen illustriert. Der Kurs behandelt die Themen *Molecular Genetics, Formal Genetics, Genetic Markers, Data Quality, Genetic Map Distances, Fundamental Concepts, Case-Control Association Analysis* sowie *Haplotypes in Association Analyses*. Der Aufwand für die Bearbeitung der Kursinhalte entspricht in etwa 4 ECTS-Punkten. Von den bisher verfügbaren Lernangeboten hat inhaltlich nur das E-Seminar „Henry Stewart Talks: Genetic Epidemiology I + II" (in Tabelle 7.1 abgekürzt als *HST: Genet. Epi. I + II*) eine vergleichbare Bandbreite.

Diskussion

Der gesamte Kurs ist so gestaltet, dass er mit geringem Aufwand gepflegt und an neue Anforderungen angepasst werden kann. Das ist eine fundamentale Voraussetzung, um die Nachhaltigkeit des Lernobjekts gewährleisten zu können. Zwei Beispiele sollen hier die konsequente Umsetzung eines nachhaltigen Konzepts illustrieren. Das erste Beispiel betrifft das neue Lernaufgabenmodul *ReT3*. Dieses ist so konzipiert und umgesetzt worden, dass für das Anlegen, Ändern und Pflegen von Lernaufgaben keinerlei Programmierkenntnisse nötig sind.

Das zweite Beispiel für ein nachhaltiges Konzept betrifft die Verwendung von Familienstammbäumen im Kurs, einem elementaren Bestandteil der Ausbildung in Genetischer Epidemiologie. Das Erstellen von Stammbäumen für einen E-Learning-Kurs gelingt am schnellsten mit einem Grafikprogramm. Zum Beispiel wäre es möglich, die Stammbäume mit dem Programm CorelDRAW zu erstellen und für den Kurs als PNG Rastergrafik zu exportieren. Das wäre allerdings für die Nachhaltigkeit des Kurses eine denkbar schlechte Lösung, da beispielsweise zur Anpassung der Stammbäume an eine neue Bildschirmauflösung die Quelldatei jedes Stammbaums einzeln mit dem benutzten Grafikprogramm geöffnet und angepasst werden müsste. Im Kurs *Training in Genetischer Epidemiologie* sind Stammbäume daher nicht als Grafiken in die Inhaltsseiten oder Lernaufgaben eingebettet worden, sondern als PEDCHART Interaktionen. Im eigens entwickelte Flash-Programm PEDCHART wird der Stammbaum erst zur Laufzeit, also im Moment des Öffnens gezeichnet, und zwar anhand der Informationen in einer separat abgespeicherten XML-Datei. Vorteilhaft ist, dass sich die XML-Datei mit einem beliebigen Texteditor öffnen und ändern lässt, wobei sich Änderungen gegebenenfalls sofort auf die Darstellung des Stammbaums auswirken; für eine Anpassung an neue Bildschirmauflösungen muss nicht mehr jede Datei einzeln geändert werden, sondern es bedarf lediglich einer einfachen Anpassung des PEDCHART Programms.

Der Kurs kann erfolgreich in der Lehre eingesetzt werden, also den erklärten Lehrauftrag erfüllen. Das ist das Ergebnis der Evaluation des Kurses. Durch eine empirische Untersuchung, bei der die Teilnehmer zweier Veranstaltungen, die unter dem Titel *Training in Genetischer Epidemiologie* mit einem Abstand von sechs Monaten an der Universität zu Lübeck stattfanden, befragt wurden, konnte gezeigt werden, dass der Kurs die hohen Anforderungen an die Qualität der Inhalte und Medien sowie an das didaktische Konzept mit seinen vielen Einzelkomponenten erfüllt. Das komplexe Lehr- und Lernkonzept des Kurses hat seine Tauglichkeit somit im Praxistest unter Beweis gestellt. Beispielsweise haben 83% der Teilnehmer dem Kurs für die Vermittlung des Lernstoffs die Schulnote 2 gegeben.

Abschließend kann festgehalten werden, dass das Projekt *Training in Genetischer Epidemio-*

logie einen E-Learning-Kurs hervorgebracht hat, der sich positiv von den bisher verfügbaren E-Learning-Angeboten aus den Gebieten Statistik, Biometrie, Epidemiologie und Genetische Epidemiologie abhebt. Die Voraussetzungen für einen erfolgreichen Einsatz des Kurses in der genetisch-epidemiologischen Aus- und Weiterbildung sind aus inhaltlicher, methodischer und didaktischer Sicht erfüllt. Der Kurs eignet sich sowohl für einen kombinierten Einsatz mit einer Präsenzveranstaltung als auch zum Selbststudium.

8. Zusammenfassung

Die Aus- und Weiterbildung in Genetischer Epidemiologie gestaltet sich schwierig, da es kaum ganzheitliches Lehr- und Lernmaterial gibt. Die Gründe dafür liegen zum einen in der raschen Entwicklung neuer und verbesserter Technologien, zum Beispiel bei genomweiten Assoziationsstudien; zum anderen sind die wenigen Experten auf diesem Gebiet durch ihre Forschungstätigkeiten zeitlich stark eingebunden. In einer systematischen Literaturrecherche wurden 17 themenbezogene Lernangebote ermittelt, von denen keines eine ganzheitliche Lösung für das technologiegestützte Training in Genetischer Epidemiologie bietet. Die Kurse nutzen die didaktischen Möglichkeiten der technologiegestützten Lehre nicht aus. Wichtige Hygiene- und Motivationsfaktoren werden nur unzureichend oder gar nicht berücksichtigt.

Dem Mangel an adäquatem Lernmaterial wirkt der E-Learning-Kurs *Training in Genetischer Epidemiologie* entgegen. Die Beschreibung des komplexen Gesamtprojekts sowie der einhergegangenen methodischen und didaktischen Entwicklungen ist Gegenstand dieser Arbeit. Ausgangspunkt für die Entwicklung des Kurses war das didaktische Konzept der Fachhochschule Lübeck. Dieses wurde konsequent weiterentwickelt und an die speziellen Bedürfnisse des Fachgebiets angepasst. Es zeichnet sich durch einen hohen Grad an Interaktionsmöglichkeiten sowie eine kontinuierliche und motivierende Lernerfolgskontrolle aus. Dafür wurde ein Lernaufgabenmodul entwickelt, das neben Standardaufgabentypen wie Multiple-Choice auch die algorithmenbasierte Auswertung von Freitextaufgaben unterstützt. Zu jeder Aufgabe erhält der Lernende ein individuell generiertes, adaptives Feedback, dass ihn zum Weitermachen motiviert. Alle Ergebnisse sind jederzeit einsehbar.

Zur Darstellung von Familienstammbäumen wurde eine Software entwickelt, die die Stammbäume erst zur Laufzeit zeichnet, also im Moment des Öffnens; die Kodierung erfolgt in einem speziell entwickelten Stammbaumformat, das auf XML basiert. Damit lassen sich die Stammbäume leicht anpassen oder ändern, haben ein einheitliches Aussehen und können interaktiv gestaltet werden.

Für die Konzeption, Umsetzung und Evaluation des Kurses wurde ein inkrementelles Vorgehensmodell für E-Learning-Projekte an Hochschulen entwickelt. Es zeichnet sich durch

Zusammenfassung

seine hohe Flexibilität bei systematischer Vorgehensweise sowie die Einbeziehung des didaktischen Konzepts aus.

Für die Erstellung des Drehbuchs, einer Anleitung und Vorlage für die Umsetzung des Kurses, wurde eine neue LaTeX-basierte Drehbuchumgebung konzipiert. Damit wurde das dem Kurs zugrunde liegende Manuskript in ein detailliertes E-Learning-Drehbuch überführt. Jede Drehbuchseite dient unter anderem der Spezifikation von Lernzielen und Multimediaelementen.

Für den Einsatz des E-Learning-Kurses in einer Lehrveranstaltung wurde ein spezifisches Lehrkonzept entwickelt, dass sich auf vier Eckpfeiler stützt: 1. Technische Betreuung; 2. Inhaltliche Betreuung; 3. Kombination mit einer Präsenzveranstaltung; 4. Vernetzung der Lehrenden und Lernenden mit einer Kommunikationsplattform.

Der Kurs wurde in den Jahren 2007 und 2008 wiederholt veranstaltet und getestet. Die Evaluation hat gezeigt, dass die hohen Anforderungen an die Qualität der Inhalte und Medien sowie an das didaktische Konzept mit seinen vielen Einzelkomponenten erfüllt werden.

Das Ergebnis dieser Arbeit ist ein ganzheitlicher E-Learning-Kurs, der die Grundlagen und Methoden der Genetischen Epidemiologie vermittelt. Die Pflege und Erweiterung des Kurses um neue Inhalte wird durch das nachhaltige Gesamtkonzept stark vereinfacht. Der Kurs ist zum Selbststudium geeignet, kann aber auch in Kombination mit einer Präsenzveranstaltung eingesetzt werden. Der Aufwand für die Bearbeitung der Kursinhalte entspricht in etwa 4 ECTS-Punkten.

Literaturverzeichnis

ADL (2004) *Shareable Content Object Reference Model (SCORM)* Dritte Ausgabe. Advanced Distributed Learning. URL http://www.adlnet.gov/SCORM.

AICC (2000). Aviation Industry CBT Committee (AICC). URL http://www.aicc.org.

Allison, D. B., Ewens, W., Leal, S., Fernandez, J., Elston, R., Beasley, M., Neale, M., Roeder, K., George, V., Langefeld, C., Tiwari, H., Kerr, K., Page, G. & Yi, N. (2003) *Third annual short course on Statistical Genetics for Obesity & Nutrition Researchers* Video-Aufzeichnungen. Section on Statistical Genetics, School of Public Health, Department of Biostatistics, University of Alabama at Birmingham. URL http://www.soph.uab.edu/ssg/niddkstatgen/thirdannual.

Apostolopoulos, N., Caumanns, J., Fungk, C. & Geukes, A. (2002) *Statistik interaktiv Software (CD-ROM)*. Springer, Berlin.

Baumgartner, P., Häfele, H. & Maier-Häfele, K. (2004) *Content Management Systeme in e-Education. Auswahl, Potenziale und Einsatzmöglichkeiten*. StudienVerlag, Innsbruck.

Beinhauer, M., Markus, U., Heß, H. & Kronz, A. (1999) Virtual Community - Kollektives Wissensmanagement im Internet. In Scheer, A.-W., Hrsg., *Electronic Business and Knowledge Management - Neue Dimensionen für den Unternehmenserfolg*, S. 403–431. Physica, Heidelberg.

Berners-Lee, T., Hendler, J. & Lassila, O. (2001) The Semantic Web – A new form of Web content that is meaningful to computers will unleash a revolution of new possibilities. *Sci Am*, 284(5): 28–37. URL http://www.sciam.com/article.cfm?id=the-semantic-web.

Bongulielmi, L. (2001) *Leitfaden für Interface-Entwickler des Projektes Coma*. Zentrum für Produkte-Entwicklung, ETH Zürich.

Literaturverzeichnis

Bonsiepe, G. (1996) *Interface. Design neu begreifen.* Bollmann, Köln.

Bos, B., Lie, H. W., Lilley, C. & Jacobs, I. (1998). Cascading Style Sheets, level 2 CSS2 Specification. W3C Recommendation. URL http://www.w3.org/Style/CSS.

Bourier, G. (2002) *PC-Statistiktrainer. Eine interaktive Lernsoftware* Software (CD-ROM). Verlag Neue Wirtschafts-Briefe, Herne.

Brown, J. S., Collins, A. & Duguid, P. (1989) Situated cognition and the culture of learning. *Educational Researcher*, 18(1): 32–43.

Cannings, C. & Edwards, A. (1968) Natural selection and the de Finetti diagram. *Ann Hum Gen*, 31(4): 421–428.

Chambers, G. N. (1999) *Motivating Language Learners* Modern Languages in Practice. Multilingual Matters Ltd, Clevedon.

CSHL (2002a) *DNA from the Beginning.* Cold Spring Harbor Laboratory, New York. URL http://www.dnaftb.org.

CSHL (2002b) *Gene Almanac.* Cold Spring Harbor Laboratory, New York. URL http://www.dnalc.org.

CSHL (2003) *DNA interactive.* Cold Spring Harbor Laboratory, New York. URL http://www.dnai.org.

Ebel, R. L. & Frisbie, D. A. (1991) *Essentials of Educational Measurement* Fünfte Ausgabe. Prentice Hall, Englewood Cliffs.

Ecma International (1999). Standard ECMA-262. ECMAScript Language Specification. URL http://www.ecma-international.org/publications/standards/Ecma-262.htm.

Elston, R. C. & Spence, M. A. (2006) Advances in statistical human genetics over the last 25 years. *Stat Med*, 25(18): 3049–3080.

Freeman, E. & Sierra, K. (2005) *Entwurfsmuster von Kopf bis Fuß.* O'Reilly, Beijing.

Gagné, R., Briggs, L. & Wagner, W. (1988) *Principles of Instructional Design* Dritte Ausgabe. Holt, Rinehart and Winston, New York.

GIUNTI Labs. eXact Packager. URL http://www.giuntilabs.com.

Goetz, T. & Preckel, F. (2006) Der „Big-Fish-Little-Pond-Effekt" („Fischteicheffekt"). Eine Untersuchung an der Sir-Karl-Popper-Schule und am Wiedner Gymnasium in Wien. *news&science*, Sonderausgabe 10/06: 24–26.

Gronlund, N. E. (1991) *How to Write and Use Instructional Objectives* Vierte Ausgabe. Prentice Hall, Englewood Cliffs.

Haerdle, W., Klinke, S. & Ziegenhagen, U. (2007) On the utility of E-learning in statistics. *Int Stat Rev*, 75(3): 355–364.

Hafen, L., Schneider, A. & Stuker, J. (2004) Studie über die Behindertentauglichkeit von Schweizer Websites. Studienreport, namics ag, St. Gallen.

Haladyna, T. M. (1996) *Writing Test Items to Evaluate Higher Order Thinking*. Allyn & Bacon, Boston.

Hametner, K., Jarz, T., Moriz, W., Pauschenwein, J., Sandtner, H., Schinnerl, I., Sfiri, A. & Teufel, M. (2006) *Qualitätskriterien für E-Learning. Ein Leitfaden für Lehrer/innen, Lehrende und Content-Ersteller/innen*. FH Joanneum GmbH, Graz.

Hamming, R. W. (1950) Error-detecting and error-correcting codes. *AT&T Tech J*, XXVI(2): 147–160.

Härdle, W. & Rönz, B. (2003) *Statistik. Wissenschaftliche Datenanalyse leicht gemacht. Bilingual Edition: Dt.-Engl.* Software (CD-ROM). Multimedia Hochschulservice, Berlin.

Henry Stewart Talks (2004) Genetic Epidemiology I. Fundamentals, Theory, Practice and Latest Developments. In Weale, M., Hrsg., *21 seminar style audio visual talks presented by leading world experts*. Henry Stewart Talks, Southampton. URL http://www.hstalks.com/genepid.

Henry Stewart Talks (2007) Genetic Epidemiology II. Latest Developments. In Weale, M., Hrsg., *21 seminar style audio visual talks presented by leading world experts*. Henry Stewart Talks, Southampton. URL http://www.hstalks.com/main/browse_talks.php?father_id=26.

Henry Stewart Talks (2008) Statistical Methods for the Analysis of Genome-Wide Association Studies. Practical advice and guidance. In Marchini, J., Hrsg., *21 seminar style audio visual talks presented by leading world experts*. Henry Stewart Talks, Southampton. URL http://www.hstalks.com/main/browse_talks.php?father_id=337.

Herczeg, M. (1994) *Software-Ergonomie – Grundlagen der Mensch-Computer-Kommunikation*. Addison-Wesley, Bonn.

Herzberg, F., Mausner, B. & Snyderman, B. B. (1959) *The Motivation to Work*. John Wiley & Sons, New York.

Hiemstra, R., Rau, O. & Pelz, D. (2002) Statistik-Unterricht mit eLearning. In Köhl, M. & Quednau, H., Hrsg., *14. Tagung DVFFA, Sektion Forstliche Biometrie und Informatik*, S. 15–21. Deutscher Verband Forstlicher Forschungsanstalten, Tharandt.

Hohenstein, A. & Wilbers, K. (2001) *Handbuch E-Learning*. Fachverlag Deutscher Wirtschaftsdienst, Neuwied.

Honebein, P. C., Duffy, T. M. & Fishman, B. J. (1993) Constructivism and the design of learning environments: Context and authentic activities for learning. In Duffy, T. M., Lowyck, J. & Jonassen, D., Hrsg., *Designing Environments for Constructive Learning*, S. 87–108. Springer, Berlin.

Hopcroft, J. E. & Ullman, J. D. (2000) *Einführung in die Automatentheorie, formale Sprachen und Komplexitätstheorie* Vierte Ausgabe. Oldenbourg, München.

IMS GLC (2005) *IMS Content Packaging. IEEE LTSC P1484.17 Standard*. IMS Global Learning Consortium. URL http://www.imsglobal.org/content/packaging.

Jurafsky, D. & Martin, J. H. (2000) *Speech and Language Processing: An Introduction to Natural Language Processing, Computational Linguistics, and Speech Recognition* Prentice Hall series in artificial intelligence. Prentice Hall, New York.

Kerres, M. (2001) Mediendidaktische Professionalität bei der Konzeption und Entwicklung technologiebasierter Lernszenarien. In Herzig, B., Hrsg., *Medien machen Schule. Grundlagen, Konzepte und Erfahrungen zur Medienbildung*. Klinkhardt, Bad Heilbrunn.

Kerres, M. (2005) Didaktisches Design und eLearning: Zur didaktischen Transformation von Wissen in mediengestützte Lernangebote. In Miller, D., Hrsg., *E-Learning - Eine multiperspektivische Standortbestimmung*, Kapitel 1, S. 156–182. Haupt Verlag, Bern.

Kirchgessner, K. (2008) Vorlesung in MP3. *Die Zeit*, Nr. 19, Internet Spezial April 2008, S. 22. URL http://www.zeit.de/2008/19/I-Lernen-Lernen.

Kladroba, A. (2006) E-learning in der Statistik - Ein Vergleich verschiedener Lernsoftwareangebote. *All Stat Arch*, 90(2): 323 – 340.

Koivunen, M.-R. & Miller, E. (2002) W3C Semantic Web Activity. In Hyvönen, E., Hrsg., *Semantic Web Kick-Off in Finland - Vision, Technologies, Research, and Applications, HIIT Publications*, S. 27–44. Helsinki Institute for Information Technology (HIIT), HIIT Publications, Helsinki. URL http://www.w3.org/2001/12/semweb-fin/w3csw.

Köpcke, W. & Heinecke, A. (1997) Ein Lehr- und Lernsystem für die Übungen in Medizinischer Biometrie. In Conradi, H., Kreutz, K. & Spitzer, K., Hrsg., *CBT in der Medizin*, S. 47–59. Augustinus, Aachen.

Köpcke, W. & Heinecke, A. (2001) JUMBO - Java-unterstützte Münsteraner Biometrie Oberfläche. In Grob, H., Hrsg., *Computergestützte Hochschullehre*, S. 157–164. LIT-Verlag, Münster.

Lander, E. S., Altshuler, D., Kohane, I. S., LaBaer, J., Schinke, M., O'Donnell, C. J., Seidman, J. G., Palmer, L. J., Hirschhorn, J. N., Old, S. E., Gilman, B., Butte, A. J., Lindblad-Toh, K., Pennacchio, L., Svenson, K. L., Jacob, H. J., Izumo, S., Mootha, V., Seidman, C. E., Weiss, S. T., Hirschhorn, J. N., Levy, D. & Kucherlapati, R. (2003) *Genomics and Genetic Epidemiology: General Principles and Application to Disease Studies* Webcast. The Harvard Medical School Department of Continuing Medical Education and Beth Israel Deaconess Medical Center, Boston. URL http://ustools.you-niversity.com/youtools/companies/viewArchives.asp?affiliateId=37.

Levenshtein, V. I. (1965) Binary codes capable of correcting deletions, insertions, and reversals. *Dokl Akad Nauk SSSR+*, 163(4): 845–848.

Levenshtein, V. I. (1966) Binary codes capable of correcting deletions, insertions and reversals. *Sov Phys Dokl*, 10(8): 707–710.

Louis, D. & Nissen, S. (2004) *Flash MX 2004 und ActionScript*. Markt und Technik, München.

Mair, D. (2005) *E-Learning – das Drehbuch*. Springer-Verlag, Berlin.

Mao, W. (2007) *Genetic Epidemiology. Prediction of Susceptibility to Complex Diseases.* Vdm Verlag Dr. Müller, Saarbrücken.

Marsh, H. W. (1987) The big-fish-little-pond effect on academic self-concept. *J Educ Psychol*, 79(3): 280–295.

Marsh, H. W., Köller, O. & Baumert, J. (2001) Reunification of East and West German School Systems: Longitudinal Multilevel Modeling Study of the Big-Fish-Little-Pond Effect on Academic Self-Concept. *Am Educ Res J*, 38(2): 321–350.

Marsh, H. W., Trautwein, U., Lüdtke, O., Baumert, J. & Köller, O. (2007) The Big-Fish-Little-Pond Effect: Persistent Negative Effects of Selective High Schools on Self-Concept After Graduation. *Am Educ Res J*, 44(3): 631–669.

Meixner, J. & Müller, K. (2004) *Angewandter Konstruktivismus. Ein Handbuch für die Bildungspraxis in Schule und Beruf.* Shaker, Aachen.

Mittag, H.-J. & Stemann, D. (2004) *Beschreibende Statistik und explorative Datenanalyse* Interaktive Multimedia-Software (CD-ROM), Fünfte Ausgabe. Hanser Fachbuchverlag, Leipzig.

Müller, M., Rönz, B. & Ziegenhagen, U. (2000) The multimedia project MM*STAT for teaching statistics. In Bethlehem, J. & van der Heijden, P., Hrsg., *COMPSTAT 2000: Proceedings in Computational Statistics*, S. 409–415. Physica Verlag, Heidelberg.

Moebus, C., Albers, B., Hartmann, S., Thole, H. & Zurborg, J. (2002) Towards a specification of distributed and intelligent web based training systems. In Cerri, S. A., Gouardères, G. & Paraguaçu, F., Hrsg., *Intelligent Tutoring Systems. 6th International Conference, ITS 2002*, S. 291–300. Springer, Berlin.

Molebash, P. E. (2002) Constructivism meets Technology Integration: The CUFA Technology Guidelines in an Elementary Social Studies Methods Course. *Theor Res Soc Educ*, 30(3): 429–455.

Mori, Y., Yamamoto, Y. & Yadohisa, H. (2002) Data-oriented Learning System of Statistics based on Analysis Scenario/Story (DoLStat). In Phillips, B., Hrsg., *Proceedings-6th International Conference on Teaching Statistics*, S. 74–77. International Statistical Institute, Voorburg.

Morton, N. E. (1982) *Outline of Genetic Epidemiology.* S Karger Pub, Basel.

Morton, N. E. (2006) Fifty years of genetic epidemiology, with special reference to Japan. *J Hum Genet*, 51(4): 269–277.

Muche, R. (2006) Auswahl und Einsatz eines Standard-E-Learning-Systems im Lehrprojekt Biometrie an der Uni Ulm. *GMS Med Inform Biom Epidemiol*, 2(3): Doc21.

Muche, R. & Seefried, K. (2006) Computereinsatz und „E-Learning" im Lehrprojekt Biometrie. *GMS Z Med Ausbild*, 23(1): Doc08.

oncampus-factory (2008). oncampus-factory. Ein Autorenwerkzeug für die Erstellung von akademischen E-Learning Inhalten. URL http://www.oncampus.de/index.php?id=971. [Online; Stand 12. März 2008].

Pahlke, F., König, I. R., Bischoff, M. & Ziegler, A. (2006) Ein inkrementelles Vorgehensmodell für E-Learning-Projekte an Hochschulen. *GMS Med Inform Biom Epidemiol*, 2(3): Doc25.

Pahlke, F., König, I. R. & Ziegler, A. (2007) Erweiterte Darstellung von Familienstammbäumen in der technologiegestützten Lehre. In Kundt, G., Bernauer, J., Fischer, M. R., Haag, M., Klar, R.and Leven, F.-J., Matthies, H. K. & Puppe, F., Hrsg., *eLearning in der Medizin und Zahnmedizin*, S. 73–78. GMDS AG Computergestützte Lehr- und Lernsysteme in der Medizin, Shaker Verlag, Aachen.

Reich, K. (2006) *Konstruktivistische Didaktik: Lehr- und Studienbuch mit Methodenpool* Dritte Ausgabe. Beltz, Weinheim.

Reinmann-Rothmeier, G. (2003) *Didaktische Innovation durch Blended Learning: Leitlinien anhand eines Beispiels aus der Hochschule* Lernen mit neuen Medien. Huber, Bern.

Renkl, A. (1996) Träges Wissen: Wenn Erlerntes nicht genutzt wird. *Psychol Rundsch*, 47(2): 78–92.

Roelofs, G. (1999) *PNG. The Definitive Guide*. O'Reilly, Beijing.

Rosenberg, M. J. (2000) *E-Learning: Strategies for Delivering Knowledge in the Digital Age*. McGraw-Hill, New York.

Royce, W. W. (1970) Managing The Development of Large Software Systems. Concepts and Techniques. In *WESCON Technical Papers*, Band 14, S. 1–9. WESCON, Los Angeles.

Literaturverzeichnis

Ruf, U. & Goetz, N. B. (2002) Dialogischer Unterricht als pädagogisches Versuchshandeln - Instruktion und Konstruktion in einem komplexen didaktischen Arrangement. In Voß, R., Hrsg., *Unterricht aus konstruktivistischer Sicht. Die Welten in den Köpfen der Kinder*. Hermann Luchterhand, Neuwied.

Salmon, G. (2002) *E-Tivities: The Key to Active Online Learning*. RoutledgeFalmer, Oxford.

Schlittgen, R. (2004) *Das Statistiklabor: Einführung und Benutzerhandbuch*. Springer, Berlin.

Schüle, H. (2002) Die Nutzung von e-Learning-Content in den Top350-Unternehmen der deutschen Wirtschaft. Eine Studie im Auftrag der unicmind.com AG. Studienreport, unicmind.com AG, Göttingen.

Schulmeister, R. (2004) Diversität von Studierenden und die Konsequenzen für eLearning. In Carstensen, D. & Barrios, B., Hrsg., *Campus 2004. Kommen die digitalen Medien in die Jahre?*, Band 29 von *Medien in der Wissenschaft*, S. 133–144. Waxmann, Münster.

Schulmeister, R. (2000) Selektions- und Entscheidungskriterien für die Auswahl von Lernplattformen und Autorenwerkzeugen. Gutachten für das BM:BWK, ZHW, Universität Hamburg, Hamburg. URL www.izhd.uni-hamburg.de/pdfs/Plattformen.pdf.

Seel, N. M. (1981) *Lernaufgaben und Lernprozesse* Kohlhammer Studienbücher. W. Kohlhammer, Stuttgart.

Siebert, H. (1998) *Konstruktivismus – Konsequenzen für Bildungsmanagement und Seminargestaltung* Band 14 von *Materialien für Erwachsenenbildung*. DIE, Frankfurt/ Main.

Slavin, R. E. (1980) Effects of Individual Learning Expectations on Student Achievement. *J Educ Psychol*, 72(4): 520–524.

Slavin, R. E. (2000) *Eduactional Psychology – Theory and Practice* Sechste Ausgabe. Allyn and Bacon, Boston.

Suanpang, P., Petocz, P. & Kalceff, W. (2004) Student attitudes to learning business statistics: Comparison of online and traditional methods. *Educ Tech Soc*, 7(3): 9–20.

SUN. Java Applets. URL http://java.sun.com/applets.

Terwilliger, J. D. & Ott, J. (1994) *Handbook of Human Genetic Linkage*. Johns Hopkins University Press, Baltimore.

The International Human Genome Mapping Consortium (2001) A physical map of the human genome. *Nature*, 409(6822): 934–941.

Thomas, D. C. (2004) *Statistical Methods In Genetic Epidemiology*. Oxford University Press, New York.

Velleman, P. F. (2008) *ActivStats* Software (CD-ROM) Siebte Ausgabe. Addison-Wesley, New York.

Venter, J. C., Adams, M. D., Myers, E. W., Li, P. W., Mural, R. J., Sutton, G. G., Smith, H. O., Yandell, M., Evans, C. A., Holt, R. A., Gocayne, J. D., Amanatides, P., Ballew, R. M., Huson, D. H., Wortman, J. R., Zhang, Q., Kodira, C. D., Zheng, X. H., Chen, L., Skupski, M., Subramanian, G., Thomas, P. D., Zhang, J., Miklos, G. L. G., Nelson, C., Broder, S., Clark, A. G., Nadeau, J., McKusick, V. A., et al. (2001) The sequence of the human genome. *Science*, 291(5507): 1304–1351.

W3C (2002) *XHTML 1.0 The Extensible HyperText Markup Language. A Reformulation of HTML 4 in XML 1.0* Zweite Ausgabe. World Wide Web Consortium. URL http://www.w3.org/TR/xhtml1.

W3C (2006) *Extensible Markup Language (XML) 1.0* Vierte Ausgabe. World Wide Web Consortium. URL http://www.w3.org/TR/xml.

Ziegler, A. & König, I. R. (2006) *A Statistical Approach to Genetic Epidemiology. Concepts and Applications*. Wiley-VCH, Weinheim.

A. Systematische Literaturrecherche

A.1. Literaturrecherche: E-Learning-Angebote zum Thema Statistik

Ziel war es, systematisch nach Literatur zu folgenden Themen zu suchen:

1. E-Learning-Angebote zum Thema Statistik, die für eine Nutzung ohne Präsenzphase vorgesehen sind;

2. E-Learning-Angebote zum Thema Statistik, die auf einem Lehr- und Lernkonzept basieren, das neben dem Online-Teils eine Präsenzphase vorsieht.

Web of Science Recherche

Tabelle A.1 zeigt die Kriterien, die für die Recherche festgelegt wurden.

Datum	3. Juni 2008
Suchmaschine	ISI Web of Knowledge, Web of Science: http://apps.isiknowledge.com
Suchbegriffe	Topic = (statistic* AND e-learning)
Zeitraum	Alle Jahre
Datenbanken	SCI-EXPANDED, SSCI, A&HCI
Ergebnisse	32
Sortierung der Ergebnisse	Letztes Datum

Tabelle A.1: Suchkriterien der Literaturrecherche „E-Learning-Angebote zum Thema Statistik". Suchmaschine: *Web of Science*.

Literaturrecherche

Suchergebnisse

Es wurden 17 Suchergebnisse dem Gebiet „Technologien, didaktische Methoden, Mthoden zur Auswertung von E-Learning Daten" zugeordnet; genau waren das die Nummern 1, 2, 7, 8, 9, 12, 13, 14, 15, 16, 17, 20, 21, 22, 23, 24 und 26.

12 weitere Ergebnisse beinhalteten zwar E-Learning-Themen, waren aber thematisch weit vom Thema Statistik entfernt; die genauen Artikel aus verschiedenen Nicht-Statistik Fachgebieten waren die Nummern 3, 5, 6, 10, 11, 18, 19, 27, 28, 30, 31 und 32.

Es blieben die drei Artikel 4, 25 und 29 aus dem Gebiet Statistik übrig.

Artikel 1 – *Web of Science* Suchergebnis Nummer 4

Beim Artikel von Haerdle et al. (2007) handelt es sich um einen Erfahrungsbericht mit Diskussion zum Thema „Nutzung von E-Learning in der statistischen Ausbildung". In diesem Artikel wird als Beispiel für ein interaktives E-Learning Modul das Programm MM*STAT (Müller et al., 2000) betrachtet.

Artikel 2 – *Web of Science* Suchergebnis Nummer 25

Artikel Suanpang et al. (2004) beschreibt einen Vergleich zwischen technologiegestützten und traditionellen Lehr- und Lernmethoden im Gebiet „Business Statistik" an der Suan Dusit Rajabhat University (SDRU), Thailand. Der E-Learning-Kurs, der technisch auf der Lernumgebung Blackboard 5 (http://www.blackboard.com) basiert, ist nicht als reiner Selbstlernkurs gedacht, sondern verfolgt eher ein Blendet Learning Konzept. Die Studierenden werden dazu angeregt, miteinander und mit den Lehrkräften zu kommunizieren. Dafür stehen alle modernen Kommunikationsmittel, Foren und Diskussionsplattformen zur Verfügung. Darüber hinaus werden Präsenzphasen angeboten. Es stehen folgende Themen zur Verfügung: *Deskriptive Statistik* und *Schließende Statistik*.

Leider sind die Kurse zum Thema „Business Statistik" nicht öffentlich zugänglich. Das verwendete System Blackboard 5 lässt aber einige Rückschlüsse auf die Art des Kurses zu. Die Stärken von Blackboard liegen eindeutig im reichhaltigen Angebot von Kommunikationsmöglichkeiten, es handelt sich dabei also eher um einen Web 2.0 Lernraum, in dem sich

A.1 E-Learning-Angebote zur Statistik

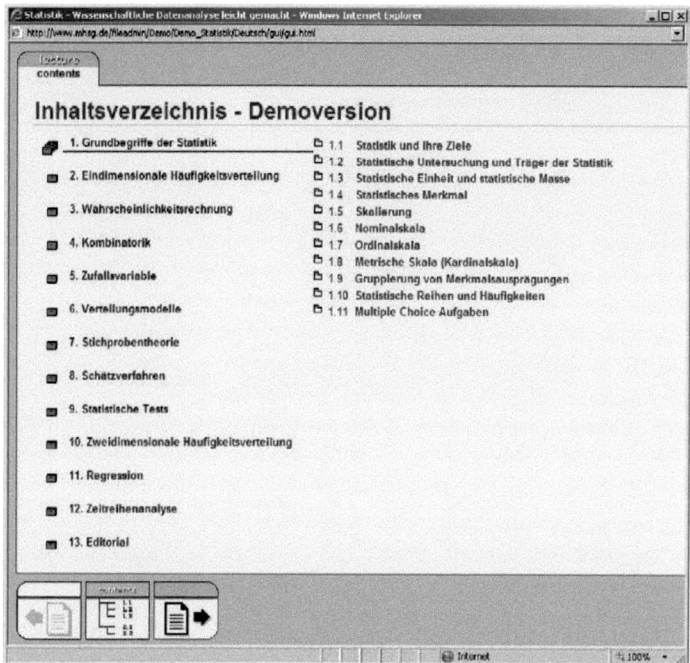

Abbildung A.1: Screenshot der Startseite des Statistik Lernmoduls MM*STAT. Der Inhalt ist klar strukturiert. Die einzelnen Kapitel sind in Unterkapitel untergliedert, die erst nach einem Mausklick auf das Oberkapitel angezeigt werden.

E-Learning-Kurse einbetten und präsentieren lassen. Zur Qualität der Inhaltsseiten, zum Grad der Interaktivität und zum didaktischen Konzept des eigentlichen E-Learning-Kurses lässt sich an dieser Stelle leider nichts sagen. Inhaltlich ist der Kurs speziell auf Studierenden der Wirtschaftswissenschaften zugeschnitten und soll hier daher nicht näher als bis hier geschehen untersucht werden.

Artikel 3 – *Web of Science* Suchergebnis Nummer 29

Im Artikel Moebus et al. (2002) wird die Entwicklung der internetbasierten Lehr- und Lernumgebung *EMILeA-stat* beschrieben, einem E-Learning-System für die angewandte Statistik. *EMILeA-stat* ging aus dem Projekt *e-stat* hervor, das vom Bundesministerium für Bildung und Forschung (BMBF) im Programm „Neue Medien in der Bildung (Förderbereich

Literaturrecherche

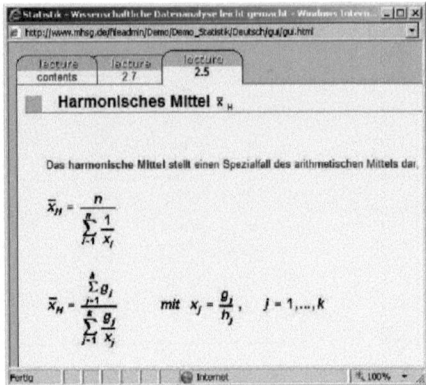

Abbildung A.2: Screenshot der grafischen Oberfläche des Statistik Lernmoduls MM*STAT. Alle Unterkapitel, werden jeweils in einem neuen Tab geöffnet (im dargestellten Beispiel 2.7 und 2.5). Die offenen Tabs lassen sich mit einem Doppelklick wieder schliessen. Der offene Tab 2.5 zeigt hier nur einen Ausschnitt des Inhalts dieser Inhaltsseite. Der restliche Inhalt lässt sich leider nur bei maximiertem Browserfenster anzeigen, da nur dann die horizontalen und vertikalen Scrollbalken angezeigt werden, die den Bildlauf, also das Verschieben der Inhalte nach oben und unten sowie nach rechts und links ermöglichen.

Hochschulen)" von April 2001 bis Dezember 2004 mit einem finanziellen Gesamtvolumen von 2,9 Mio. Euro gefördert wurde. An dem Projekt waren 13 Antragsteller und 70 Mitarbeiter und Mitarbeiterinnen beteiligt.

Neben den in Kapitel 1.1.1 aufgeführten Modulen werden folgende Kurse angeboten:

- Mathe B Statistik SS06
- PISA-Begleitkurs
- Zur Mathematik derivativer Finanzinstrumente
- Markov-Ketten
- Markov-Prozesse
- Poisson-Prozesse
- Wartesysteme
- Stamm-Blatt-Diagramm
- Versuchsplanung zur Qualitätsoptimierung
- Amtliche Statistik
- Beschreibende Statistik
- Das Simpson Paradoxon

A.1 E-Learning-Angebote zur Statistik

- Stochastische Modelle

In den Abbildungen A.3 und A.4 ist beispielhaft die Benutzeroberfläche von *EMILeA-stat* dargestellt.

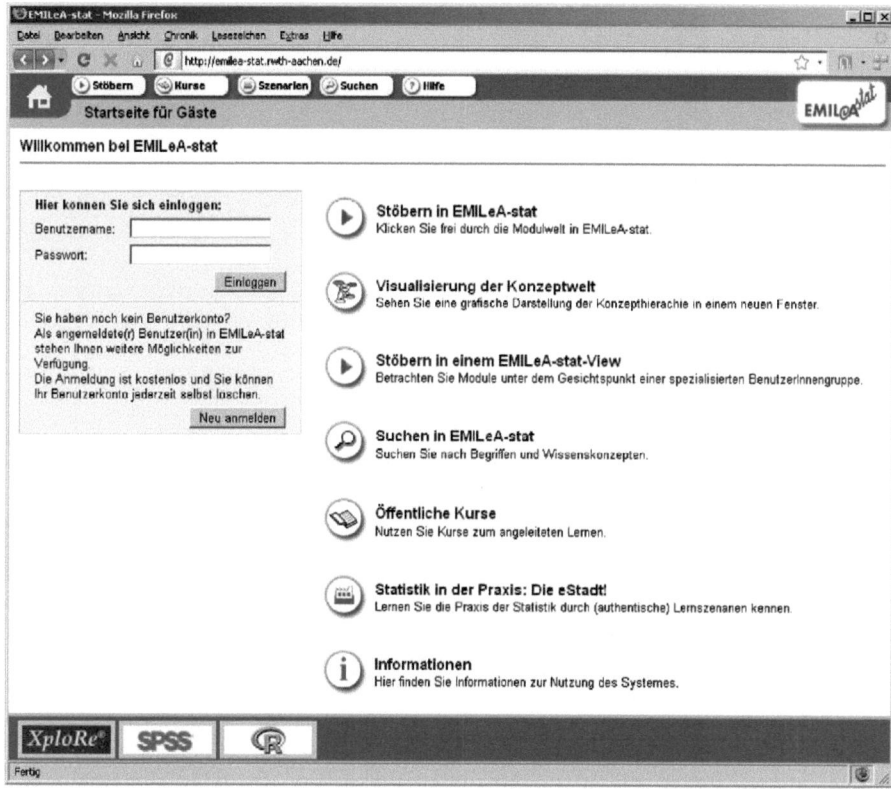

Abbildung A.3: Screenshot der Startseite von *EMILeA-stat*. Die Seite ist ansprechend und übersichtlich gestaltet. Der Benutzer kann z.B. wählen, ob er in den verschiedenen Lernmodulen stöbern (siehe Abbildung A.4) oder einen der verfügbaren Kurse starten möchte (z.B. ist der Kurs „Beschreibende Statistik: Lage- und Streuungsmaße" öffentlich zugänglich).

Literaturrecherche

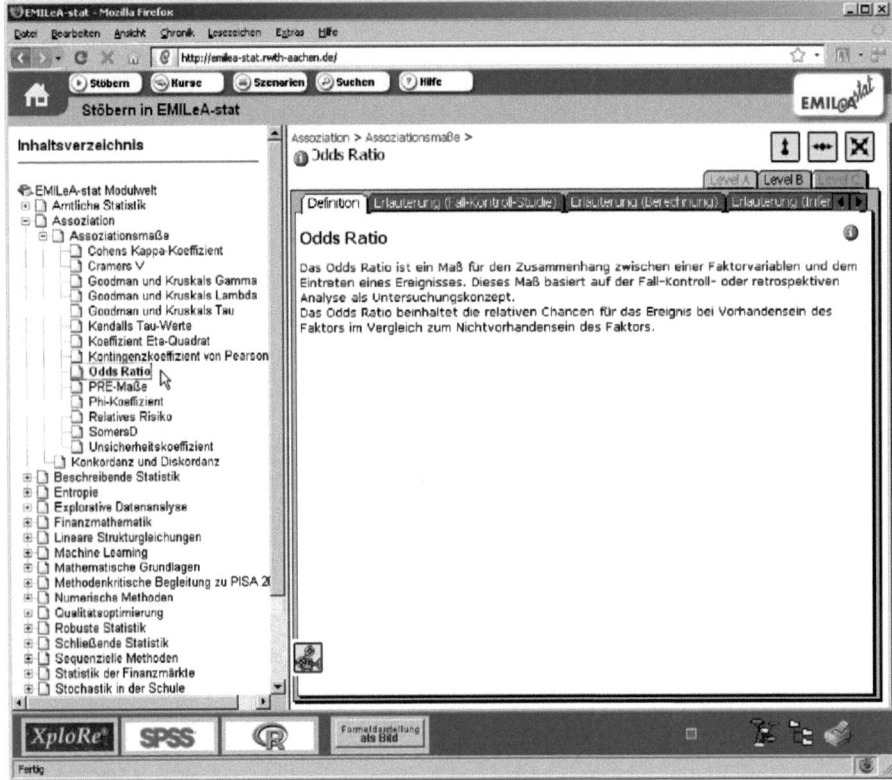

Abbildung A.4: Screenshot der Lernumgebung von *EMILeA-stat*. Auf der linken Seite befindet sich ein Naviagtionsbau, mit dessen Hilfe der Benutzer sich durch die verschiedenen Module bewegen kann. Im dargestellten Beispiel wurde das Modul *Assoziation* gestartet. Es ist das Thema *Assoziationsmaße* → *Odds Ratio* ausgewählt. Rechts ist die Seite mit dem eigentlichen Lerninhalt zu sehen. Die Inhalte sind überwiegend auf reinen Text (siehe Beispiel *Odds Ratio* oben), Formeln und Tabellen beschränkt.

A.1 E-Learning-Angebote zur Statistik

The World Wide Web Virtual Library – Statistics Recherche

Tabelle A.2 zeigt die Kriterien, die für die Recherche festgelegt wurden.

Datum	4. Juni 2008
Webseite	The World Wide Web Virtual Library – Statistics: `http://www.stat.ufl.edu/vlib/statistics.html`
Rubrik	On-Line Educational Resources
Ergebnisse	7

Tabelle A.2: Suchkriterien der Literaturrecherche „E-Learning-Angebote zum Thema Statistik". Suchmaschine: *The World Wide Web Virtual Library – Statistics*

Suchergebnisse

1. 56 Probability Distributions and their Properties
2. Central Limit Theorem
3. General Tutorial on (Univariate) Mathematical Modeling (PDF)
4. HyperStat
5. Java Applets for Visualisation of Statistical Concepts
6. Java Application Simulating the Central Limit Theorem
7. Statistical Java – Virginia Polytechnic Institute

Bei den Ergebnissen 1 – 3 und 5 – 7 handelt es sich jeweils um Material (z.B. Text, Abbildungen oder Animationen) zu einem speziellen Thema aus der Statistik, das zu Lehr- und Übungszwecken verwendet werden kann. Keines dieser Materialien stellt einen kompletten E-Learning-Kurs beziehungsweise ein E-Learning-Modul dar. Hinter Suchergebnis 4 verbirgt sich das „HyperStat Online Statistics Textbook" (`http://davidmlane.com/hyperstat`, siehe Abbildung A.5). Es handelt sich dabei um eine Internet-Plattform, die umfangreiche Informationen und Links zum Thema Statistik beinhaltet. Zentraler Bestandteil der Seite ist das einführende Statistik-Textbuch und Online-Tutorial von Professor David Lane von der Rice Universität, Houston, USA.

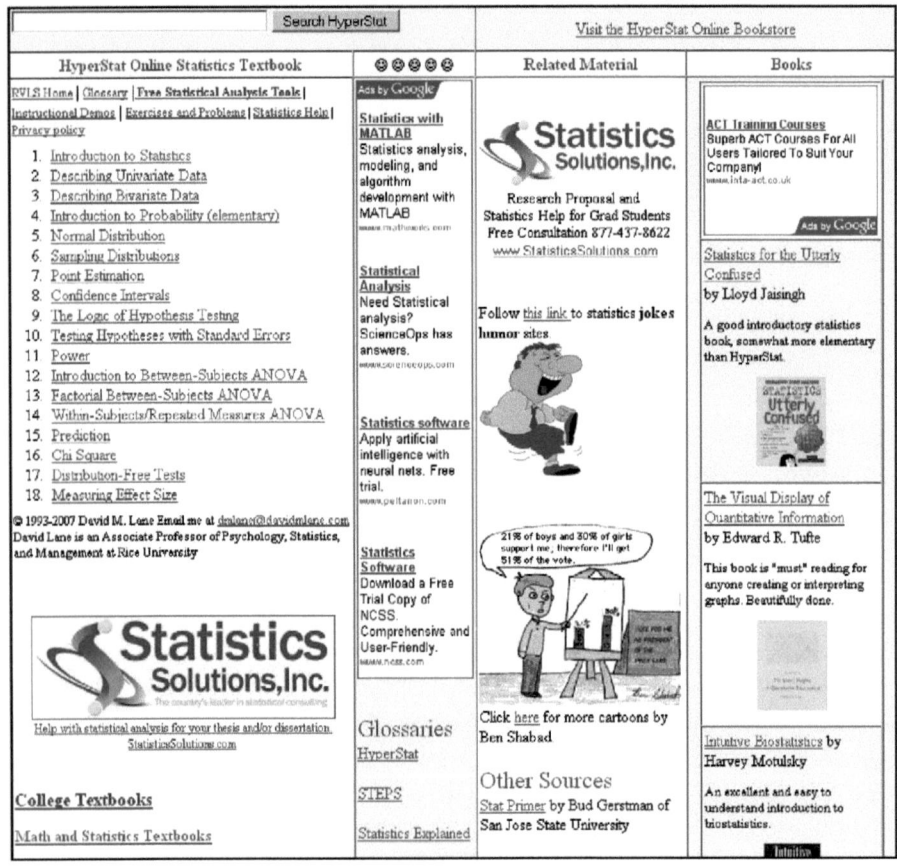

Abbildung A.5: Screenshot der Benutzeroberfläche von *HyperStat*.

Google Scholar Recherche

Datum	4. Juni 2008
Suchmaschine	Google Scholar: http://scholar.google.de
Suchmodus	Erweiterte Scholar-Suche, Artikel finden mit allen Wörtern
Suchbegriffe 1	statistik biometrie "e learning"
Suchbegriffe 2	statistik biometrie e-learning
Suchbegriffe 3	statistics biometry "e learning"
Suchbegriffe 4	statistics biometry e-learning
Suchbegriffe 5	statistics biometrics "e learning"
Suchbegriffe 6	statistics biometrics e-learning
Zeitraum	1995 – 2008
Ergebnisse	8, 12, 56, 60, 151, 166

Tabelle A.3: Suchkriterien der Literaturrecherche „E-Learning-Angebote zum Thema Statistik". Suchmaschine: *Google Scholar*.

Suchergebnisse

Von den acht Treffern bei der ersten Suche hatten nur die ersten drei direkt mit dem Thema „E-Learning-Angebote zum Thema Statistik" zu tun. Die ersten beiden Suchergebnisse verwiesen zudem beide auf denselben Artikel, so dass hier letztendlich nur zwei Artikel untersucht wurden: Muche und Seefried (2006) und Kladroba (2006). Bei der zweiten Suche ergaben sich 12 Treffer, von denen sieben noch nicht bei der ersten Suchanfrage enthalten waren. Nach Inspektion dieser Artikel blieb ein Artikel (Muche, 2006) übrig, der als relevant in Bezug auf das Thema angesehen wurde und daher näher betrachtet wurde. In den Artikeln waren 11 E-Learning-Angebote zum Thema Statistik genannt, die noch nicht in den vorhergehenden Recherchergebnissen enthalten waren:

- Statistik: Beschreibende Statistik und explorative Datenanalyse
- Neue Statistik II
- PC-Statistik-Trainer 1.0
- LernSTATS / Methodenlehre-Baukasten
- AktiveStats
- AST
- Grundbegriffe der Biostatistik
- JUMBO

- Visual Bayes
- VisualStat
- ROBISYS
- NUMAS

Der Adaptive Statistik Tutor (AST) wurde über mehrere Jahre von der Universität Trier im Internet angeboten. Die Lernumgebung ist daher in mehreren vergleichenden Arbeiten zum Thema „E-Learning-Angebote zum Thema Statistik" zu finden. Da das Angebot online aber nicht mehr erreichbar ist, soll AST hier nicht näher betrachtet werden.

Mit Suchanfrage 3 ergaben sich keine neuen Ergebnisse, Suchanfrage 4 enthielt als einzige noch nicht betrachtete Veröffentlichung Hiemstra et al. (2002). In dieser Arbeit wird der Stand der Entwicklung eines Projekts an der Abteilung für Forstliche Biometrie der Universität Freiburg beschrieben. Das Lernmodul „Statistics for Foresters" wurde im Jahre 2001 mit der Lehrplattform ILIAS (http://www.ilias.uni-koeln.de) im Rahmen einer Masterarbeit entwickelt und behandelt folgende Themen: *Skalenniveaus, Häufigkeitsverteilungen, Lagewerte, Streuungsmaße, Konfidenzintervall, Verteilungen, Schätz- und Testverfahren, Korrelation, Regression* sowie *Stichprobenverfahren*. Das Lernmodul ist für den studienbegleitenden Einsatz im Forstwissenschaftlichen Studium der Universität Freiburg vorgesehen. Da es nicht öffentlich zugänglich ist, soll es hier nicht weiter betrachtet werden.

Suchanfrage 5 ergab als einzigen thematisch passenden Treffer die Veröffentlichung Mori et al. (2002), in der das „Data-oriented Learning System of Statistics based on Analysis Scenario/Story (DoLStat)" beschrieben wird. Da das System unter http://mo161.soci.ous.ac.jp/@d/DoLStat/index.html zwar noch online erreichbar, aber leider nicht mehr funktionsfähig ist, soll es hier nicht weiter betrachtet werden.

Suchanfrage 6 ergab keine neuen Ergebnisse.

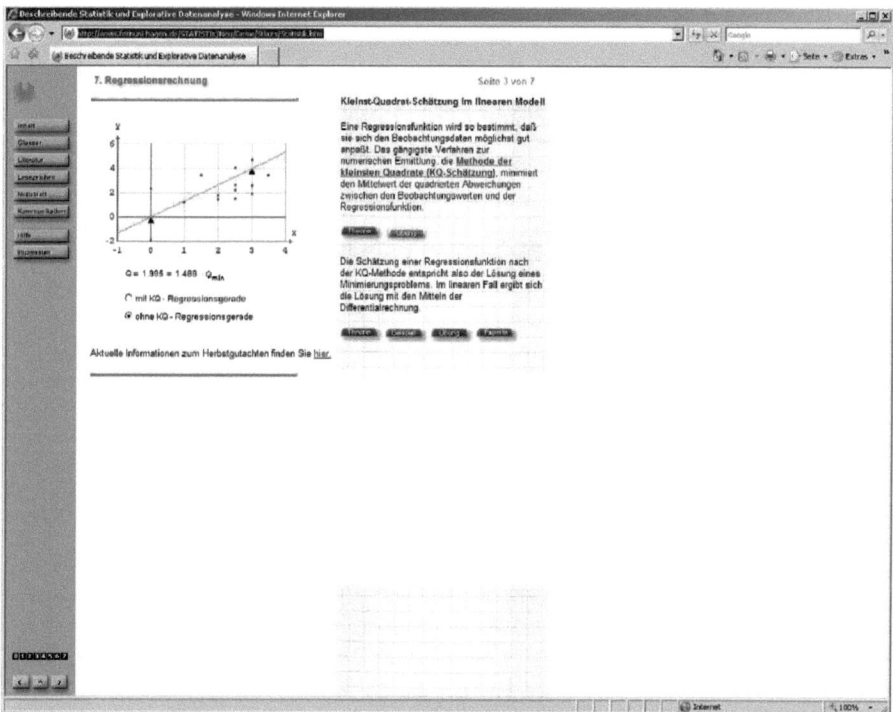

Abbildung A.6: Screenshot der Benutzeroberfläche von „Statistik: Beschreibende Statistik und explorative Datenanalyse". Bei einer heutzutage häufig anzutreffenden Bildschirmauflösung von 1280×1024 dpi wird gerade mal ein Viertel der Oberfläche ausgenutzt.

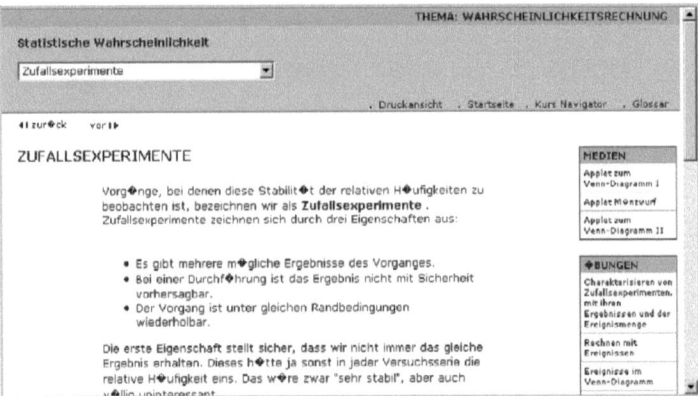

Abbildung A.7: Screenshot der Benutzeroberfläche von *Neue Statistik* bzw. *Neue Statistik II*. Die Benutzeroberfläche ist recht ansprechend gestaltet, die Navigation ist einheitlich und intuitiv. Leider sind die Seiten häufig so lang, dass der Benutzer beim Lesen laufend nach unten Scrollen muss. Sowohl mit dem Firefox Browser als auch mit dem Internet Explorer wurden Umlaute und Sonderzeichen nicht korrekt dargestellt.

A.1 E-Learning-Angebote zur Statistik

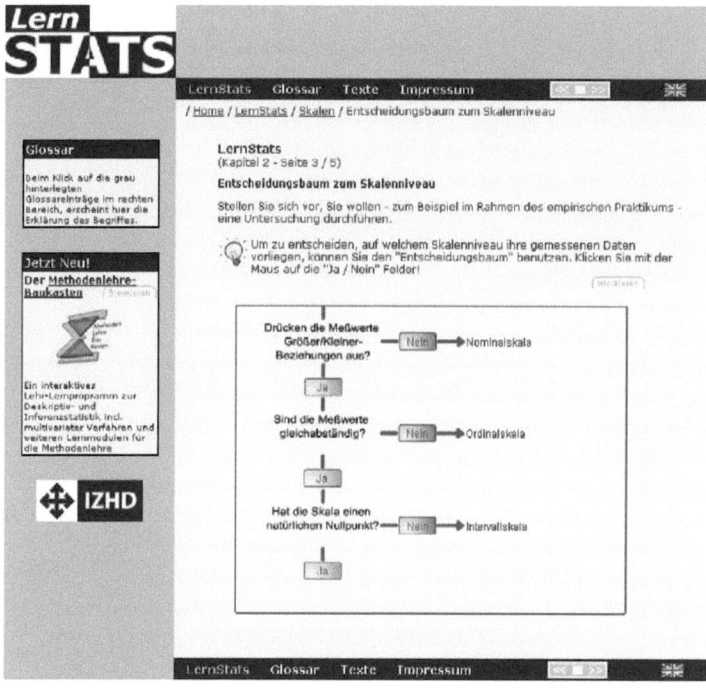

Abbildung A.8: Screenshot der Benutzeroberfläche von *LernStats*.

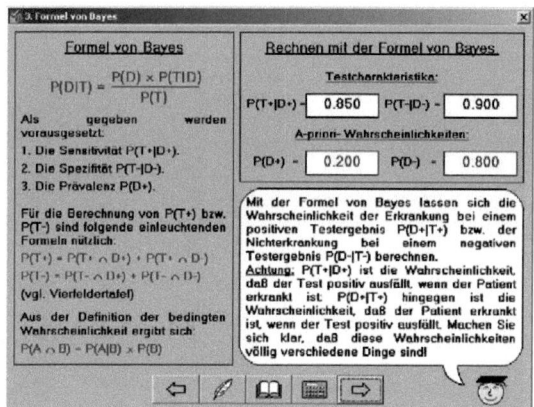

Abbildung A.9: Screenshot der Benutzeroberfläche von *Visual Bayes*. Die Benutzeroberfläche von Visual Bayes bedeckt mit einer festen Bildschirmauflösung von 640×480 gerade mal ein Viertel der Oberfläche aktueller Bildschirme. Das Design wirkt mit seiner MS-DOS-Optik hoffnungslos veraltet.

Literaturrecherche

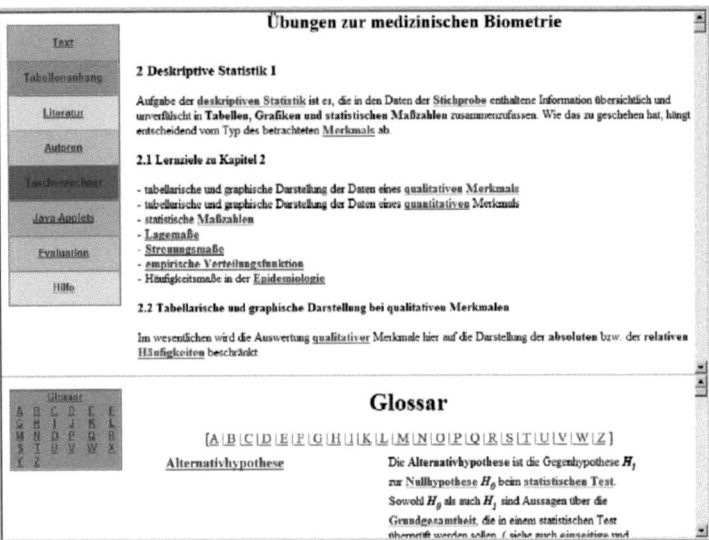

Abbildung A.10: Screenshot der Benutzeroberfläche von *JUMBO*. Auffallend ist die Einteilung der Oberfläche mit Hilfe von Frames: Am unteren Bildschirmrand ist das Glossar permanent eingeblendet. Die grellen Farben der Navigationsleiste erinnern an Webseiten aus den Anfangszeiten des Internets und stehen im krassen Widerspruch zu modernen Ergonomierichtlinien (siehe z.B. Herczeg, 1994).

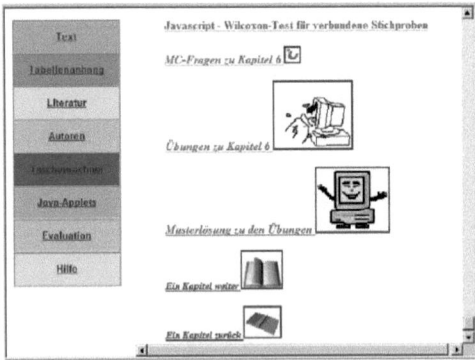

Abbildung A.11: Screenshot einer Inhaltsseite von *JUMBO*. Blinkende Buttons und Cliparts im GIF-Format wirken auf viele Benutzer störend und lenken von den eigentlichen Inhalten ab.

A.1 E-Learning-Angebote zur Statistik

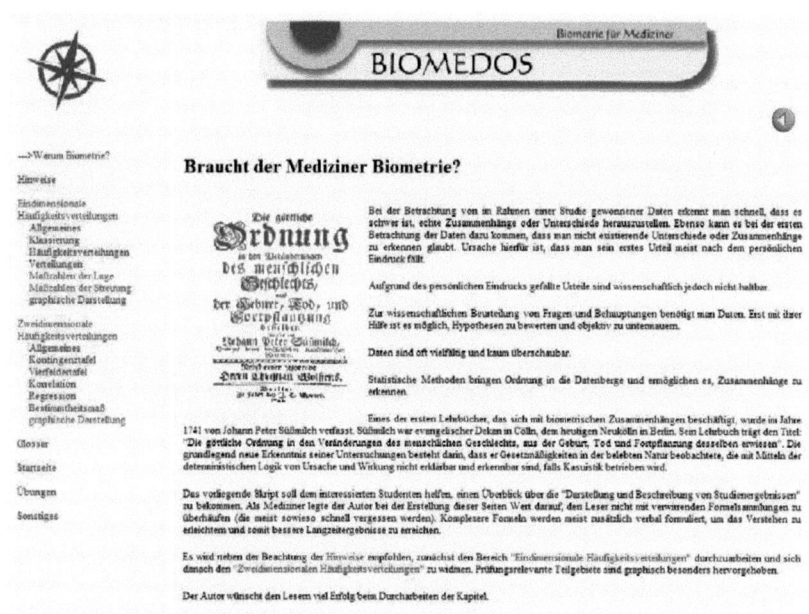

Abbildung A.12: Screenshot der Benutzeroberfläche von *ROBISYS Biomedos*.

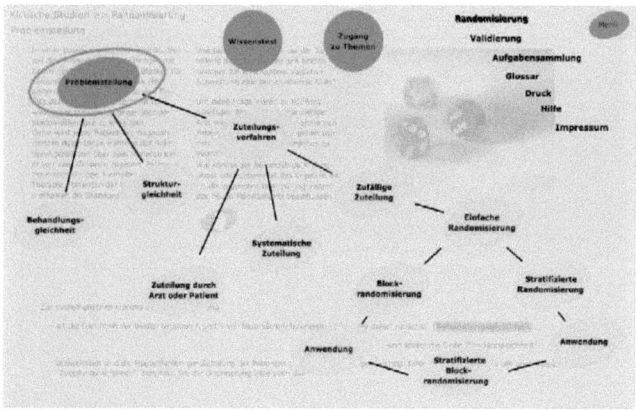

Abbildung A.13: Screenshot der Benutzeroberfläche von *ROBISYS Random*. Nur die grün gefärbten Themen können direkt mit der Maus angewählt werden.

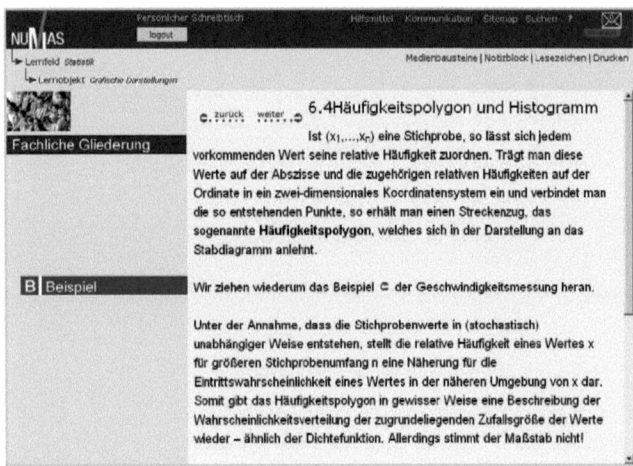

Abbildung A.14: Screenshot der Benutzeroberfläche von *NUMAS*.

A.2. Literaturrecherche: E-Learning-Angebote zum Thema Epidemiologie

Web of Science Recherche

Datum	1. Juli 2008
Suchmaschine	ISI Web of Knowledge, Web of Science: http://apps.isiknowledge.com
Suchbegriffe	Topic = (epidemiology AND e-learning)
Zeitraum	Alle Jahre
Datenbanken	SCI-EXPANDED, SSCI, A&HCI
Ergebnisse	1

Tabelle A.4: Suchkriterien der Literaturrecherche „E-Learning Module zum Thema Epidemiologie". Suchmaschine: *Web of Science*.

Suchergebnisse

Der Treffer wird hier nicht berücksichtigt, da es in der Veröffentlichung um ein Lernprogramm für Studierende der Veterinärmedizin handelt.

Google Scholar Recherche

Datum	1. Juli 2008
Suchmaschine	Google Scholar: http://scholar.google.de
Suchmodus	Erweiterte Scholar-Suche, Artikel finden mit allen Wörtern im Titel des Artikels
Suchbegriffe	allintitle: epidemiology "e-learning"
Zeitraum	1995 – 2008
Ergebnisse	0

Tabelle A.5: Suchkriterien der Literaturrecherche „E-Learning Module zum Thema Epidemiologie". Suchmaschine: *Google Scholar*.

Suchergebnisse

Keine. Anmerkung: Die Schlagwortsuche wurde auf den Titel von Veröffentlichungen begrenzt, da die Ergebnisse vorher sehr ungenau waren. Bei einer Suche ohne den Befehl „allintitle" ergaben sich bereits auf der ersten Seite (10 Treffer) nur thematisch unpassende Ergebnisse.

A.3. Literaturrecherche: E-Learning-Angebote zum Thema Genetische Epidemiologie

Ziel war es, systematisch nach Literatur zu folgenden Themen zu suchen:

1. E-Learning-Angebote zum Thema Genetische Epidemiologie, die für eine Nutzung ohne Präsenzphase vorgesehen sind;

2. E-Learning-Angebote zum Thema Genetische Epidemiologie, die auf einem Lehr- und Lernkonzept basieren, das neben dem Online-Teil eine Präsenzphase vorsieht.

Web of Science Recherche

Datum	5. Juni 2008
Suchmaschine	ISI Web of Knowledge, Web of Science: http://apps.isiknowledge.com
Suchbegriffe 1	Topic = (genetic epidemiology AND e-learning)
Suchbegriffe 2	Topic = (genetic AND epidemiology AND e-learning)
Suchbegriffe 3	Topic = (genetic AND statist* AND e-learning)
Zeitraum	Alle Jahre
Datenbanken	SCI-EXPANDED, SSCI, A&HCI
Ergebnisse	0

Tabelle A.6: Suchkriterien der Literaturrecherche „E-Learning Module zum Thema Genetische Epidemiologie". Suchmaschine: *Web of Science*.

Suchergebnisse

Keine.

Literaturrecherche

Google Scholar Recherche

Datum	5. Juni 2008
Suchmaschine	Google Scholar: http://scholar.google.de
Suchmodus	Erweiterte Scholar-Suche, Artikel finden mit allen Wörtern im Titel des Artikels
Suchbegriffe	genetic epidemiology e-learning
Zeitraum	1995 – 2008
Ergebnisse	0

Tabelle A.7: Suchkriterien der Literaturrecherche „E-Learning Module zum Thema Genetische Epidemiologie". Suchmaschine: *Google Scholar*.

Suchergebnisse

Keine.

M. Tevfik Dorak Recherche

Datum	5. Juni 2008
Webseite	M. Tevfik Dorak – Genetic Epidemiology: http://www.dorak.info/epi/genetepi.html
Rubrik	Multimedia
Ergebnisse	3

Tabelle A.8: Suchkriterien der Literaturrecherche „E-Learning-Angebote zum Thema Genetische Epidemiologie". Suchmaschine: *M. Tevfik Dorak – Genetic Epidemiology*

Suchergebnisse

- UAB Statistical Genetics Short Course Lectures on Video
- Genetic Epidemiology Webcasts
- Genetic Epidemiology on CD-ROM (Henry Stuart Talks)

A.4. Webseiten mit Lernmaterialien

In Tabelle A.9 sind ausgewählte Webseiten mit elektronischen Lernmaterialien (z.B. Videoaufzeichnungen von Vorlesungen) zu verschiedenen Themengebieten aufgeführt.

Titel	URL	Thema	Medientyp	Zugang	Sprache
European Genetics Foundation	www.eurogene.org	Genetische Statistik	Videos, Text	Beschränkt	Italienisch, Englisch
University of Alabama at Birmingham	www.soph:uab.edu/ssg	Genetische Statistik	Video	Frei	Englisch
DNA interactive	www.dnai.org	Genetik	Animationen, Videos, Text	Frei	Englisch
DNA From The Beginning	www.dnaftb.org	Genetik	Animationen, Videos, Text	Frei	Englisch
Online Statistics: An Interactive Multimedia Course of Study	www.onlinestatbook.com	Statistik	Simulationen, Text	Frei	Englisch

Tabelle A.9: Ausgewählte Webseiten von Anbietern, die elektronische Lernmaterialien zu verschiedenen Themengebieten bereitstellen. Bei den dort verfügbaren Materialien handelt es sich in der Regel nicht um ganzheitliche E-Learning-Kurse, sondern um lose Materialsammlungen sowie kleine Lernmodule und Videoaufzeichnungen von Vorlesungen.

B. Auswertungsalgorithmus für Freitext-Lernaufgaben

B.1. Entwicklung von Auswertungsalgorithmus I
— Algorithmus für beliebige Wortreihenfolgen —

Im folgenden Teil des Anhangs soll Algorithmus 2.1 (siehe Kapitel 2.2.4, S. 53) schrittweise hergeleitet werden. Die Herleitung setzt die Annahmen und Definitionen aus Kapitel 2.2.4 voraus. Ziel ist es, einen Algorithmus zu entwickeln, der einen Wort-Schlüsselwort-Vergleich durchführt und dabei die Reihenfolge der Wörter nicht berücksichtigt. Hintergrund dafür ist, dass der Sinn eines Satzes häufig nicht von der Wortreihenfolge abhängt.

Ein einfacher Algorithmus zur Freitextauswertung könnte zunächst wie folgt aussehen:

Algorithmus B.1 *Einfache Freitextauswertung*

❶ Ähnlichkeitsmatrix S erzeugen:

$$s_{ij} = \{d \mid d \in [0,1] \wedge d = f(w_i, k_j), \ i = 1,\ldots,n, \ j = 1,\ldots,m\}$$

❷ Indexmatrix Φ erzeugen:

$$\varphi_{ij} = \begin{cases} 1, & s_{ij} = max\{s_{i \cdot}\} \vee s_{ij} = max\{s_{\cdot j}\} \\ 0, & sonst \end{cases}, \ i = 1,\ldots,n, \ j = 1,\ldots,m$$

❸ Sei $\Phi' = \Phi$. Φ' elementweise von links oben nach rechts unten durchgehen und überflüssige

Auswertungsalgorithmus

1en eliminieren:

$$\varphi'_{ij} = \begin{cases} 0, & \sum_{k=1}^{m} \varphi'_{ik} > 1 \wedge \sum_{h=1}^{n} \varphi'_{hj} > 1 \\ \varphi'_{ij}, & \text{sonst} \end{cases}, i = 1, \ldots, n, \quad j = 1, \ldots, m$$

❹ Die Ähnlichkeitsmatrix S elementweise mit der Indexmatrix I' multiplizieren: $S' = S \bullet \Phi'$, d.h. $m_{ij} = s_{ij} \cdot \varphi'_{ij}$, $i = 1, \ldots, n$, $j = 1, \ldots, m$

❺ S' zeilenweise durchgehen und in jeder Zeile nur den größten Wert behalten:

$$s''_{ij} = \begin{cases} s_{ij}, & s_{ij} = max\{s_{i.}\} \wedge \sum_{k=1}^{j-1} s''_{ik} = 0 \\ 0, & \text{sonst} \end{cases}, i = 1, \ldots, n, \quad j = 1, \ldots, m$$

S' spaltenweise durchgehen und in jeder Spalte nur den größten Wert behalten:

$$s''_{ij} = \begin{cases} s_{ij}, & s_{ij} = max\{s_{.j}\} \wedge \sum_{h=1}^{i-1} s''_{hj} = 0 \\ 0, & \text{sonst} \end{cases}, j = 1, \ldots, m, \quad i = 1, \ldots, n$$

❻ Für jedes Wort des Lösungstextes die erreichten Creditpunkte $\vec{p}_{received}$ berechnen:

$$\vec{p}_{received} = (S'' \cdot \vec{p})^T \cdot e_n = \left(S'' \cdot \begin{pmatrix} p_{k_1} \\ p_{k_2} \\ \vdots \\ p_{k_m} \end{pmatrix} \right)^T \cdot \begin{pmatrix} 1^{(1)} \\ \vdots \\ 1^{(n)} \end{pmatrix},$$

wobei p_{k_j} die Creditpunkte des j-ten Schlüsselwortes bezeichnen.

Beispiel B.1   Einfache Freitextauswertung mit Algorithmus B.1

Der Einzelvergleich zwischen den drei Wörtern eines Lösungstextes und den Schlüsselwörtern einer

Schlüsselwortgruppe der Länge Drei hat nachfolgende Ähnlichkeitsmatrix ergeben.

$$\stackrel{\text{❶}}{\Longrightarrow} S = \begin{pmatrix} 0.3 & 0.8 & 0 \\ 0.9 & 0 & 0.1 \\ 0 & 0.6 & 0 \end{pmatrix}$$

Im nächsten Schritt werden die Zeilenmaxima r_i und Spaltenmaxima c_j der Ähnlichkeitsmatrix bestimmt:

		Schlüsselwörter			
		k_1	k_2	k_3	
	w_1	0.3	0.8	0	0.8
Wörter	w_2	0.9	0	0.1	0.9
	w_3	0	0.6	0	0.6
		0.9	0.8	0.1	

$$\stackrel{\text{❷}}{\Longrightarrow} \Phi = \begin{pmatrix} 0 & 1 & 0 \\ 1 & 0 & 1 \\ 0 & 1 & 0 \end{pmatrix} \stackrel{\text{❸}}{\Longrightarrow} \Phi' = \begin{pmatrix} 0 & 1 & 0 \\ 1 & 0 & 1 \\ 0 & 1 & 0 \end{pmatrix}$$

$$\stackrel{\text{❹}}{\Longrightarrow} S' = S \bullet \Phi = \begin{pmatrix} 0 & 0.8 & 0 \\ 0.9 & 0 & 0.1 \\ 0 & 0.6 & 0 \end{pmatrix} \stackrel{\text{❺}}{\Longrightarrow} S'' = \begin{pmatrix} 0 & 0.8 & 0 \\ 0.9 & 0 & 0 \\ 0 & 0 & 0 \end{pmatrix}$$

$$\stackrel{\text{❻}}{\Longrightarrow} p_{received} = \left(S'' \cdot \vec{p}\right)^T \cdot e_n = \left(S'' \cdot \begin{pmatrix} 2 \\ 2 \\ 2 \end{pmatrix}\right)^T \cdot \begin{pmatrix} 1 \\ 1 \\ 1 \end{pmatrix} = \begin{pmatrix} 1.6 \\ 1.8 \\ 0 \end{pmatrix}^T \cdot \begin{pmatrix} 1 \\ 1 \\ 1 \end{pmatrix} = 3.4$$

Die maximal erreichbare Punktzahl p_{max} errechnet sich wie folgt:
$p_{max} = \vec{p}^T \cdot \vec{e} = \sum_{i=1}^n \vec{p}_i = 2 + 2 + 2 = 6$

Das Ergebnis lautet also: Es wurden 3.4 von 6 möglichen Punkten erreicht.

Diese Vorgehensweise bezieht die Credits erst am Schluss in die Berechnung ein. Das führt dazu, dass das Ergebnis nicht immer das Bestmögliche ist, was mit folgendem Beispiel illustriert werden soll:

Auswertungsalgorithmus

Beispiel B.2 Schwachstelle des Algorithmus B.1

Sei $\vec{p} = (1\ 2\ 1)^T$. Dann ergibt sich mit Algorithmus B.1

$$S = \begin{pmatrix} 0.3 & 0.7 & 0.5 \\ 0.7 & 0 & 0.5 \\ 0.9 & 0.9 & 0 \end{pmatrix} \Rightarrow \Phi = \begin{pmatrix} 0 & 1 & 1 \\ 1 & 0 & 1 \\ 1 & 1 & 0 \end{pmatrix} \Rightarrow \Phi' = \begin{pmatrix} 0 & 1 & 0 \\ 0 & 0 & 1 \\ 1 & 0 & 0 \end{pmatrix}$$

$$\Rightarrow S' = \begin{pmatrix} 0 & 0.7 & 0 \\ 0 & 0 & 0.5 \\ 0.9 & 0 & 0 \end{pmatrix} \Rightarrow S'' = \begin{pmatrix} 0 & 0.7 & 0 \\ 0 & 0 & 0.5 \\ 0.9 & 0 & 0 \end{pmatrix}$$

$$\Rightarrow p_{received} = 0.9 + 2 \cdot 0.7 + 0.5 = \underline{2.8}$$

Wünschenswert wäre hier folgendes Ergebnis:

$$\Rightarrow S'' = \begin{pmatrix} 0 & 0 & 0.5 \\ 0.7 & 0 & 0 \\ 0 & 0.9 & 0 \end{pmatrix} \Rightarrow p_{received} = 0.7 + 2 \cdot 0.9 + 0.5 = \underline{3.0}$$

Algorithmus B.2 bezieht die Credits bereits ab dem zweiten Schritt ein und umgeht das zuvor beschriebene Problem auf diese Weise.

Algorithmus B.2 *Freitextauswertung mit verbesserter Bewertung*

❶ Ähnlichkeitsmatrix S erzeugen:

$$s_{ij} = \{d\ |\ d \in [0,1] \wedge d = f(w_i, k_j),\ i = 1,\ldots,n,\ j = 1,\ldots,m\}$$

❷ Creditmatrix P erzeugen:

$$P = \vec{e}_n \cdot \vec{p}^T = \begin{pmatrix} 1^{(1)} \\ \vdots \\ 1^{(n)} \end{pmatrix} \cdot (p_{k_1}\ p_{k_2}\ \cdots\ p_{k_m}) = \begin{pmatrix} p_{k_1}^{(1)} & p_{k_2}^{(1)} & \cdots & p_{k_m}^{(1)} \\ p_{k_1}^{(2)} & p_{k_2}^{(2)} & \cdots & p_{k_m}^{(2)} \\ \vdots & \vdots & \ddots & \vdots \\ p_{k_1}^{(n)} & p_{k_2}^{(n)} & \cdots & p_{k_m}^{(n)} \end{pmatrix},$$

wobei p_{k_j} die Creditpunkte des j-ten Schlüsselwortes bezeichnen.

B.1 Entwicklung von Auswertungsalgorithmus I

❸ Ähnlichkeitsmatrix S elementweise mit der Creditmatrix P multiplizieren:

$$S^{(P)} = S \bullet P, \text{ mit } P = \vec{e}_n \cdot \vec{p}^T$$

❹ Indexmatrix Φ erzeugen:

$$\varphi_{ij} = \begin{cases} 1, & s_{ij}^{(P)} = r_i^{(P)} \vee s_{ij}^{(P)} = c_j^{(P)} \\ 0, & \text{sonst} \end{cases}, i = 1, \ldots, n, \quad j = 1, \ldots, m$$

❺ Sei $\Phi' = \Phi$. Φ' elementweise von links oben nach rechts unten durchgehen und überflüssige 1en eliminieren:

$$\varphi'_{ij} = \begin{cases} 0, & \sum_{k=1}^{m} \varphi'_{ik} > 1 \wedge \sum_{h=1}^{n} \varphi'_{hj} > 1 \\ \varphi'_{ij}, & \text{sonst} \end{cases}, i = 1, \ldots, n, \quad j = 1, \ldots, m$$

❻ Die gewichtete Ähnlichkeitsmatrix $S^{(P)}$ elementweise mit der Indexmatrix Φ' multiplizieren: $S' = S^{(P)} \bullet \Phi'$, d.h. $s'_{ij} = s_{ij}^{(P)} \cdot \varphi'_{ij}$, $i = 1, \ldots, n$, $j = 1, \ldots, m$

❼ S' zeilenweise durchgehen und in jeder Zeile nur den größten Wert behalten:

$$s''_{ij} = \begin{cases} s_{ij}, & s_{ij} = max\{s_{i \cdot}\} \wedge \sum_{k=1}^{j-1} s''_{ik} = 0 \\ 0, & \text{sonst} \end{cases}, i = 1, \ldots, n, \quad j = 1, \ldots, m$$

S' spaltenweise durchgehen und in jeder Spalte nur den größten Wert behalten:

$$s''_{ij} = \begin{cases} s_{ij}, & s_{ij} = max\{s_{\cdot j}\} \wedge \sum_{h=1}^{i-1} s''_{hj} = 0 \\ 0, & \text{sonst} \end{cases}, j = 1, \ldots, m, \quad i = 1, \ldots, n$$

❽ Für jedes Wort des Lösungstextes die erreichten Creditpunkte $\vec{p}_{received}$ berechnen:

$$\vec{p}_{received} = S'' \cdot \vec{e}_m = S'' \cdot \begin{pmatrix} 1^{(1)} \\ \vdots \\ 1^{(m)} \end{pmatrix}$$

Die frühe Berücksichtigung der Creditpunkte im Algorithmus führt dazu, dass zwei Sonderfälle auftreten können, die zu einem anderen Ergebnis führen als erhofft. Diese Spezial-

Auswertungsalgorithmus

fälle sollen hier anhand von zwei Beispielen illustriert werden:

Beispiel B.3 Sonderfall I mit unerwünschtem Bewertungsergebnis

Algorithmus B.2 generiert für die Ähnlichkeitsmatrix mit Creditpunkten $S^{(P)} = \begin{pmatrix} 2 & 1 \\ 1 & 1 \end{pmatrix}$ *bisher folgendes Ergebnis:*

$$\Phi = \begin{pmatrix} 1 & 1 \\ 1 & 1 \end{pmatrix} \Rightarrow \Phi' = \begin{pmatrix} 0 & 1 \\ 1 & 0 \end{pmatrix} \Rightarrow S' = \begin{pmatrix} 0 & 1 \\ 1 & 0 \end{pmatrix} \Rightarrow \vec{p}_{received} = 2$$

Wünschenswert wäre hier folgende Berechnung:

$$\Phi = \begin{pmatrix} 1 & 1 \\ 1 & 1 \end{pmatrix} \Rightarrow \Phi' = \begin{pmatrix} 1 & 0 \\ 0 & 1 \end{pmatrix} \Rightarrow S' = \begin{pmatrix} 2 & 0 \\ 0 & 1 \end{pmatrix} \Rightarrow \vec{p}_{received} = 3$$

Beispiel B.4 Sonderfall II mit unerwünschtem Bewertungsergebnis

Algorithmus B.2 generiert für die Ähnlichkeitsmatrix mit Creditpunkten $S^{(P)} = \begin{pmatrix} 3 & 1 \\ 1 & 0 \end{pmatrix}$ *bisher folgendes Ergebnis:*

$$\Phi = \begin{pmatrix} 1 & 1 \\ 1 & 0 \end{pmatrix} \Rightarrow \Phi' = \begin{pmatrix} 0 & 1 \\ 1 & 0 \end{pmatrix} \Rightarrow S' = \begin{pmatrix} 0 & 1 \\ 1 & 0 \end{pmatrix} \Rightarrow \vec{p}_{received} = 2$$

Wünschenswert wäre hier folgende Berechnung:

$$\Phi = \begin{pmatrix} 1 & 1 \\ 1 & 0 \end{pmatrix} \Rightarrow \Phi' = \begin{pmatrix} 1 & 0 \\ 0 & 0 \end{pmatrix} \Rightarrow S' = \begin{pmatrix} 3 & 0 \\ 0 & 0 \end{pmatrix} \Rightarrow \vec{p}_{received} = 3$$

Die beiden Sonderfälle aus Beispiel B.3 und B.4 sind in den Definitionen B.1 und B.2 allgemeingültig beschrieben.

Definition B.1 *Der Sonderfall I liegt vor, wenn für die gewichtete Ähnlichkeitsmatrix* $S^{(P)}$ *und*

$i \in \{1,\ldots,n\}, j \in \{1,\ldots,m\}$ gilt:

$$s_{ij}^{(P)} + s_{(i+1)(j+1)}^{(P)} > s_{i(j+1)}^{(P)} + s_{(i+1)j}^{(P)}$$

Definition B.2 *Der Sonderfall II liegt vor, wenn für die gewichtete Ähnlichkeitsmatrix $S^{(P)}$ und $i \in \{1,\ldots,n\}, j \in \{1,\ldots,m\}$ gilt:*

$$s_{ij}^{(P)} > \left(max\left\{ s_{i\cdot}^{(P)} \setminus s_{ij}^{(P)} \right\} + max\left\{ s_{\cdot j}^{(P)} \setminus s_{ij}^{(P)} \right\} \right), \text{ wobei}$$
$$max\left\{ s_{i\cdot}^{(P)} \setminus s_{ij}^{(P)} \right\} = max\left\{ s_{i1}^{(P)}, s_{i2}^{(P)}, \ldots, s_{i(j-1)}^{(P)}, s_{i(j+1)}^{(P)}, \ldots, s_{in}^{(P)} \right\},$$
$$max\left\{ s_{\cdot j}^{(P)} \setminus s_{ij}^{(P)} \right\} = max\left\{ s_{1j}^{(P)}, s_{2j}^{(P)}, \ldots, s_{(i-1)j}^{(P)}, s_{(i+1)j}^{(P)}, \ldots, s_{mj}^{(P)} \right\}$$

Mit Definition B.1 lässt sich der Algorithmus B.2 so erweitern, dass der Sonderfall I (siehe Definition B.1 und Beispiel B.3) berücksichtigt wird. Das Ergebnis ist der erweiterte Algorithmus B.3.

Algorithmus B.3   *Erweiterte Freitextanalyse I*

❶ – ❹ siehe Algorithmus B.2.

❺ Sei $\Phi^{(1)} = \Phi$. $\Phi^{(1)}$ elementweise von links oben nach rechts unten durchgehen und überflüssige 1en eliminieren:

$$\varphi_{ij}^{(1)} = \begin{cases} 0, & \sum_{k=1}^{m} \varphi_{ik}^{(1)} > 1 \wedge \sum_{h=1}^{n} \varphi_{hj}^{(1)} > 1 \\ \varphi_{ij}^{(1)}, & \text{sonst} \end{cases}, \; i = 1,\ldots,n, \; j = 1,\ldots,m$$

❻ Sei $\Phi^{(2)} = \Phi$. $\Phi^{(2)}$ elementweise von links unten nach rechts oben durchgehen und überflüssige 1en eliminieren:

$$\varphi_{ij}^{(2)} = \begin{cases} 0, & \sum_{k=1}^{m} \varphi_{ik}^{(2)} > 1 \wedge \sum_{h=1}^{n} \varphi_{hj}^{(2)} > 1 \\ \varphi_{ij}^{(2)}, & \text{sonst} \end{cases},$$

$$i = n, n-1, \ldots, 1, \; j = 1, \ldots, m$$

❼ Die gewichtete Ähnlichkeitsmatrix $S^{(P)}$ elementweise mit der Indexmatrix $\Phi^{(1)}$ und $\Phi^{(2)}$

Auswertungsalgorithmus

multiplizieren:
$$S^{(k)} = S^{(P)} \bullet \Phi^{(k)}$$
$$\Leftrightarrow s_{ij}^{(k)} = s_{ij}^{(P)} \cdot \varphi_{ij}^{(k)}, \quad k=1,2, \quad i=1,\ldots,n, \quad j=1,\ldots,m$$

❽ Die bezüglich der Summe über alle Elemente größte Matrix $S^{(k)}$ übernehmen:

$$S' = \begin{cases} S^{(1)}, & \sum_{i,j} s_{i,j}^{(1)} \geq \sum_{i,j} s_{i,j}^{(2)} \\ S^{(2)}, & \sum_{i,j} s_{i,j}^{(1)} < \sum_{i,j} s_{i,j}^{(2)} \end{cases}$$

❾ – ❿ siehe Algorithmus B.2, Schritte ❼ – ❽.

Mit Definition B.2 lässt sich der Algorithmus B.3 so erweitern, dass auch der Sonderfall II (siehe Definition B.2 und Beispiel B.4) berücksichtigt wird. Das Ergebnis ist der erweiterte Algorithmus B.4.

Algorithmus B.4 *Erweiterte Freitextanalyse II*

❶ – ❹ siehe Algorithmus B.3.

❺ Prüfe, ob der Sonderfall II (siehe Definition B.2) vorliegt und ändere ggf. die Indexmatrix:

$$\varphi'_{ij} = \begin{cases} \varphi_{ij}, & \varphi_{ij} > \left(max\left\{s_{i\cdot}^{(P)} \setminus s_{ij}^{(P)}\right\} + max\left\{s_{\cdot j}^{(P)} \setminus s_{ij}^{(P)}\right\}\right) \wedge \\ & \sum_{k=1}^{m} \varphi'_{ik} = \sum_{h=1}^{n} \varphi'_{hj} = 0 \\ 0, & sonst \end{cases}$$

$$i=1,\ldots,n, \quad j=1,\ldots,m$$

❻ – ⓫ siehe Algorithmus B.3, Schritte ❺ – ❿.

B.2. Entwicklung von Auswertungsalgorithmus II
– Algorithmus für feste Wortreihenfolgen –

Im folgenden Teil des Anhangs soll Algorithmus 2.2 (siehe Kapitel 2.2.4, S. 56) schrittweise hergeleitet werden. Die Herleitung setzt die Annahmen und Definitionen aus Kapitel 2.2.4 voraus. Ziel ist es, einen Algorithmus zu entwickeln, der einen Wort-Schlüsselwort-Vergleich durchführt und dabei die Reihenfolge der Wörter berücksichtigt.

Ein Algorithmus für eine feste Wortreihenfolge, d.h. eine endliche Folge von *Zeichenketten* (vgl. Definition 2.2, S. 51), muss so konstruiert werden, dass er die Indexmatrix Φ so erzeugt, dass nur noch auf der Diagonalen 1-en stehen (für ein Beispiel siehe Tabelle B.1).

	k_1	k_2	k_3	k_4
w_1	1			
w_2		1		
w_3			1	
w_4				1

Tabelle B.1: Beispiel für eine perfekte Übereinstimmung der Wörter w_i mit den Schlüsselwörtern k_i in korrekter Wortreihenfolge für $i = 1, 2, 3, 4$.

Ein naiver Ansatz wäre zum Beispiel, dass das Eliminieren überflüssiger 1-en (bedingtes Nullsetzen wie in Schritt 5, Algorithmus B.2 und B.3) abwechselnd in der linken unteren sowie rechten oberen Dreiecksmatrix von außen richtung Diagonale durchgeführt wird. Die Matrix wird also nicht mehr elementweise von links oben nach rechts unten durchlaufen, sondern es erfolgt eine schrittweise Annäherung an die Diagonale.

Beispiel B.5 Schrittweise Annäherung an die Diagonale

Naiver Ansatz: Für eine (4×4)-Matrix die überflüssigen 1-en in folgender Reihenfolge eliminieren:

	6	5	4
11		12	10
7	9		8
1	2	3	

Auswertungsalgorithmus

Problem: Eine perfekte Übereinstimmung sowohl der Wörter mit den Schlüsselwörtern als auch der Reihenfolge ist nicht immer gegeben (siehe Tabelle B.2).

	k_1	k_2	k_3	k_4
w_1	1			
w_2				
w_3		1		
w_4			1	

Tabelle B.2: Beispiel für einen Wort-Schlüsselwort-Vergleich mit fester Reihenfolge, bei dem nur drei von vier Wörtern mit den Schlüsselwörtern übereinstimmen.

Lösung: In Schritt ❺ von Algorithmus B.4 nicht „elementweise von links oben nach rechts unten durchgehen", sondern in der Reihenfolge, die durch die Approximationsmatrix Δ vorgegeben wird. Algorithmus B.5 beschreibt die Erzeugung der Approximationsmatrix. $\Delta^{(1)}$ wird verwendet, falls $n \leq m$; $\Delta^{(2)}$, falls $n > m$.

Algorithmus B.5 *Diagonalapproximation*

Erzeuge die $n_\Delta \times n_\Delta$ Approximationsmatrizen $\Delta^{(1)}$ und $\Delta^{(2)}$ wie folgt, wobei n_Δ hinreichend groß gewählt werden muss:

$$\delta^{(1)}_{ij} = \psi + 2 \cdot \sum_{k=0}^{i_\Delta + j_\Delta + 1} k + 2 \cdot i_\Delta, \quad i = 0, \ldots, n_\Delta - 1, \quad j = 0, \ldots, n_\Delta - 1$$

$$\delta^{(2)}_{ij} = \psi + 2 \cdot \sum_{k=0}^{i_\Delta + j_\Delta + 1} k + 2 \cdot j_\Delta, \quad i = 0, \ldots, n_\Delta - 1, \quad j = 0, \ldots, n_\Delta - 1$$

$$\psi = \begin{cases} 1, & falls\ i \geq j \\ 2, & sonst \end{cases}$$

$$i_\Delta = \begin{cases} n - i - 1, & falls\ i \geq j \\ i, & sonst \end{cases} \qquad j_\Delta = \begin{cases} j, & falls\ i \geq j \\ m - j - 1, & sonst \end{cases}$$

B.2 Entwicklung von Auswertungsalgorithmus II

Beispiel B.6 Mit Algorithmus B.5 erstellte Approximationsmatrix

Tabelle B.3 zeigt ein Beispiel für eine Approximationsmatrix. Aus der Matrix geht hervor, dass im ersten Schritt das fünfte Wort mit dem ersten Schlüsselwort verglichen wird (5,1).

22	14	8	4	2
19	24	16	10	6
11	17	25	18	12
5	9	15	23	20
1	3	7	13	21

Tabelle B.3: Beispiel für eine 5 × 5 Approximationsmatrix. Die Zahlen geben die Reihenfolge an, in der die Matrix durchlaufen wird. Im dargestellten Beispiel lautet die Reihenfolge also (5,1), (1,5), (5,2) usw.

Zur Steigerung der Geschwindigkeit des Algorithmus bietet es sich an, die Approximationsmatrix vorab einmal zu erzeugen und dann für alle Auswertungen der laufenden Sitzung zu benutzen. Dabei ist zu beachten, dass n_A größer oder gleich der Wortanzahl sein muss. Falls der zu analysierende Satz mehr Wörter hat, als es in der Matrix Zeilen gibt, muss die Matrix mit entsprechender Größe neu erzeugt werden. Damit dies nicht allzu häufig passiert, sollte die Größe der Approximationsmatrix möglichst genau den spezifischen Anforderungen angepasst werden.

Tabelle B.4 zeigt ein Beispiel für eine 15 × 15 Approximationsmatrix. Bei einem Wort-Schlüsselwort-Vergleich wird nur der notwendige Bereich der Matrix benutzt. Im dargestellten Beispiel sollen drei Wörter mit fünf Schlüsselwörtern verglichen werden. Tabelle B.5 zeigt den für diesen Vergleich benötigten Ausschnitt aus Tabelle B.4.

Auswertungsalgorithmus

211	184	158	134	112	92	74	58	44	32	22	**14**	**8**	**4**	**2**
209	212	186	160	136	114	94	76	60	46	34	24	16	**10**	6
181	207	213	188	162	138	116	96	78	62	48	36	26	18	**12**
155	179	205	214	190	164	140	118	98	80	64	50	38	28	20
131	153	177	203	215	192	166	142	120	100	82	66	52	40	30
109	129	151	175	201	216	194	168	144	122	102	84	68	54	42
89	107	127	149	173	199	217	196	170	146	124	104	86	70	56
71	87	105	125	147	171	197	218	198	172	148	126	106	88	72
55	69	85	103	123	145	169	195	219	200	174	150	128	108	90
41	53	67	83	101	121	143	167	193	220	202	176	152	130	110
29	39	51	65	81	99	119	141	165	191	221	204	178	154	132
19	27	37	49	63	79	97	117	139	163	189	222	206	180	156
11	17	25	35	47	61	77	95	115	137	161	187	223	208	182
5	**9**	**15**	23	33	45	59	75	93	113	135	159	185	224	210
1	**3**	**7**	**13**	21	31	43	57	73	91	111	133	157	183	225

Tabelle B.4: Beispiel für eine vorab erzeugte 15×15 Approximationsmatrix. Gelb hervorgehoben ist der Bereich, der für einen 3×5 Wort-Schlüsselwort-Vergleich benutzt wird.

11	14	8	4	2
5	9	15	10	6
1	3	7	13	12

Tabelle B.5: Beispiel für einen 3×5 Ausschnitt aus der in Tabelle B.4 dargestellten Approximationsmatrix. Statt für jede Auswertung die Approximationsmatrix neu zu erzeugen, wählt der Algorithmus nur den benötigten Bereich aus.

Das verwendete Distanzmaß

In dem hier vorgestellten Algorithmus wird die Levenshtein-Distanz verwendet, das heißt, es gilt
$$D\left(w_i, k_j\right) = LEV\left(w_i, k_j\right).$$
Alternativ zur Levenshtein-Distanz wäre zum Beispiel auch der Hamming-Abstand oder der Dice-Koeffizient als Abstandsmaß geeignet (vgl. dazu Kapitel 2.2.3). Die Levenshtein-Distanz wurde aufgrund ihrer guten Eigenschaften ausgewählt, zum Beispiel weil sie im Gegensatz zur Hamming-Distanz auch für den Vergleich von Zeichenketten unterschiedlicher Länge benutzt werden kann.

C. *ReT3* Dokumentation

C.1. Entwurf der ActionScript Klasse *Examination*

In Abbildung C.1 sind in einem einfachen Klassendiagramm die Klassenabhängigkeiten des Pakets *ExaminationPackage* dargestellt. Das Paket stellt nur einen Teil des Lernaufgabenmoduls *ReT3* dar und dient der Umsetzung der Auswertungsalgorithmen (siehe Kapitel 2.2.4 und Anhang C.2). Mit diesem Beispiel soll unter anderem illustriert werden, dass für den Entwurf ein klassisches, objektorientiertes Softwaredesign gewählt wurde.

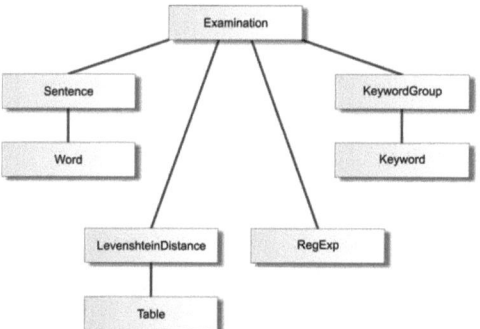

Abbildung C.1: ReT3 Klassenabhängigkeiten des Pakets *ExaminationPackage* für die Freitextauswertung. Frei eingegebene Texte werden von der Klasse *Examination* in Sätze zerlegt, die dann jeweils als ein Objekt der Klasse *Sentence* vorliegen. *Sentence* wiederum speichert die unterschiedlichen Wörter eines Satzes in einer Liste von Objekten der Klasse *Word*. *Examination* hat die Schlüsselwörter in einer Liste von Objekten der Klasse *KeywordGroup* bzw. *Keyword* vorliegen. Zur Berechnung der Übereinstimmung des frei eingegebenen Satzes mit der Menge der Schlüsselwörter benutzt *Examination* ein Objekt der Klasse *LevenshteinDistance* oder *RegExp*, falls das Schlüsselwort ein regulärer Ausdruck ist. *LevenshteinDistance* benutzt zur Berechnung der Distanz Objekte der Klasse *Table*.

C.2. Kodierung von *ReT3* Lernaufgaben

Ein wichtiger Bestandteil der *ReT3*-Entwicklung war die Definition eines XML-basierten Speicherformats für die Lernaufgaben. Zu diesem Zweck wurde eine Reihe von XML-Knoten definiert, die jeweils durch ihren Bezeichner (Abgrenzer, engl. *Tag*), ihren möglichen Inhalt und ihre Attribute definiert sind. Nachfolgend wird zunächst in einem Diagramm veranschaulicht, wie diese Knoten zusammenhängen und voneinander abhängen (siehe Abbildung C.2). Danach werden die neun Knoten in den Tabellen C.1 – C.9 ausführlich beschrieben.

C.2 XML-basierte Kodierung von Lernaufgaben

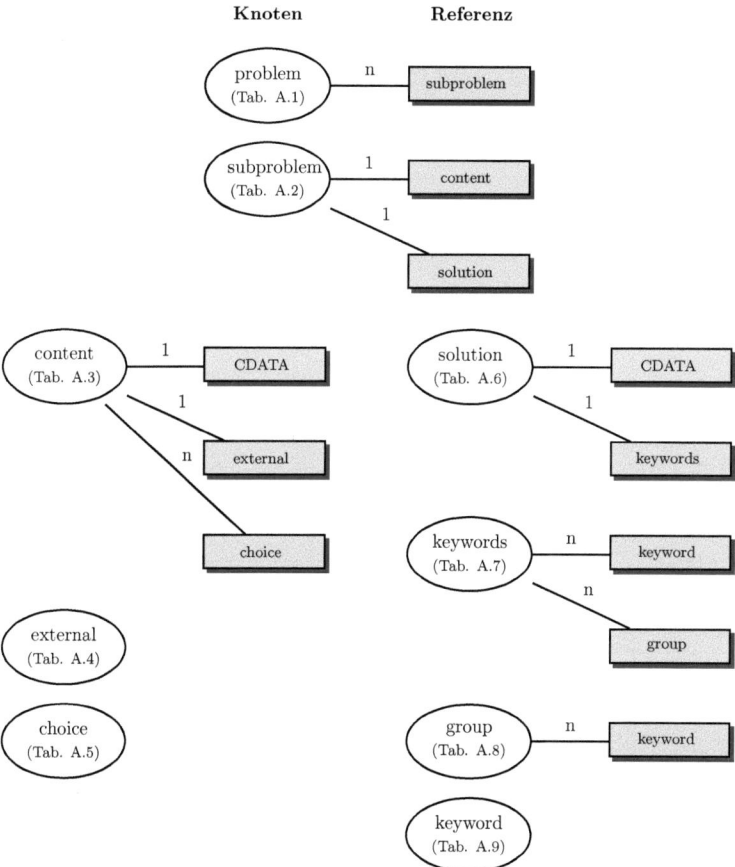

Abbildung C.2: Diagramm der *ReT3* XML-Knoten. Dargestellt sind die vorhandenen XML-Knoten sowie ihre Zusammenhänge und Abhängigkeiten. Zu jedem Knoten existiert eine Referenz auf eine Tabelle, in der die Bedeutung des Knotens detailliert beschrieben ist.

	ReT3 Knoten *problem*
Bezeichner	*problem*
Beschreibung	Dieser Knoten stellt den Hauptknoten dar, der alle Teilaufgaben einschliesst
Kindknoten	*subproblem* (siehe Tabelle C.3)

Beispiel	`<problem>`
	⋮
	`</problem>`

Tabelle C.1: ReT3 Knoten *problem*.

	ReT3 Knoten *content*	
Bezeichner	*content*	
Beschreibung	Dieser Knoten enthält die eigentliche Aufgabenstellung	
Kindknoten	*external*, *choice* (siehe Tabelle C.4 und C.5)	
Attribute	title	Titel der Aufgabe
Inhalt	CDATA-Abschnitt mit der Fragestellung	

Beispiel	`<content title="Problem 1.1">`
	`<![CDATA[`
	⋮
	`]]>`
	`</content>`	

Tabelle C.2: *ReT3* Knoten *content*. Damit in der Fragestellung Html-Markup-Zeichen (<, > und &) verwendet werden können, muss der Text innerhalb eines CDATA-Abschnitts stehen (CDATA steht dabei für *Character Data*). Innerhalb des CDATA-Abschnitts können Markup-Zeichen enthalten sein (z.B. ... für Fettschrift), die dann vom XML-Parser ignoriert werden.

C.2 XML-basierte Kodierung von Lernaufgaben

	ReT3 **Knoten** *subproblem*		
Bezeichner	*subproblem*		
Beschreibung	Dieser Knoten beinhaltet alle Informationen einer Teilaufgabe.		
Kindknoten	*content, solution* (siehe Tabelle C.2 und C.6)		
Attribute		id	Eindeutige Nummer
		date	Datum der letzten Bearbeitung (TT.MM.JJJJ)
		version	Version der Aufgabe. Beginnt bei "1.0" und wird bei jeder Bearbeitung um 0.1 erhöht
		author	Initialien des Autors (z.B. "FP")
		type	"text" oder "mc"
		header	"true" oder **"false"**
		dependence	*id* der Aufgabe, von der diese abhängig ist
		training	"true" oder **"false"** (im Trainingsmodus werden Lösungen und Auswertungen nicht gespeichert)

Beispiel	`<subproblem id="1" version="1.0" type="mc">`
	⋮
	`</subproblem>`		

Tabelle C.3: *ReT3* Knoten *subproblem*. Die Standardwerte sind fett hervorgehoben.

ReT3 Knoten *external*

Bezeichner	external	
Beschreibung	Dieser Knoten kodiert ein externes Media-Objekt (PEDCHART, JPEG-Abbildung)	
Kindknoten	– (keine)	
Attribute	type	"pedigree" oder "figure"
	file	Dateiname
	width	Breite
	height	Höhe
	thumbnail	Dateiname des Miniaturbilds
	thumb_width	Breite des Miniaturbilds
	thumb_height	Höhe des Miniaturbilds

Beispiel	`<external type="pedigree" file="pedigree_1.xml" height="117" />`
	⋮
	`</external>`	

Tabelle C.4: *ReT3* Knoten *external*.

ReT3 Knoten *choice*

Bezeichner	choice	
Beschreibung	Jeder dieser Knoten enthält eine Antwortmöglichkeit einer Multiple-Choice Aufgabe	
Kindknoten	– (keine)	
Attribute	value	Text der Auswahlmöglichkeit
	credits	Punkte für das Auswählen dieser Lösung

Beispiel	`<choice value="X-chromosomal" credits="1" />`
	⋮
	`</choice>`	

Tabelle C.5: *ReT3* Knoten *choice*.

C.2 XML-basierte Kodierung von Lernaufgaben

ReT3 Knoten *solution*

Bezeichner	*solution*
Beschreibung	Dieser Knoten enthält die Musterlösung und weitere Informationen, die definieren, wie die Bewertung durchgeführt werden soll
Kindknoten	*keywords* (siehe Tabelle C.7)
Attribute	title Titel der Lösung
Inhalt	CDATA-Objekt mit der Musterlösung

Beispiel	`<solution title="Solution 1.1">`
	  `<![CDATA[`
	    ⋮
	  `]]>`
	`</solution>`

Tabelle C.6: *ReT3* Knoten *solution*.

ReT3 Knoten *keywords*

Bezeichner	*keywords*
Beschreibung	Dieser Knoten enthält die Schlüsselwörter und Schlüsselwortgruppen für eine Freitextbewertung
Kindknoten	*keyword, group* (siehe Tabelle C.9 und C.8)

Beispiel	`<keywords>`
	  ⋮
	`</keywords>`

Tabelle C.7: *ReT3* Knoten *keywords*.

215

ReT3 Knoten *group*

Bezeichner	*group*
Beschreibung	Dieser Knoten gruppiert mehrere Schlüsselwörter, um eine Bewertung in der Gesamtheit dieser Wörter zu erzielen. Es müssen immer mindestens zwei Wörter in der eingegebenen Lösung vorkommen, damit eine positive Bewertung erfolgt
Kindknoten	*keyword* (siehe Tabelle C.9)
Attribute	sorted "true" oder **"false"**. Soll die Reihenfolge beachtet werden?

Beispiel	`<group sorted="true">`
	 ⋮
	 `</group>`

Tabelle C.8: *ReT3* Knoten *group*. Die Standardwerte sind fett hervorgehoben.

ReT3 Knoten *keyword*

Bezeichner	*keyword*
Beschreibung	Dieser Knoten kodiert ein Schlüsselwort. Schlüsselwörter können mit einem * abgekürzt werden (z.B. *arbeit** stimmt mit *arbeiten*, *Arbeiter*, *arbeitslos* überein) und optional auch als regulärer Ausdruck kodiert werden.
Kindknoten	– (keine)
Attribute	value Schlüsselwort credits Punkte bei Auffinden dieses Schlüsselwortes regexp "true" oder **"false"**. Handelt es sich um einen regulären Ausdruck?

Beispiel	`<keyword value="0.6(4|36|361)" credits="1" regexp="true"/>`
	 ⋮
	 `</keyword>`

Tabelle C.9: *ReT3* Knoten *keyword*. Die Standardwerte sind fett hervorgehoben.

D. XGAP Dokumentation

Abbildung D.1 zeigt alle möglichen XML-Knoten und deren Zusammenhänge. Die Tabellen D.1 – D.4 beschreiben die Knoten und ihre Argumente genauer.

XGAP Dokumentation

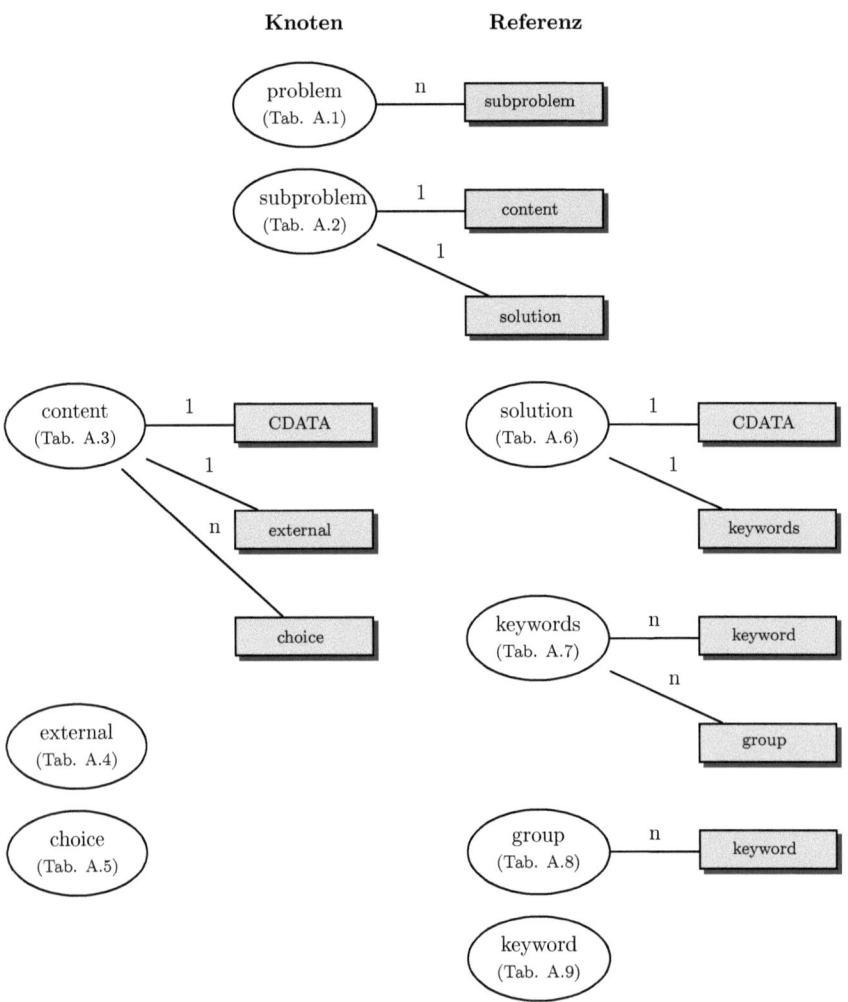

Abbildung D.1: Diagramm der *XGAP* XML-Knoten. Dargestellt sind die vorhandenen XML-Knoten sowie ihre Zusammenhänge und Abhängigkeiten. Zu jedem Knoten existiert eine Referenz auf eine Tabelle, in der die Bedeutung des Knotens detailliert beschrieben ist.

	XGAP Knoten *pedigree*	
Bezeichner	*pedigree*	
Beschreibung	Hauptknoten des XGAP-Formats, der alle Knoten eines kompletten Stammbaums einschliesst	
Kindknoten	*generation* (siehe Tabelle D.2)	
Attribute	format	"xgap"
	version	"1.0" (Versionsnummer des Formats)
	id	Eindeutige Kennung
	showButtons	"true" oder **"false"**
	view	**"maximize"**, "minimize" oder "thumbnail"
	popupInfo	**"true"** oder "false"
	align	"left", "right" oder **"center"**
	position	"top", "bottom" oder **"middle"**
	x	Position auf der X-Achse, 0 = ganz links
	y	Position auf der Y-Achse, 0 = ganz oben
	ibs	"true" oder **"false"**
	ibd	"true" oder **"false"**
	alphaMaximized	Hintergrundfarbdichte (Standard: **80**)
	alphaThumbnail	Hintergrundfarbdichte (Standard: **100**)

Beispiel	`<pedigree format="xgap" version="1.0" id="1">`
	⋮
	`</pedigree>`	

Tabelle D.1: XGAP Knoten *pedigree*. Die Standardwerte sind fett hervorgehoben.

XGAP Dokumentation

XGAP Knoten *generation*	
Bezeichner	*generation*
Beschreibung	Dieser Knoten enthält alle Knoten (Personen, Paare, Tochtergenerationen) einer Generation
Kindknoten	*generation, couple, person* (siehe Tabelle D.2, D.3 und D.4)
Attribute	name — Name showname — "true" oder **"false"** numbering — "true" oder **"false"**

Beispiel	`<generation name="F1" numbering"true">`
	 ⋮
	 `</generation>`

Tabelle D.2: XGAP Knoten *generation*. Die Standardwerte sind fett hervorgehoben.

XGAP Knoten *couple*	
Bezeichner	*couple*
Beschreibung	Dieser Knoten enthält die Personen einer Elternpaarung, d.h. zwei Personen, die zusammen ein Kind haben
Kindknoten	*person* (siehe Tabelle D.4)
Attribute	id — Eindeutige Kennung

Beispiel	`<couple id="c1">`
	 ⋮
	 `</couple>`

Tabelle D.3: XGAP Knoten *couple*.

	XGAP Knoten *person*		
Bezeichner	*person*		
Beschreibung	Dieser Knoten enthält alle relevanten Informationen einer Person		
Kindknoten	*marker* (siehe Tabelle D.4)		
Attribute	id	Eindeutige Kennung	
	parents	Elternkennung (couple id)	
	father	Kennung des Vaters (father id)	
	mother	Kennung der Mutter (mother id)	
	sex	"male", "female", **"unknown"**, "random"	
	affection	**"0"**	nicht erkrankt
		"1"	erkrankt
		"2"	Überträger
		"3"	unbekannt
		"random"	zufällig "0" oder "1"
	name	Name	
	indexproband	"true" oder **"false"**	
	numbering	"true" oder **"false"**	
	deceased	"true" oder **"false"**	
	twin	ID des Zwillingsgeschwister	
	twinType	**"unknown"**, "fraternal" oder "identical"	
	count	Anzahl, "random", "von-bis"	

Beispiel	`<person id="p3" father="p1" mother="p2">`
	⋮
	`</person>`		

Tabelle D.4: XGAP Knoten *person*. Die Standardwerte sind fett hervorgehoben.

	XGAP Knoten *marker*	
Bezeichner	*marker*	
Beschreibung	Dieser Knoten kodiert einen genetischen Marker	
Kindknoten	– (keine)	
Attribute	allele1	Wert des ersten Allels
	allele1	Wert des zweiten Allels
	haplotype	"allele1", "allele2", "both" oder **"false"**
Beispiel	`<marker allele1="1" allele2="2" />`	

Tabelle D.5: XGAP Knoten *marker*. Die Standardwerte sind fett hervorgehoben.

XML-Schema für das XGAP-Format

```xml
<?xml version="1.0" encoding="UTF-8"?>
<xs:schema xmlns:xs="http://www.w3.org/2001/XMLSchema"
   elementFormDefault="qualified">
   <xs:element name="pedigree">
      <xs:complexType>
         <xs:sequence>
            <xs:element ref="generation"/>
         </xs:sequence>
         <xs:attribute name="align" type="xs:NCName" default="center"/>
         <xs:attribute name="alphaMaximized" type="xs:integer" default="
            80"/>
         <xs:attribute name="alphaMinimized" type="xs:integer" default="
            100"/>
         <xs:attribute name="format" use="required" type="xs:NCName"
            fixed="xgap"/>
         <xs:attribute name="ibd" type="xs:boolean" default="false"/>
         <xs:attribute name="ibs" type="xs:boolean" default="false"/>
         <xs:attribute name="id" use="required" type="xs:integer"/>
         <xs:attribute name="popupInfo" type="xs:boolean" default="true"
            />
         <xs:attribute name="position" type="xs:NCName" default="middle"
            />
         <xs:attribute name="showButtons" type="xs:boolean" default="
            false"/>
         <xs:attribute name="version" use="required" type="xs:decimal"/>
         <xs:attribute name="view" type="xs:NCName" default="maximize"/>
         <xs:attribute name="x" type="xs:integer"/>
         <xs:attribute name="y" type="xs:integer"/>
      </xs:complexType>
   </xs:element>
   <xs:element name="generation">
      <xs:complexType>
         <xs:choice minOccurs="1" maxOccurs="3">
            <xs:element ref="generation" minOccurs="0"/>
            <xs:element ref="person" maxOccurs="unbounded" minOccurs="0"/
               >
```

```xml
            <xs:element ref="couple" maxOccurs="unbounded" minOccurs="0"/>
        </xs:choice>
        <xs:attribute name="name" use="required" type="xs:NCName"/>
        <xs:attribute name="numbering" type="xs:boolean" default="false"/>
        <xs:attribute name="showname" type="xs:boolean" default="false"/>
      </xs:complexType>
</xs:element>
<xs:element name="couple">
    <xs:complexType>
        <xs:sequence>
            <xs:element minOccurs="2" maxOccurs="2" ref="person"/>
        </xs:sequence>
        <xs:attribute name="id" use="required" type="xs:NCName"/>
    </xs:complexType>
</xs:element>
<xs:element name="person">
    <xs:complexType>
        <xs:sequence>
            <xs:element minOccurs="0" maxOccurs="unbounded" ref="marker"/>
        </xs:sequence>
        <xs:attribute name="affection" type="xs:NMTOKEN" default="0"/>
        <xs:attribute name="count" type="xs:integer" default="1"/>
        <xs:attribute name="deceased" type="xs:boolean" default="false"/>
        <xs:attribute name="father" type="xs:NCName"/>
        <xs:attribute name="id" use="required" type="xs:NCName"/>
        <xs:attribute name="indexproband" type="xs:boolean" default="false"/>
        <xs:attribute name="mother" type="xs:NCName"/>
        <xs:attribute name="name"/>
        <xs:attribute name="numbering" type="xs:boolean" default="false"/>
        <xs:attribute name="parents" type="xs:NCName"/>
        <xs:attribute name="sex" use="optional" type="xs:NCName" default="unknown"/>
```

```
      <xs:attribute name="twin" type="xs:NCName"/>
    </xs:complexType>
  </xs:element>
  <xs:element name="marker">
    <xs:complexType>
      <xs:attribute name="allele1" use="required" type="xs:NMTOKEN"/>
      <xs:attribute name="allele2" use="required" type="xs:NMTOKEN"/>
      <xs:attribute name="haplotype" type="xs:boolean" default="false
          "/>
    </xs:complexType>
  </xs:element>
</xs:schema>
```

Listing D.1: XML-Schema für das XGAP-Format. Das XML-Schema beschreibt exakt die Struktur des XGAP-Formats und kann z.B. in Verbindung mit geeigneter Software zur Validierung von XGAP-Dateien benutzt werden.

E. Evaluation der Präsenzveranstaltung

In den Abbildungen E.1 – E.21 sind die Ergebnisse einer Befragung von Kursteilnehmern (siehe Kurs 03/2007, Kapitel 6) dargestellt. Um einen direkten Vergleich zu erleichtern, wurden jeweils die entsprechenden Ergebnisse des Vorlesungskonzepts und des Präsentationskonzepts nebeneinander plaziert.

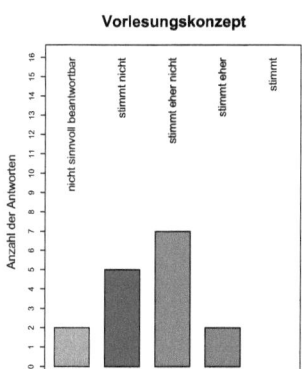
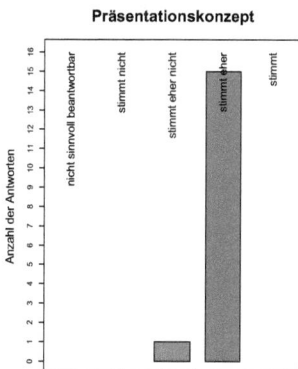

Abbildung E.1: *Die Veranstaltung verläuft nach einer klaren Gliederung...* Signifikanter Unterschied zwischen den beiden Konzepten ($p = 2 \cdot 10^{-4}$, Wilcoxon Rangsummentest, Bonferroni–adjustiert)

Evaluation der Präsenzveranstaltung

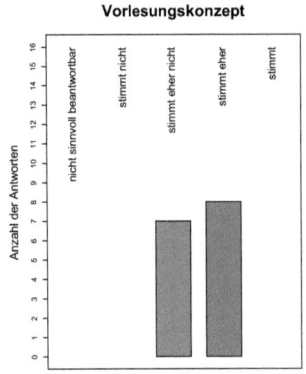
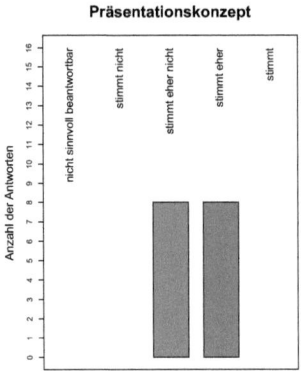

Abbildung E.2: *Der Dozent/Die Dozentin gestaltet die Veranstaltung interessant...*

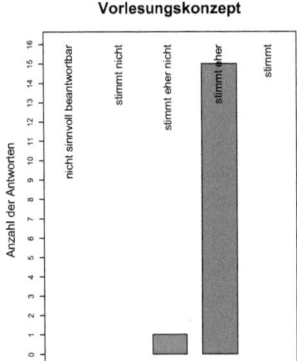
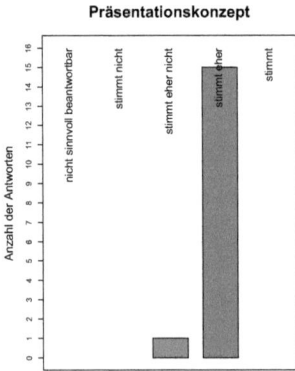

Abbildung E.3: *Der Dozent/Die Dozentin verhält sich den Studierenden gegenüber freundlich und respektvoll...*

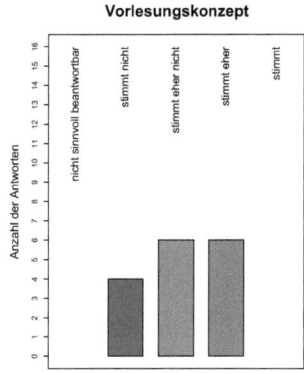
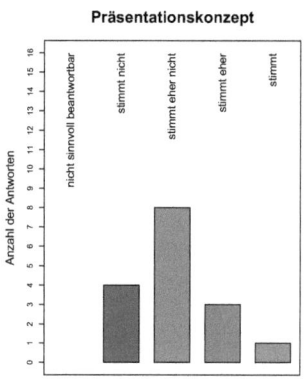

Abbildung E.4: *Die Veranstaltung ist vermutlich für die spätere Berufspraxis sehr nützlich...*

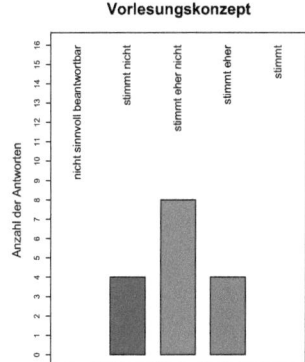
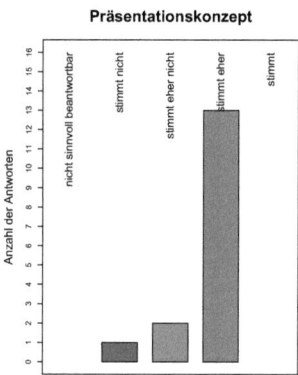

Abbildung E.5: *Der Dozent/Die Dozentin drückt sich klar und verständlich aus...*

Evaluation der Präsenzveranstaltung

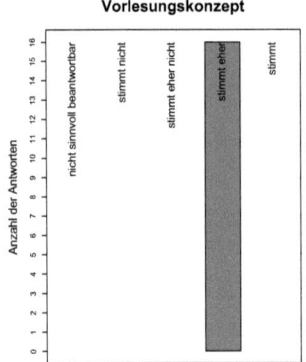 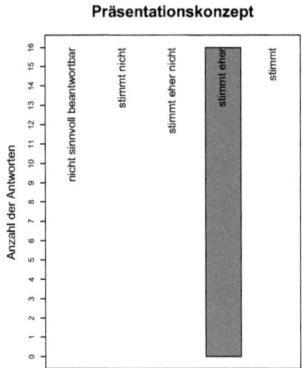

Abbildung E.6: *Der Dozent/Die Dozentin geht auf Fragen und Anregungen der Studierenden ausreichend ein...*

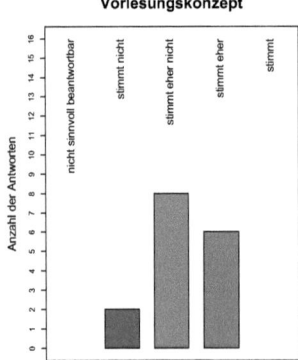 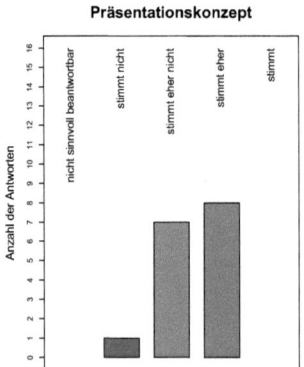

Abbildung E.7: *Die Veranstaltung gibt einen guten Überblick über das Themengebiet...*

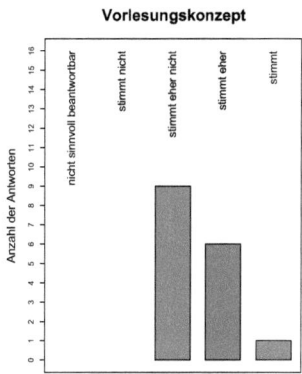 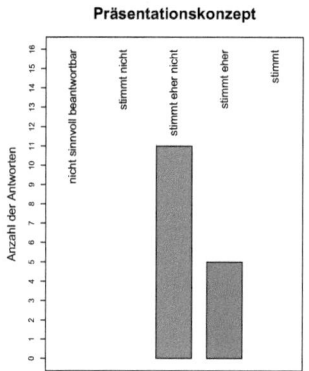

Abbildung E.8: *Der Dozent/Die Dozentin fördert mein Interesse am Themenbereich...*

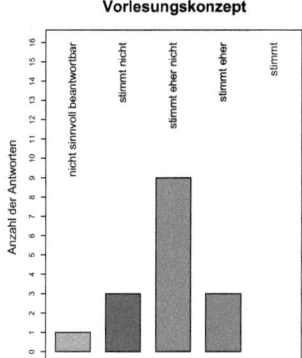 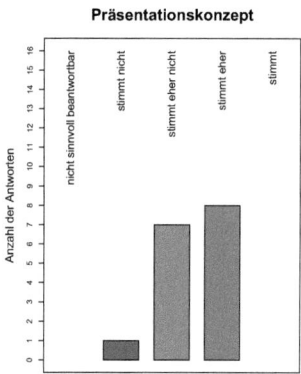

Abbildung E.9: *Die Art, wie die Vorlesung gestaltet ist, trägt zum Verständnis des Stoffes bei...*

Evaluation der Präsenzveranstaltung

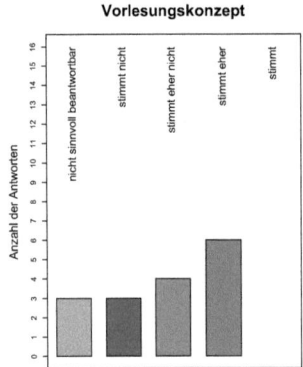 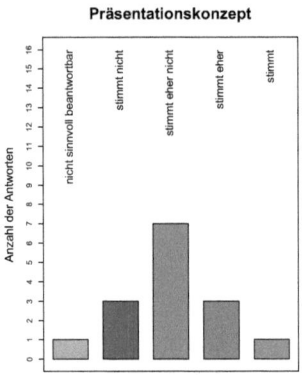

Abbildung E.10: *Die Hilfsmittel zur Unterstützung des Lernens sind ausreichend und in guter Qualität vorhanden...*

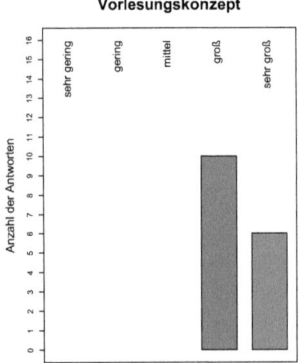 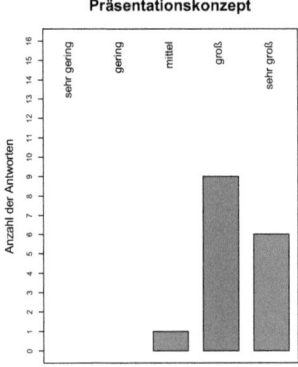

Abbildung E.11: *Mein Interesse an dieser Veranstaltung ist...*

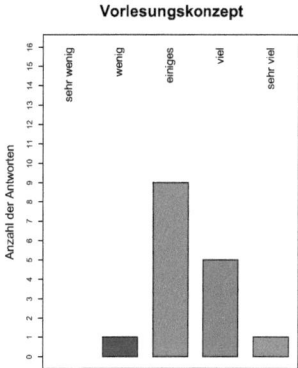 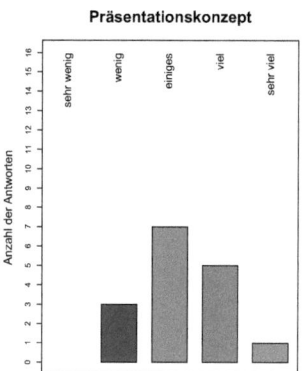

Abbildung E.12: *Ich habe in der Veranstaltung gelernt...*

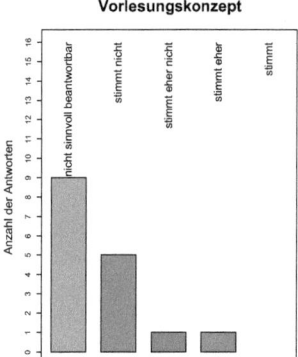 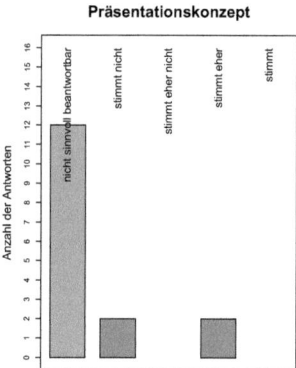

Abbildung E.13: *Der Dozentin/Dem Dozenten scheint der Lernerfolg der Studierenden gleichgültig zu sein...*

Evaluation der Präsenzveranstaltung

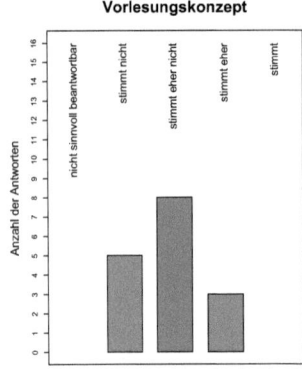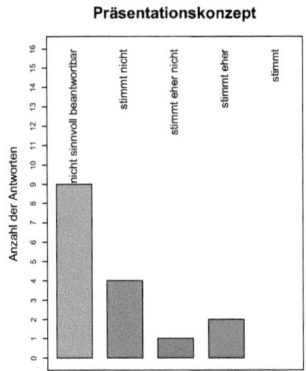

Abbildung E.14: *Der Dozent/Die Dozentin kommt häufig vom Thema ab...* Signifikanter Unterschied zwischen den beiden Konzepten ($p = 0.036$, Wilcoxon Rangsummentest, Bonferroni–adjustiert)

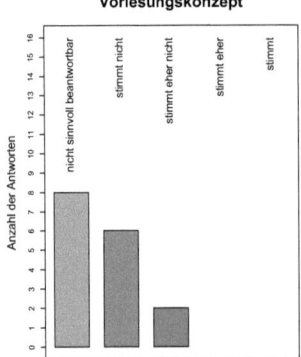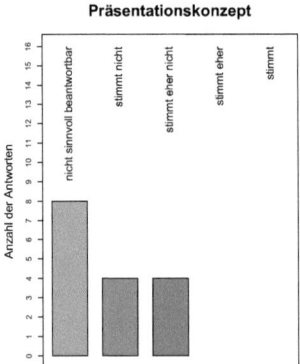

Abbildung E.15: *Der Dozent/Die Dozentin verdeutlicht Zusammenhänge zu wenig...*

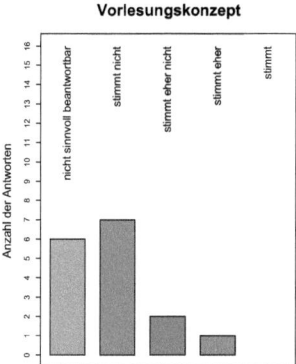 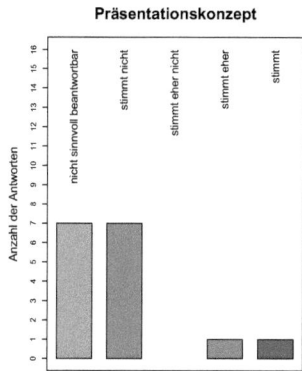

Abbildung E.16: *Der Dozent/Die Dozentin verdeutlicht zu wenig die Verwendbarkeit und den Nutzen des behandelten Stoffes...*

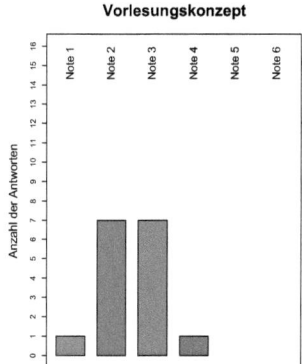 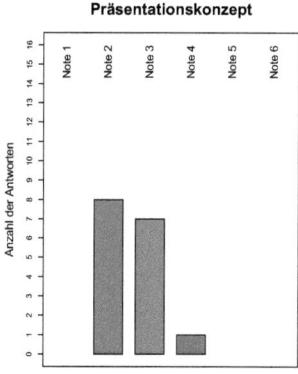

Abbildung E.17: *Welche Schulnote (1–6) würden Sie der Veranstaltung insgesamt geben?...*

Evaluation der Präsenzveranstaltung

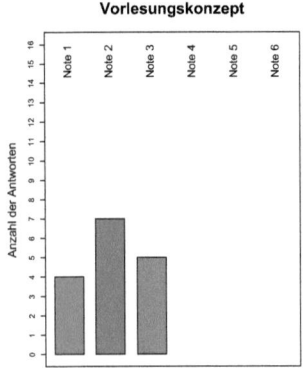
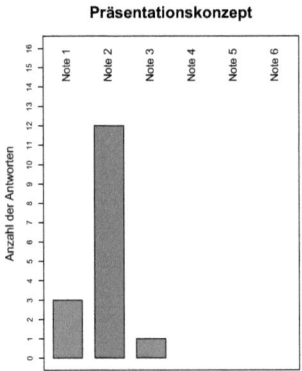

Abbildung E.18: *Welche Schulnote (1–6) würden Sie der Dozentin/dem Dozenten als Veranstaltungsleiter/in geben?...*

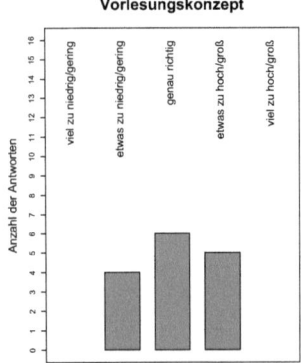
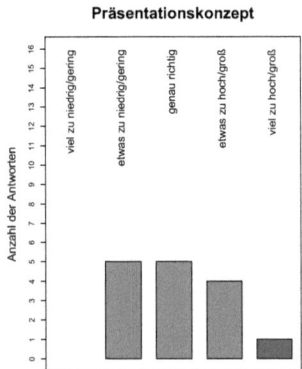

Abbildung E.19: *Der Schwierigkeitsgrad der Veranstaltung ist...*

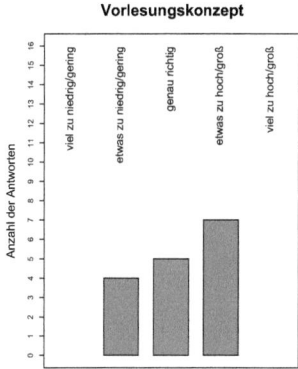
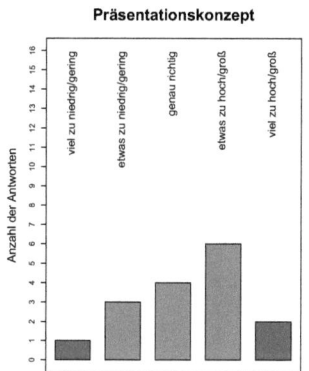

Abbildung E.20: *Der Stoffumfang der Veranstaltung ist...*

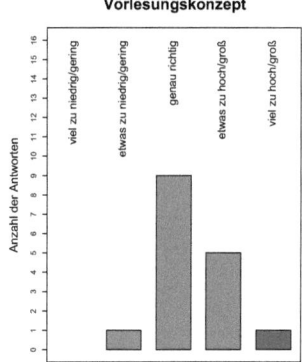
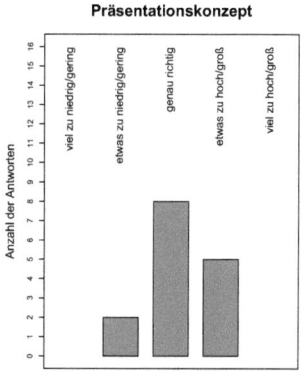

Abbildung E.21: *Das Tempo der Veranstaltung ist...*

Danksagung

Diese Arbeit konnte nicht ohne die Hilfe anderer Menschen entstehen, bei denen ich mich an dieser Stelle ganz herzlich für ihre Unterstützung bedanken möchte.

Herrn Prof. Dr. Andreas Ziegler danke ich für die Bereitstellung des Themas und den angenehmen Arbeitsplatz, vor allem aber für die intensive fachliche Unterstützung und die zahlreichen Ratschläge, die zum Gelingen dieser Arbeit beigetragen haben.

Bei Frau PD Dr. Inke R. König bedanke ich mich für hilfreiche Diskussionen zu lehr- und lerntheoretischen Fragestellungen. Beim Test des E-Learning-Kurses in Kombination mit einer Präsenzveranstaltung hat sie Teile des Präsenzunterrichts übernommen und damit zur erfolgreichen Evaluation des Kurses beigetragen.

Herrn Prof. Dr. Michael Bischoff von der Fachhochschule Lübeck danke ich für seine Hilfe bei der Auswahl geeigneter Autorenwerkzeuge, die fruchtbare Kooperation sowie seine freundliche Erlaubnis, das didaktische Konzept der Fachhochschule Lübeck zu benutzen.

Bei den Teilnehmern der Testveranstaltungen, die 2007 und 2008 in Lübeck stattgefunden haben, bedanke ich mich dafür, dass sie den Praxiseinsatz und die Evaluation des Kurses ermöglicht haben. Allen Mitarbeitern des Instituts für Medizinische Biometrie und Statistik in Lübeck möchte ich dafür danken, dass sie mich bei der Fertigstellung dieser Arbeit auf vielfältige Weise unterstützt und motiviert haben.

Meinem Vater danke ich für die kritische Durchsicht der gesamten Arbeit. Nicht zuletzt danke ich meiner Ehefrau Sindy für ihr Vertrauen und ihre Unterstützung in allen Lebenslagen.

Diese Arbeit wurde gefördert durch das Nationale Genomforschungsnetz (NGFN).

I want morebooks!

Buy your books fast and straightforward online - at one of the world's fastest growing online book stores! Environmentally sound due to Print-on-Demand technologies.

Buy your books online at
www.get-morebooks.com

Kaufen Sie Ihre Bücher schnell und unkompliziert online – auf einer der am schnellsten wachsenden Buchhandelsplattformen weltweit!
Dank Print-On-Demand umwelt- und ressourcenschonend produziert.

Bücher schneller online kaufen
www.morebooks.de

OmniScriptum Marketing DEU GmbH
Heinrich-Böcking-Str. 6-8
D - 66121 Saarbrücken
Telefax: +49 681 93 81 567-9

info@omniscriptum.com
www.omniscriptum.com

Printed by Books on Demand GmbH, Norderstedt / Germany